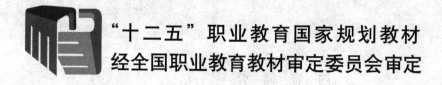

"十二五"职业教育国家规划教材

经全国职业教育教材审定委员会审定

早期教育专业系列教材

婴儿生理心理观察与评估

（第二版）

张家琼　杨兴国　主编

科学出版社

北　京

内 容 简 介

　　本书在编写过程中力求完整地呈现婴儿生理心理观察与评估的各个方面。在内容安排上，全书从婴儿的动作、感觉、认知、情绪、社会性以及语言发展这六大方面探讨婴儿心理观察与评估的方法与标准。在行文方面力求清晰易懂，讲解生理心理观察与评估的专业知识的同时加入了很多典型案例，以帮助读者了解婴儿生理心理发展的阶段特征。

　　本书可以作为早期教育专业和学前教育专业本科生、专科生的教材，也可作为早教机构教师以及婴儿家长的读物。

图书在版编目（CIP）数据

婴儿生理心理观察与评估/张家琼，杨兴国主编. —2版. —北京：科学出版社，2019.11

（"十二五"职业教育国家规划教材·早期教育专业系列教材）

ISBN 978-7-03-063373-6

Ⅰ. ①婴… Ⅱ. ① 张… ②杨… Ⅲ. ①婴儿心理学－生理心理学－高等职业教育－教材 Ⅳ. ①B844.11

中国版本图书馆 CIP 数据核字（2019）第 254739 号

责任编辑：王　彦　辛　桐/ 责任校对：马英菊
责任印制：吕春珉 / 封面设计：东方人华平面设计部

科 学 出 版 社 出版
北京东黄城根北街 16 号
邮政编码：100717
http://www.sciencep.com
新科印刷有限公司 印刷
科学出版社发行　　各地新华书店经销

*

2015 年 3 月第 一 版　　开本：787×1092 1/16
2019 年 11 月第 二 版　　印张：14
2021 年 8 月第四次印刷　　字数：317 000

定价：39.00 元
（如有印装质量问题，我社负责调换〈新科〉）

销售部电话 010-62136230　编辑部电话 010-62130750

第二版前言

十九大报告将"幼有所育"作为补齐民生短板的重要内容，强调要在"幼有所育、学有所教"等方面不断取得新进展。面向 0~3 岁婴儿托育服务体系的建构和服务提供正是实现该目标的重要支撑，但目前，3 岁以下婴儿托育服务监管标准、专业人才、社会参与等方面仍然存在诸多问题，尤其是托育专业人才的培养和婴儿养育者的专业化已成为当下刚性、迫切和重大的民生需求，如何对接教育信息化时代，充分发挥信息资源手段助推这些问题的解决是本书决定再版的重要原因。

为加强托育机构专业化、规范化建设，按照《国务院办公厅关于促进 3 岁以下婴幼儿照护服务发展的指导意见》（国办发〔2019〕15 号）的要求，国家卫生健康委组织制定了《托育机构设置标准（试行）》和《托育机构管理规范（试行）》，明确提出了"坚持儿童优先，尊重婴幼儿成长特点和规律，最大限度地保护婴幼儿，确保婴幼儿的安全和健康"和"托育机构应当以游戏为主要活动形式，促进婴幼儿在身体发育、动作、语言、认知、情感与社会性等方面的全面发展"的基本原则。落实两项基本原则需要托育机构人员和婴儿的家庭抚育者能够了解儿童、读懂儿童、评估儿童，进而提供条件促成儿童成长，这是本书进行再版的另一原因。

本书再版在保持之前原有结构和框架的基础上，结合儿童发展新研究成果对部分内容进行更新，运用教育信息化手段增添相关电子辅助学习资源。其主要特点如下。

新依据，完整呈现婴儿生理心理观察与评估各方面。本书依据《托育机构设置标准（试行）》和《托育机构管理规范（试行）》的基本原则，在内容设计上，充分考虑了婴儿生理心理观察与评估的完整性，从婴儿的动作、感觉、认知、情绪、社会性以及语言发展这六大方面完整呈现婴儿生理心理观察与评估的方法与标准，帮助读者全面地了解婴儿生理心理的观察与评估。

新模式，"理论＋案例＋信息化资源"编写体例。本书充分考虑了读者群的多元性和信息化时代阅读的便捷性，在行文上力求做到"生动而易理解"，不仅采用了轻松明快的文字风格，在阐明婴儿生理心理观察与评估原理的同时，通过提供具备故事情节、蕴含婴儿生理心理观察与评估思想的经典案例和课外学习资源帮助读者加深理解，力求使读者在轻松愉快的阅读中学习婴儿生理心理观察与评估的相关内容。

本书再版后主要面向学前教育专业早期教育方向和早期教育专业的大学生，为其在学习和实习过程中提供正确观察和评估学前儿童的行动指南，同时也作为学龄前阶段家长观察评估孩子的参考书。

本书的再版编写团队来自重庆第二师范学院，编辑过程中得到了相关职能部门的大力支持，在此表示深深的谢意。

本书再版由张家琼与杨兴国担任主编，负责框架体例设定、策划审稿与组织协调工作，蒋宗珍和姜利琼协助完成。具体章节分工为：第一章由张家琼编写；第二章和第三章由杨兴国编写；第四章和第五章由蒋宗珍编写；第六章至第八章由姜利琼编写。

　　尽管我们力求全面地呈现婴儿生理心理观察与评估的理论与实践的各个方面，但鉴于水平的局限以及分析、处理问题的视角的局限，书中如有错误与疏漏，敬请广大读者批评、指正。

编 者
2019 年 3 月

第一版前言

0～3岁是人一生发展的关键时期,本书所指婴儿范围即0～3岁。儿童在这个时期学会走路,开始说话,出现表象思维和想象等人类所特有的心理活动。这种独立性的表现说明儿童的各种心理活动逐渐齐全。但3岁前的婴儿还不具有独立生活的能力,不能主动满足自我生活和身体的需要,表现为对疾病的抵抗力很差,不能自己防御或避免危险,对不利身心发展的环境的承受能力和应付能力都特别脆弱,表达能力也很差。他们从进食、身体清洁、衣着,以及所看、所听、所接触等,大多依赖于成人。由此,婴儿的抚育者在婴儿的生长和发育过程中占有极为重要的位置。换句话说,婴儿需要成人世界的关怀与关注,但是他们并不能十分准确地表达自己的需求,这就决定了对他们的教育与帮助大多数情况下需要成人进行有效的观察与评估。只有通过建立在观察与评估基础上的婴儿生长与发育之谜的探索与解答,才能充分地了解他们、帮助他们,以促使他们更好地生长与发育。由此看来,对婴儿进行生理心理的观察与评估是对婴儿生命的法则的关注。

从市场角度来看,物质生活的发展使得人们从提升生命质量的角度关注家庭成员、关注儿童保健与保育。对儿童生理心理的观察与评估既是专业人士关注的话题,同时也是孩子家长关心的话题。目前,市面上类似的书籍基本集中在3～6岁这个阶段,0～3岁的婴儿本身的独特性使得这个阶段的观察与评估更加困难与重要。我们希望通过这样一本专门介绍婴儿生理心理观察与评估的教材,提供给一线早教教师、早期教育专业学生和婴儿家长观察与评估婴儿的一定的知识和技能。这本书出版的意义和目的主要表现在以下几点。

第一,婴儿生理心理观察与评估的完整性呈现。在内容设计上,充分考虑了婴儿生理心理观察与评估的完整性。编者从婴儿的动作、感觉、认知、情绪、社会性以及语言发展这六大方面完整地呈现婴儿生理心理观察与评估的方法与标准,帮助读者正确而全面地了解婴儿生理心理的观察与评估。

第二,"理论＋案例"的编写模式。本书充分考虑到读者群可能是学前教育专业专科学生、本科学生、早教教师以及婴儿家长,因此在行文上力求做到生动而易理解。本书不仅采用了轻松明快的文字风格,在阐明婴儿生理心理观察与评估原理的同时,还提供了具备故事情节、蕴含婴儿生理心理观察与评估思想的经典案例,以便帮助读者加深理解,力求使读者在轻松愉快的阅读中学习婴儿生理心理观察与评估的相关知识。

第三,外紧内松的材料呈现特征。在内容编排上,采用了外严密、内松散的逻辑编排顺序,力求体现"通过学科关键词或关键概念引读"的读书要义。本书把婴儿生理心理观察与评估的基本概念、基本原理、基本观点以简短的言语呈现在目录中,帮助读者快速体会专业知识。

本书的编排结构是:第一章,婴儿生理心理观察与评估概述,主要介绍婴儿生理心理评估的内涵、对象和方法；第二章，婴儿生理心理观察与评估的理论基础，包括多元智能理论、认知发展理论、观察学习理论、增值评价理论、真实性评价理论和多元性评价理论；第三章，婴儿动作发展的观察与评估，主要介绍了婴儿动作发展的基本概念、婴儿动作发展的要点和评估标准；第四章，婴儿感觉发展的观察与评估，主要包括婴儿感觉发展的基本概念以及婴儿外部感觉的观察；第五章，婴儿认知发展的观察与评估，主要介绍了婴儿认知发展的基本概念和评估标准；第六章，婴儿情绪发展的观察与评估，主要包括婴儿情绪的概述、婴儿情绪的发展与观察以及观察与评估婴儿情绪发展的要义；第七章，婴儿社会性发展的观察与评估，主要介绍了婴儿的社会性及社会性发展的内涵，婴儿社会性发展的观察以及评估标准；第八章，婴儿语言发展的观察与评估，主要包括婴儿语言发展的观察与评估概况，婴儿语言发展的观察以及婴儿语言发展的评估标准。

本书可以为早期教育方向的大学生在实习和学习过程中提供正确观察和评估学前儿童的行动指南。本书既可以作为学前早期教育方向的本科、专科学生用书，也可以作为学龄前阶段家长观察评估孩子的参考书。

本书的编写团队由多位热爱学前教育事业、具有一定的学前教育理论以及一线教学经验的高等学校教师所构成。本书第一章由张家琼、王善安编写；第二章由杨兴国、胡红梅编写；第三章由杨兴国编写；第四章由蒋宗珍编写；第五章由李雪编写；第六章由刘小红、雷静编写；第七章由姜利琼编写；第八章由刘小红、胡秋梦编写。编辑过程中得到了相关职能部门的大力支持，在此表示深深的谢意。

尽管编者力求全面地呈现婴儿生理心理观察与评估的理论与实践的各个方面，但鉴于水平的局限以及分析、处理问题的视角的局限，书中肯定不乏错误与疏漏，敬请广大读者原宥。

编 者
2014 年 4 月

目　录

第 一 章
婴儿生理心理观察与评估概述

【本章学习目标】

1. 了解婴儿与幼儿的区别。

2. 了解婴儿生理心理观察与评估的基本内涵，能够正确区分一般感性认识与观察，知道科学观察的重要性。

3. 了解婴儿生理心理观察与评估的对象和任务。

4. 明晰婴儿生理心理观察与评估的意义。

【本章学习建议】

本章主要介绍了婴儿与幼儿的区别及其生理心理发展的差异，并系统地介绍了观察与评估的内涵，婴儿生理心理观察和婴儿生理心理评估的含义及其观察与评估的对象、任务和意义，学习时应关注案例分析，带着问题入手，全面地将婴儿生理心理观察与评估的涵义内化为自己的理解。

【案例分析】

当这个婴儿的年龄达到 66 天的时候，我偶然打一次喷嚏，他就出现强烈的颤抖，皱起双眉，好像受到了惊吓，并且高声哭泣起来；此后在一个小时里，他总是处在这种状况下。年纪较大的孩子如果这样就会被称作神经质的孩子，因为每次极其微小的吵声都会使他颤抖。此前几天，他初次在一件可见的物体突然出现在面前时表现出颤抖；可是，此后在长久的期间里，音响使他颤抖和眨动眼睛的次数，要比视觉刺激使他出现这些情形的次数频繁得多。例如，在他的年龄达到 114 天的时候，我用一只装有糖果的硬纸匣在他的面部附近摇动发声，这就使他颤抖起来；可是，当我单单用这只空纸匣或者其他的东西在更加接近他的面部处摇动时，并不引起任何效果。根据这些事实可以得出结论，眼睛眨动主要是为了保护眼睛而发生；这种动作并不是由于经验而获得的。虽然婴儿一般对声音很敏感，但是即使他的年龄达到 124 天的时候，他仍旧还不能够确定声音从哪里传播过来，并且也不能够朝向声源方向瞧望。

上述为达尔文在《一个婴儿的传略》中记录自己的孩子对于声音做出反应的一段文字描述。4 个月左右的孩子对于声音的敏感性要比视觉更为强烈，他们会通过眨动眼睛来保护自己，但是他们的声音方位感并未发育成熟。可见，要想了解婴幼儿的发展特点，并总结其发展规律，有必要借助一定的手段和方法来加以实行，这种方法被称作"观察"。

第一节　婴儿与幼儿的区别

一、婴儿与幼儿心理发展阶段的划分

针对婴儿与幼儿心理发展的规律划分发展阶段，迄今仍有很多不同的说法。目前比较公认的划分方法是把婴儿与幼儿心理发展划分为乳儿期（0～1 岁）、婴儿期（1～3 岁）、学前期或幼儿期（3～6 岁）。

（一）乳儿期

从出生到 12 个月末的这一年龄阶段称为乳儿期。也就是人们所说的 1 周岁以内的"吃奶的孩子"。在乳儿期开始的头 1 个月，又称新生儿期。"新生儿"是人们常说的"没出满月的孩子"。乳儿期是儿童出生后的最初阶段，是儿童心理开始发生和一些心理活动开始萌芽的阶段。在这一年里，儿童心理发展最为迅速，心理特征变化最大。出生后头一个月，主要表现为适应胎外生活，心理活动开始发生；半岁前，儿童基本处于躺卧状态，活动范围非常有限，心理活动也很原始；半岁到周岁，儿童明显地活跃起来，和外界的交往大为增加[①]。

（二）婴儿期

1～3 周岁末的这个时期称为婴儿期。这是学龄前期之前的时期，因此，也有人称为"先学前期"。儿童从乳儿期发育到婴儿期，是真正形成人类心理特点的时期。儿童在这个时期学会走路，开始说话，出现表象思维和想象等人所特有的心理活动，出现独立性，换句话说，各种心理活动逐渐齐全。

（三）幼儿期

儿童 3～6 周岁这一年龄阶段称为幼儿期。这是儿童正式进入学校之前的一段时间，即接受正规学习之前的准备阶段，故又称为学前期。这一时期，儿童所接受的教育属于儿童启蒙教育，对发展他们的学习及获得知识的能力、劳动技能的水平都极为重要。因此，有条件的家庭都应该把孩子送进幼儿园去接受系统的启蒙教育，并使其从家庭或托儿所转入集体、伙伴生活。在学龄前期所接受的启蒙教育的程度，直接影响着儿童一生的生活方式、学习及劳动能力，因此，这一时期是人的一生中最重要的受教育的时期。从儿童心理发展看，1～3 岁，高级的心理过程逐渐出现，是各种心理活动发展齐全的时期，而 3～6 岁，则是心理活动系统的奠基时期，是个性形成的最初阶段，在这三年中，儿童心理发展较为迅速，每年都有新的特点。

---

① 陈帼眉. 学前心理学. 北京：人民教育出版社，2003：23.

对于婴幼儿心理发展阶段的划分，有些研究者将前两个阶段（即从出生到 3 岁）统称为婴儿期，本书所界定的婴儿的年龄阶段即指 0～3 岁。

二、婴儿与幼儿在生理、心理发展方面的差异

婴儿与幼儿在生理和心理发展方面有很多不同，主要表现在以下几个方面。

（一）神经系统的发展

1. 婴儿期

婴儿大脑在胎儿早期就已经开始发展。婴儿出生时脑重达 350～400g，是成人的25%，此后第一年脑重增长最快，6 个月时已达 700～800g，是成人的 50%。

胎儿生长到 6～7 个月时，脑的基本结构已经具备：大脑皮层已经分化出来，皮层表面的沟回开始出现，神经细胞结构简单，神经纤维短而少，大部分还未髓鞘化。婴儿出生时，脑细胞已分化，细胞构筑区和层次分化已基本完成；大多数沟回都已出现，脑岛已被邻近脑叶掩盖。此后，婴儿皮质细胞迅速发展、层次扩展、神经密度下降，各类神经元相互分化，树突与轴突逐渐生长繁殖、突触装置也渐趋复杂化，到 2 岁时，脑及各部分的相对大小和比例基本上类似于成人，白质已基本髓鞘化，与灰质明显分开。

2. 幼儿期

幼儿的脑重继续增加，7 岁儿童的脑重约 1280g，基本上已接近于成人的脑重量（平均为 1400g）。同时，幼儿大脑皮层的结构日趋复杂化，根据我国心理学工作者关于我国儿童脑的发展的年龄特征的研究发现，到学前末期，大脑皮质各区也都接近成人水平。它的成熟程序是枕叶—颞叶—顶叶—额叶。大脑机能的发展方面，皮质内抑制开始蓬勃发展，皮质对皮下的控制和调节作用逐渐增强，兴奋过程得到增强。

（二）动作和活动的发展

1. 婴儿期

婴儿早期动作的发展为其心理发展创造条件，心理是在活动中产生的，并表现在活动中。婴儿主要动作发展得好与不好，在某种程度上对促进或延缓其心理发展水平具有重要意义。在婴儿期，各种动作都迅速发展起来，对心理发展具有最重要意义的动作是手的抓握动作和独立行走。婴儿动作的发展遵循着一定的规律性：从整体向分化发展；从不随意动作向随意动作发展；具有一定的方向性和顺序性。

2. 幼儿期

个体在幼儿期动作的发展仍遵循婴儿动作发展的规律。在这一时期，许多新的动作技能产生，每一种技能都是在婴儿期简单的运动模式基础上发展起来的。幼儿把以前获得的技能整合进更为复杂的动力性系统。随着身体逐渐变高、变壮，他们开始修正原有的各种技能，中枢神经系统也在发育，生活环境呈现出新的挑战。同时，他们的重心开始向下转向躯干的发育，平衡能力也大大增强了。

（三）语言的发展

1. 婴儿期

婴儿期言语的发展大体上可以划分为两个阶段。第一阶段（约从 1 岁到 1 岁半）是理解言语的阶段，即婴儿对成人所说的言语的理解在不断发展，但是其本身积极的言语交际能力却发展得较慢。约从 1 岁半起，婴儿对言语的积极性就大大高涨起来。随着对言语的理解，婴儿也开始更多地表现出言语活动。言语交际的机会也日益增多，从而使婴儿的言语发展过渡到一个新的阶段。第二阶段（约从 1 岁半到 3 岁）是婴儿言语活动发展的跃进阶段，儿童的积极言语表达能力也很快发展起来，言语结构也更加复杂化。这就为儿童心理的进一步发展提供了重要条件。

2. 幼儿期

幼儿期是语言丰富、熟练掌握口语的关键期，也是语言从外部过渡到内部并掌握书面语言的时期。言语能力是衡量幼儿智力发展的一项重要指标。词汇的发展方面，幼儿词汇的数量不断增加，内容不断丰富，范围不断扩大，积极词汇不断增加；句子的发展方面，从简单句到复杂句，从陈述句到多种形式的句子，从无修饰句到有修饰句；口语表达能力的发展方面，幼儿口语表达的重心开始转变：从对话言语变为独白言语，从情境言语变为连贯言语。连贯言语和独白言语的复杂是幼儿口语表达能力复杂的重要标志。口语表达能力的发展既有利于内部言语的产生，也为幼儿进入学校接受正规教育，掌握书面语言奠定了基础。

（四）认知方面的发展

1. 婴儿期

6～12 个月的婴儿还不会使用语言，婴儿最常用的认知方式是动作，如通过抓、握、嚼等动作了解外部世界，用"形象、声音、色彩和感觉"来进行思维。这时，可以通过婴儿日常的活动，反复让他们接触和熟悉一些日常用品，如起床时认识小被子、衣服，喂奶时认识妈妈和奶瓶，开灯时认识灯，坐车时认识小汽车，玩游戏时认识皮球等，以促进婴儿认知能力的发展。

1 岁以后是对细微事物敏感的时期。婴儿对细小的物体、动作感兴趣，例如，婴儿经常会专注地观看蚂蚁的活动，这时可以借此特点培养婴儿的观察力。2～3 岁以后的婴儿，视觉、听觉、触觉能力都有了提高，可通过看图片、外出参观等方式来了解事物，认知日常生活用品、动植物、简单的自然现象等。这个阶段，可以通过生活中的游戏在观察的基础上引导婴儿进行比较、分类等活动，发展婴儿的观察力、记忆力、注意力、想象力。同时，涂鸦也开始成为婴儿的兴趣点，婴儿的想象力开始表现出来。

2. 幼儿期

幼儿认知发展的主要特点是具体形象性和不随意性，抽象逻辑性和随意性逐步发展。幼儿通过游戏、学习、劳动以及与成人的积极交往，各种感觉逐渐完善起来。其中，视觉和听觉在各种感觉的发展中越来越占有主导地位。由于言语的发展和神经系统的逐渐成熟，幼儿的记忆能力也开始全面发展，带有很大的直观性、机械性、不随意、易记易忘和不精确的特点。幼儿期是思维迅速发展时期，3岁前婴儿的思维是在直接感知和具体行动中进行的，以后逐渐向具体形象思维过渡，并成为幼儿期思维的主要形式。6岁左右的幼儿抽象逻辑思维开始发展。在这一阶段中，概念、判断、推理等不同的思维形式和分析、综合、比较、分类、抽象概括、理解等不同思维活动都随着幼儿年龄的增长不断由低级向高级发展。

（五）个性和社会性发展

1. 婴儿期

在婴儿期，社会性发展最重要的方面就是依恋的形成。婴儿时期的依恋本质会影响我们后半生如何与他人建立关系。根据英国的精神病学家约翰·鲍尔比的研究，依恋主要是建立在婴儿安全需求的基础上——即他们天生具有躲避捕食者的动机。随着婴儿的发展，他们开始知道某个特定的个体最能够提供给他们安全的保障。3岁之前，婴儿的大部分社交活动仅发生在同一时间、同一地点，并无真正的社会互动。但当婴儿3岁左右时，他们开始发展友谊。随着婴儿渐渐长大，他们对友谊的理解也随之发展。他们开始将友谊看成是一个连续的状态，一种稳定的关系，不仅仅发生在当下，而且也对未来活动提供了承诺。

2. 幼儿期

3～6岁幼儿的自我意识是从对自我尊重的意识开始的，即欲摆脱成人的保护，寻求独立做一些事情而产生自尊和自爱。自我意识包括自我评价、自我体验和自我控制三个方面。研究表明，幼儿自我意识的各因素都随着年龄的增长而发展，并且各因素的发展基本上同步。

幼儿道德发展具有两个特点。一是"从他性"，即幼儿认为道德原则与道德规范是绝对的，来自外在的权威，不能不服从，判断是非的标准也来自成人。同时，只注意行为的外部结果，而不考虑行为的内在动机。幼儿晚期的道德开始向自律性转化，即在主要由外在行为原则和要求来调节自己的行为的同时，慢慢开始内在的自觉调节。二是"情境性"，即幼儿的道德认识、道德情感还带有很大的具体性、表面性，并易受情境暗示，它总是和一定的、直接的道德经验、情境及成人的评价相联系。幼儿的道德行为缺乏独立性、自觉性和稳定性。幼儿道德的发展主要表现在道德认识、道德情感和道德行为的发展上。

随着儿童活动能力和认知、语言能力的进一步发展，幼儿生活范围不断扩展，交往范围日益扩大。虽然父母仍然是幼儿主要的交往对象和"重要他人"，但同时，生活范围的扩大也使同伴、教师逐渐成为幼儿生活中的重要交往对象。

综上所述，婴儿与幼儿在大脑的发展、动作技能发展、言语发展、认知发展以及社会性发展方面均有很大不同。此外，3岁前的婴儿还不具有独立生活的能力，不能主动满足自己生活和身体的需要，对疾病的抵抗力很差，不能自己防御或避免危险，对不利和有害身心发展的环境的承受能力和应付能力都特别脆弱，表达能力也很差。他们的进食、身体清洁、衣着，以及所看、所听以及与人们和周围环境的接触等，大多依赖于成人，决定于成人。婴儿的抚育人在婴儿成长和发展过程中占有极为重要的位置。而这一切，都依赖于成人对婴儿有效的观察与评估，只有在对婴儿相应的观察与评估的数据基础上，才能使婴儿建立起安全感和依恋感，才能维持婴儿的生存，满足婴儿的各项需要，促进他们身心健康发展[①]。

第二节 婴儿生理心理观察与评估的含义

一、观察与评估的内涵

（一）观察是什么

"观察是人类认识周围世界的一个最基本的方法，也是从事科学研究（包括自然科学、社会科学、人文科学）的一个重要手段。观察不仅是人的感觉器官直接感知事物的过程，而且是人的大脑积极思维的过程。"[②]从观察的这一解释中，我们可以获知有关观察的以下几点认识。

1. 观察是人类认识世界的基本手段

在日常生活中，人类无时无刻不进行着观察。从一个人出生的一刹那起，只要是在他清醒的时候，他就会去看、去听、去闻、去摸……他的感官就会指向他所处的周围环境，随时准备迎接周围环境中的事物与现象向他发出的各种刺激。例如，新生儿由于听觉和嗅觉非常敏锐，能通过声音和气味认出妈妈。因为听觉是从胎儿时期就开始发育的，所以婴儿一降生，就能在听到妈妈声音的时候把头转向相应的方向。在现实的科技发明或理论研究中发现，人们通过视觉器官融合其他感觉器官对事物进行认知，帮助自己在世界中得以生存，并为将来的生活做好准备；人们通过观察发现事物发展的特点，并获得其发展的规律，可以说，观察为人类的生存和发展提供了无穷的动力。

【故事链接】

观察无处不在

曾有人说："瓦特发明蒸汽机，是因为他有超人的天才和智慧。"其实不然，正是他对于生活中看似微不足道的事情的观察才对人类科技的进步产生了极大的影响。在瓦特的故乡——格林诺克的小镇上，家家户户都是生火烧水做饭。对这种司空见惯的事，有谁留过心呢？瓦特就留了心。他在厨房里看祖母做饭时，看到了灶上坐着一壶开水，开水沸腾着，壶盖啪啪啪地作响，不停地往上跳动。瓦特观察好半天，感到很奇怪，猜不透这是什么缘故，就问祖母说："是什么使壶盖跳动呢？"

祖母回答说："水开了，就这样。"

---

① 黄人颂. 学前教育学. 北京：人民教育出版社，2009：146.
② 陈向明. 质的研究方法与社会科学研究. 北京：教育科学出版社，2000：227.

瓦特没有满足，又追问："为什么水开了壶盖就跳动？是什么东西推动它吗？"

可能是祖母太忙了，没有工夫回答他，便不耐烦地说："不知道。小孩子刨根问底地问这些有什么意思呢。"

瓦特在他祖母那里不但没有找到答案，反而受到了冤枉的批评，心里很不舒服，可他并不灰心。

连续几天，每当做饭时，他就蹲在火炉旁边细心地观察着。起初，壶盖很安稳，隔了一会儿，水要开了，发出哗哗的响声。突然，壶里的水蒸气冒出来，推动壶盖跳动了。蒸汽不住地往上冒，壶盖也不停地跳动着，好像里边藏着个魔术师，在变戏法似的。瓦特高兴了，几乎叫出声来，他把壶盖揭开盖上，盖上又揭开，反复验证。他还把杯子、调羹遮在水蒸气喷出的地方。瓦特终于弄清楚了，是水蒸气推动壶盖跳动，这水蒸气的力量还真不小呢。1769 年，瓦特把蒸汽机改成发动力较大的单动式发动机。后来又经过多次研究，于 1782 年，完成了新的蒸汽机的试制工作。瓦特观察发现水蒸气推动壶盖跳动的物理现象，不正是瓦特发明蒸汽机的灵感源泉吗？

2. 观察是人运用感觉器官直接感知事物的过程

《说文解字》中提到：观，谛视也。察，复审也。观察是以视觉为主，融其他感觉为一体的综合感知，是知觉的一种高级形式。在人们刚开始从事观察活动时，人们是凭借自身的感觉器官直接进行的。人的感觉器官直接作用于观察对象，获取关于观察对象的各种信息。英国《新科学家》杂志指出，人类的感觉包括了味觉、视觉、听觉、嗅觉和触觉，这是人们常说的"五感"。这"五感"正是人类体验、认识世界的途径，在孩子还没有出生时，他就开始调动他的感觉器官来感受他身边的世界了。据研究表明，在降生前的最后三个月，胎儿甚至能够偷听大人谈话，分辨男女性的声音，并且监视母亲的情绪。事实上，胎儿的大多数活动，包括心率的增加都与特定的声响、触摸、光线变化和其他一些感觉有关。孩子出生后，他用嘴巴品着、用眼睛看着、用耳朵听着、用鼻子闻着、用皮肤触摸着，于是他知道了，地球是五颜六色的，食物是多种味道的，花香是多种多样的，声音是有强有弱的……感觉使人们保持和外部世界的直接联系，使人们获得了关于外部世界的经验认识，观察就是通过人的感官而进行的直接感知事物的过程。

【知识链接】

感觉器官

人体有多种感觉器官。主要是眼、耳、鼻、舌、皮肤等。感觉器官是人体与外界环境发生联系，感知周围事物变化的一类器官，也称感受器。感受器广泛地分布于人体各部，其构造也不同，有的感受器结构可以很简单，如皮肤内与痛觉有关的游离神经末梢，仅为感受神经的简单末梢；有的则较复杂，除感觉神经末梢外，还有一些细胞或数层结构共同形成的一个末梢器官，如接受触、压等刺激的触觉小体、环层小体；有的则更加复杂，除末梢器官外，还有很多附属器，如视器、除眼球外还有泪腺和眼球外肌等，最后这一种通称特殊感觉器，或称感觉器。感觉器种类繁多，形态功能各异。有接触外界环境的皮肤内的触觉、痛觉、温度觉和压觉等感受器，也有位于身体内部的内脏和血管壁内的感受器。有接受物理刺激，如光波、声波等的视觉、听觉感受器，也有接受化学刺激的嗅觉、味觉等感受器。

3. 观察是人的大脑积极思维的过程

人们在实践过程中，通过自己的肉体感官（眼、耳、鼻、舌、身）直接接触客观外界，引起许多感觉，在头脑中有了许多印象，对各种事物的表面有了初步认识，这就是感性认识。在日常生活中，人们常常会因为某一特殊情况而好奇，将自己的注意力投放到事物、现象或个人行为的某个方面、某些片段，而错过了另外一些互相联系的现象、行为或片段，这也是一般的感性认识活动的主要表现方式。观察并不是一种凭借人的感官而在自然界中进行盲目搜索的活动。观察是有目的、有计划、比较持久的知觉。它是以视觉为主，融其他感觉为一体的综合感知，是知觉的一种高级形式。观察中包含着积极的思维活动，因此，人们也把它称为思维的知觉。布鲁纳等人的实验表明，儿童对硬币大小的估计与他们对钱的感受直接有关，并且间接地受他们家庭社会经济条件和个性特性的影响。一般来说，来自贫穷家庭的儿童把硬币估计过大，这是由于钱对贫穷儿童具有更大价值的缘故。可见，观察区别于一般的感性认识活动，主要在于是否有目的、有计划、比较持久地对外界客观现象产生的信息状态进行分析和处理，最后获取客观事实。

【实例比较】

一般感性认识活动与观察

例1：小明无所事事地走在街道上，看着街道两旁熙熙攘攘的人群。突然对面一位戴着红色帽子的小女孩吸引了他，他仔细看了看，发现原来是他的同桌小丽。

例2：妮妮看到哥哥自己制作了一架纸飞机，十分羡慕。第二天，她找了一本关于飞机的图书，又去看了一场关于飞机的录像，然后还看了哥哥边制作纸飞机边解说制作的过程，最后，她决定自己试试制作纸飞机。[①]

由上述的两个案例可见，小明和妮妮都运用了自己的视觉器官感知了一些事物，但是小明显然是一种毫无目的、偶然的感性认识，而妮妮则是有目的、有计划、较为持久的观察，她不仅获得了飞机结构、飞行方式、纸飞机制作的方法等相应的信息，而且也对这些信息进行了综合的分析和处理，最后获取了自己所需要的信息。因此，观察中包含着积极的思维活动，需要依靠感官和大脑进行"事实获取—分析判断"不断重复的历程。

---

① 施燕，韩春红. 学前儿童行为观察. 上海：华东师范大学出版社，2011：4.

4. 观察是科学研究所运用的一种基本方法

观察除了能够让人们认识周围存在的事物或现象，形成自己的经验和体会，也是一种获取经验事实的科学研究方法。虽然人们在日常生活中也会有比较完整的观察，但却不一定得到正确的判断。而且日常生活中的观察大多数是出于个人的好奇，或在生活上要做出某个决定而进行的，判断是否正确并不一定十分重要。但在科学研究中，为了达到科学的认识和实现观察的目的，就必须使观察的结果不能有过多的错误，并应尽量减少误差。因此，科学的观察并不是指人们对观察的一般理解，即不仅仅是"仔细察看"，而是对自然的、社会的现象和过程，通过人的感觉器官或借助科学仪器，有目的、有计划地对客观事物进行系统考察，从而获取经验事实的一种科学研究方法。观察法在自然科学、社会科学、人文科学的研究中都得到了广泛的运用，在教育科学研究中也是最基本、最普遍的方法。对于婴儿的研究，观察法则显得更为重要和突出。由于该时期的孩子语言表达和行为动作的不成熟，有很多信息不能从他们的语言和动作中明显获得，因此，有目的、有计划、较为持久的观察则成为了获得可靠信息的主要途径。世界著名的生物学家达尔文对自己的孩子进行了长期的观察和记录，并撰写了《一个婴儿的传略》，也为自己深入了解孩子的发展特点，合理开展教育提供了有力的支撑；世界著名的幼儿教育家蒙台梭利经过长期的跟踪观察，总结出了儿童发展的规律，提出了不同年龄阶段儿童不同能力发展的关键期。这些事实再次说明了观察对于认识孩子、了解孩子、培养孩子的重要性。

【故事链接】

观察从小做起

有一天，一位贵妇抱着一个婴儿从远方专程来请教达尔文。

"请问达尔文先生，我想教育好这个孩子，你说什么时候开始好呢？"

"亲爱的夫人，"达尔文瞅了贵妇一眼，很关切地问，"请问这个孩子几岁了？"

"2岁半。"

"噢，夫人！很可惜，你已经晚了2年半了！"达尔文感慨地回答。

为什么这么说呢？因为达尔文非常知道对孩子进行早期教育的重要性的。他不管科研工作怎样繁忙，总是不放松对孩子的教育。1839年12月27日，他的第一个孩子出生了，从这一天起，他就把孩子的表情、动作记录下来，并观察孩子智力发展的过程。他一面不懈地进行科学研究，一面耐心地对孩子开展早期教育，教他们学知识，玩耍，诚实做人。良好的家庭氛围和早期教育使孩子们一踏上人生之路便有了坚实的脚步。后来，达尔文的5个长大成人的儿子中有3个成为名人：乔治是天文学家；弗朗西斯继承他的事业，成为与他齐名的科学家；而霍勒斯则是物理学家，被选为美国皇家学会会员，还破封为爵士。

（二）婴儿生理心理观察的内涵

婴儿生理心理观察，顾名思义，是对0～3岁婴儿进行的观察，是在对0～3岁婴儿的生理发展特点和心理发展规律了解的基础上，对他们的兴趣、需要、个性等不同方面进行观察，以便我们调整养育方式和教育策略的研究方法。

1. 婴儿生理心理观察是基于婴儿生理和心理发展特点的观察

从出生到 1 岁这个阶段是婴儿个体身心发展的第一个加速时期。在这个阶段，婴儿不仅身体迅速长大，体重迅速增加，而且脑和神经系统也迅速发展起来。在此基础上，婴儿的心理也在外界环境的刺激和影响下发生了巨大的变化。他们从吃奶过渡到断奶，学会了人类独特的饮食方式；从躺卧状态、不能自由行动发展到能够随意运用自己的双手去接触、摆弄物体和用两腿站立，并学习独立行走；从完全不懂语言、不会说话过渡到能运用语言进行最简单的交际等。这一切都标志着婴儿已从一个自然的、生物的个体向社会的实体迈出了第一步。他们在遗传的生物性的基础上形成着社会化的人性——社会性，逐渐适应着人类的社会生活。

婴儿在 1～3 岁的阶段中，身心发展主要有两方面的变化：①学会了随意地独立行走和准确地用手玩弄或操纵物体，并在此基础上产生了最简单的游戏、学习和自我服务等活动；②迅速发展了语言，能够自由地运用语言与他人交往，并能通过语言对自己的行为和心理活动进行最初步的调节。这就使得婴儿能够更好地适应社会生活，并在心理上产生了新的质变。

因此，婴儿生理心理观察是对婴儿动作、感觉、认知、情绪和社会性的发展状态和发展特点的全面认识，这将有利于我们更好地关注每一个孩子的个体发展，促进其健康成长。

2. 婴儿生理心理观察是在自然状态下进行的观察

观察最终的目的是获取客观信息，它要求观察者不能刻意改变观察对象的行为活动，要遵循事件的本来面貌。如我们要了解孩子的社会性交往能力，就必须要给孩子一个自然交往的空间，若总把孩子作为一个温室的花草保护起来，那么必定不能真正了解孩子的交往能力。观察的自然状态就是不改变观察对象的自然条件和发展过程，直接观察某一特定现象发生、发展的过程，综合运用各种途径和方式，对观察结果做出明确、详细、周密的记录，只有这样，才能保证收集资料的直接、客观。婴儿直观动作思维占主导地位，此时的孩子生理和心理的表现方式都较为直观，因此，只要我们给予孩子自我表现的空间，就能很好地了解他们的发展状态和发展特点。

3. 婴儿生理心理观察是以实现合理养育和教育为目的的观察

了解孩子、懂得孩子才能够满足孩子的合理需要，当我们以成人的角度来思考和认识孩子时，我们已经完全脱离了孩子自身的需要。婴儿身心都处于高速的发展状态中，当然这种高速发展状态是基于他们本身已有的发展水平，如果单纯将他们的这种发展状态与成人来相比较时，那我们会看到他们是多么的娇小、不成熟。可见，观察孩子的发展特点，了解孩子的本身需要，是我们以科学的方法照顾孩子、培养孩子的首要前提。只有当我们能够以孩子的角度来看待他们，以孩子的需要来满足他们，以孩子的个性来培养他们时，他们才能够成为真正具有自我的个体。我们经常会看到，刚刚出生的新生儿躺在舒服的婴儿床里，睁着眼睛试图去看到一些什么，其实床上放着或挂着的东西他们无法看清楚，因为刚出生的婴儿视距只有短短的20cm。因此，婴儿生理心理观察主要的目的是让我们在了解孩子身心发展特点的基础上，能够按照这些特点更好地照顾孩子，将养育和教育真正落实到孩子的身上。

综上所述，婴儿生理和心理观察是在自然状态下，通过感官或仪器来有计划、有目的地观察婴儿生理和心理发展状态，对观察内容能够进行记录、分析，从而获取事实资料，实现合理养育和教育的方法。婴儿生理心理观察的具体内容有很多，概括起来大致有以下几个方面：婴儿动作发展观察（大肌肉动作、小肌肉动作）；婴儿感觉发展观察（视觉、听觉、触觉、嗅觉等）；婴儿认知发展观察（注意、记忆、思维等）；婴儿情绪发展观察（情绪表达、情绪理解、情绪管理等）；婴儿社会性发展观察（自我认识、社会行为、社会适应等）。

（三）婴儿生理心理评估的内涵

评估的本意是指对某一事物进行评价和估量。Ahola 和 Kovacik（2007）将幼儿评估定义为："合格的专业人员和家庭互相合作，通过标准化的测试和观察，检查幼儿发展的各个领域的持续的过程。该过程不仅分析幼儿的优点和强项，而且需明确对幼儿提供帮助和干预的领域。"[1]据此，我们可以将婴儿评估定义为：通过对婴儿感知、语言、粗大动作、精细动作、社会交际等多元智能和婴儿生长指标、家庭喂养、成长环境进行一个综合的评价，给予婴儿一个客观、准确的能力发育报告和指导方案。

1. 生理评估的含义

儿童生理评估是对儿童在某一时期的生长发育、生理状况进行科学、客观的评价，把儿童各项生理指标的实测值与当地的标准值进行比较，分析和衡量其发育状况。对婴儿进行生理评估，可以从中发现个体的发育水平，特别是对生长发育异常者或患某些慢性疾病的婴儿更为适宜，以便于早发现、早干预、早治疗。儿童生理评估与一般儿童身体体检有所不同，身体检查仅仅是对儿童查找疾病，对儿童生长发育不进行过多的讨论。

2. 心理评估的含义

儿童心理评估，即按照心理学的原则和方法，收集儿童认知、情绪、行为等发展特征的信息，以及探索儿童认知、情绪和行为的环境因素，对其个体的心理特质、心理状态和水平做出评价和估量的综合过程。婴儿心理评估就是为了能正确把握婴儿心理水平状况，并从群体婴儿中甄别出有心理障碍的个体，进行有针对性的早期干预和教育。

---

[1] 杰尼斯·贝媞（Janice J. Beaty）. 幼儿发展的观察与评价. 郑福明，费广洪，译. 北京：高等教育出版社，2011：5.

【知识链接】

心理评估与心理测验的区别

心理评估并不是心理测验。在早期，曾有很长一段时间人们把心理评估与心理测验等同。现在仍然有很多人将心理评估与心理测验互用，但是心理评估并不等于心理测验，心理评估较心理测验的内容更为广泛：心理测验更加侧重于运用测验和量表，心理评估除了采用测验和量表之外，还要利用观察访谈和个案法等获取相关信息，对评估对象做出全面和系统的描述。

二、婴儿生理心理观察与评估的对象和任务

顾名思义，婴儿生理心理观察与评估的对象是婴儿，依据本书前面部分对于婴儿的界定，婴儿生理心理观察与评估的对象是0~3岁的儿童。

婴儿生理与心理的发展包括婴儿的动作、语言、认知、社会性等多方面，这意味着对婴儿生理与心理的观察与评估同样是多方面的。婴儿生理心理观察与评估的任务可以分为以下几个方面。

（一）对婴儿动作发展的观察与评估

在婴儿语言能力尚未形成的阶段，评估其心理智力水平的高低更多地依赖于动作的表达。运动能力既可检验神经系统发育是否正常，又可以为心理发展做准备，因为神经——肌肉运动向大脑提供了大量的刺激，有利于大脑的发育。因此，人们常把动作作为测定婴儿生理和心理发展水平的一项重要指标。

（二）对婴儿感觉发展的观察与评估

感觉是客观刺激作用于感觉器官所产生的对事物个别属性的反映。它是其他一切心理现象的基础，没有感觉就没有其他一切心理现象。感觉是其他一切心理现象的源头和"胚芽"，其他心理现象是在感觉的基础上发展、壮大和成熟起来的。感觉是婴儿认知活动的基础，通过感觉，婴儿可以了解客观事物的各种属性，包括形状、颜色、大小、质地、气味等，还可以帮助他们保护自己，当他们看到、听到、闻到或触到威胁时，他们就可以采取措施来应对。因此，对婴儿感觉发展的观察与评估显得尤为重要。

（三）对婴儿认知发展的观察与评估

认知是个体对客观世界的认识。人的认知主要包括他的高级的、属于智力性质的心理过程，诸如思维、想象、创造、智力、推理、概念化、符号化、计划和策略的制订、问题的解决等。较广义地讲，它也包括注意、记忆、学习、知觉以及有组织的运动。在婴儿认知发展中，注意、记忆和思维3个方面起着举足轻重的作用。注意使婴儿能及时发觉环境的变化，从而能够调整自己的动作，以产生新的动作应对外来刺激，把精力集中于新的情况；记忆使日常生活经验得以积累，并最终促成儿童思维、情感、意志等的

发展；如果没有记忆，任何认知过程都无法被个体记录，无法成为个体发展的台阶，推动个体成长；思维是所有认知过程的升华，它促使儿童能够升级和加工他所积累的经验和信息，更加清楚地认识世界。因此，对婴儿认知发展方面进行观察与评估的主要任务是对婴儿的注意、记忆和思维 3 个方面的观察与评估。

（四）对婴儿情绪发展的观察与评估

在日常生活中，情绪对婴儿的心理活动和行为的动机作用非常明显。情绪直接指导着婴儿的行为，愉快的情绪往往使他们愿意学习与探索，不愉快的情绪则可能导致各种消极行为。比如，某托儿所训练 1.5～2 岁婴儿早上来所时向老师说"早上好"，下午离所时说"再见"，由于婴儿普遍在早上不愿意和父母分离，所以缺乏向老师问好的良好情绪和动机，下午则愿意立即随父母回家，所以很乐意向老师道别。虽然同样是学说话，在不同情绪动机影响下，学习效果并不相同[①]。因此，对于婴儿情绪发展的观察与评估能够帮助教育者正确认识婴儿的情绪，从而能够采取正确的措施，帮助婴儿形成良好的情绪。

（五）对婴儿社会性发展的观察与评估

社会性是作为社会成员的个体为适应社会生活所表现出的心理和行为特征。社会性发展是指婴儿从一个生物人逐渐掌握社会的道德行为规范与社会行为技能，成长为一个社会人，逐渐步入社会的过程，是在个体与社会群体、儿童集体以及同伴的相互作用、相互影响的过程中实现的。可以说，婴儿期是人一生中社会性发展的关键时期，婴儿期社会性发展的好坏直接影响到儿童以后的发展。因此，通过对婴儿社会性发展的观察与评估，了解其的社会性发展特点，对于婴儿社会认知和社会适应的发展有着至关重要的作用。

三、婴儿生理心理观察与评估的价值

（一）有助于帮助教育者全面了解婴儿

首先，婴儿生理心理观察与评估是利用经过科学程序编制的研究工具，运用各种研究方法、手段，对婴儿生理与心理发展进行系统观察与评估，并根据得到的大量信息进行分析的过程，是教育者经过科学研究而形成的对婴儿发展的理性判断。因此，无论是婴儿的外显行为还是婴儿的内心品质的发展，都可以通过观察与评估而更加深入地了解。其次，婴儿生理心理观察与评估是一项目的性很强的活动，需要依据事先制定的客观指标进行观察与评估。对于婴儿的任何行为，教育者都必须根据客观的观察与评估标准而不是自己的主观好恶以及已有的印象来进行观察与评估；教育者不仅要观察与评估婴儿的行为，而且还要对行为背后的诸多相关因素进行分析，因此，教育者对婴儿的了解必然会更加客观。最后，婴儿观察与评估是一项系统工程，观察与评估指标本身包括对婴儿语言、认知、情绪、动作等诸方面的发展要求，长期、系统的观察与评估可以帮助教育者掌握婴儿发展的全面信息。通过观察与评估，教育者不仅可以了解婴儿各方面

---

① 陈帼眉. 学前心理学. 北京：人民教育出版社，2003：23.

的发展水平和特点，而且可以对各方面发展之间的联系进行综合分析，从而把握婴儿的整体发展以及各方面发展的相互影响与相互作用。

（二）有助于改进教育进程

通过对婴儿生理心理的观察与评估，教育者可以从中发现自身工作中成功的方面和需要改进的问题。第一，教育者可以根据婴儿的发展情况分析教育目标是否恰当，即是否符合婴儿的发展水平；第二，通过对婴儿生理心理发展情况的分析，教育者可以了解教育内容、方法及手段的选择是否适宜；第三，通过对每一个婴儿生理心理发展变化情况的分析，教育者可以了解为个别婴儿所确定的目标是否恰当，个别教育的方法、途径是否有效。这种分析过程实际上就是教育者改进教育工作的开始。依据观察与评估结果，教育者可以更明确地为每一个需要得到具体帮助的婴儿确定下一步的学习目标及实现目标的可行措施，对教育内容、教育方法、教育手段等教育过程中的诸要素进行调整。通过评价—反馈—改进的过程，教育者工作的目的性、方向性将更为明确，观察与评估所产生的积极效益还可以使教育者改进工作的自觉意识获得提高。

因此，我国各省（区、市）近年来陆续出台了婴儿教养的相关文件。北京市 2004 年颁布了《北京市婴儿教养大纲》；南京市 2013 年颁布了《南京市 0～3 岁婴幼儿早期教养指南（试行）》；上海市 2003 年颁布实施《上海市 0～3 岁婴幼儿教养方案（试行）》，于 2008 年正式出台了《上海市 0～3 岁婴幼儿教养方案》，作为托幼园所实施 3 岁前教养工作的指南，也为家庭教养提供参考。《上海市 0～3 岁婴幼儿教养方案》的第一部分教养理念中指出："①关爱儿童，满足需求。重视婴幼儿的情感关怀，强调以亲为先，以情为主，关爱儿童，赋予亲情，满足婴幼儿成长的需求。创设良好环境，在宽松的氛围中，让婴幼儿开心、开口、开窍。尊重婴幼儿的意愿，使他们积极主动、健康愉快地发展。②以养为主，教养融合。强调婴幼儿的身心健康是发展的基础。在开展保教工作时，应把儿童的健康、安全及养育工作放在首位。坚持保育与教育紧密结合的原则，保中有教，教中重保，自然渗透，教养合一，促进婴幼儿生理与心理的和谐发展。③关注发育，顺应发展。强调全面关心、关注、关怀婴幼儿的成长过程。在教养实践中，要把握成熟阶段和发展过程；关注多元智能和发展差异；关注经验获得的机会和发展潜能。学会尊重婴幼儿身心发展规律，顺应儿童的天性，让他们能在丰富、适宜的环境中自然发展，和谐发展，充实发展。④因人而异，开启潜能。重视婴幼儿在发育与健康、感知与运动、认知与语言、情感与社会性等方面的发展差异，提倡更多地实施个别化的教育，使保教工作以自然差异为基础。同时，要充分认识到人生许多良好的品质和智慧的获得均在生命的早期，必须密切关注，把握机会。要提供适宜刺激，诱发多种经验，充分利用日常生活与游戏中的学习情境，开启潜能，推进发展。"[①]以上文字中的这些"满足、关注、顺应、因人而异"等都告诉我们，教育的前提是要对婴儿进行充分的了解。为了关注婴儿的身心发展特点和需要，使教师、家长真正了解孩子，观察无疑是最为直观和实用的方法。

---

① 上海市教育委员会. 上海市 0～3 岁婴幼儿教养方案. 2008.

【文件链接】

《上海市 0～3 岁婴幼儿教养方案》① （节选）

（一）托幼机构教养活动的组织与实施

1. 营造清洁、安全、温馨的家庭式环境，提供方便、柔和、易消毒的生活设施，创设温馨宁静的睡眠环境，保障婴幼儿身心健康和谐地发展。

2. 充分考虑给婴幼儿留有足够大的活动空间，创设爬行自如的、适合进行独自活动、与同伴平行活动及小群体活动的空间。空间要有相对开放的区隔，隔栏要低矮。物品放置取用方便、有序，有相对的稳定性。

3. 提供数量充足的、安全的、能满足多种感知需要的玩具和材料。玩具材料应逐步提供，并以开放的形式呈现，给婴幼儿以舒适随意之感，便于自由选用。

4. 关注每个婴幼儿对玩具材料的不同需求，充分利用生活中的真实物品，挖掘其内含的多种教育价值，让其在摆弄、操作物品中，获得各种感官活动的经验。

5. 观察了解不同月龄婴幼儿的需要，把握其情绪变化，尊重和满足其爱抚、亲近、搂抱等情感需求，给予悉心关爱。

6. 观察婴幼儿的活动过程，及时捕捉和记录其行为的瞬间，用个案记录和分析的方法，因人而异地为其发展制定个别化的教养方案及成长档案。

7. 尊重、顺应婴幼儿自然的生理节律，加强生活护理，用一对一的方式帮助和指导盥洗。随着月龄的增长，支持、鼓励其自己动手。

8. 以蹲、跪、坐为主的平视方式，与婴幼儿面对面、一对一地进行个别交流。成人的语速要慢，语句要简短、重复，略带夸张。关注婴幼儿的自言自语，在自愿、自发的前提下，引导其多看、多听、多说、多动，主动与其交谈。

9. 随着婴幼儿月龄的增长，适当创设语言交流、音乐感受及肢体律动等集体游戏的氛围，引发其模仿学习。用轻柔适宜的音乐、朗朗上口的儿歌、简短明了的指导语组织日常活动，让婴幼儿体验群体生活的愉悦。

10. 日常生活中各环节的安排要相对固定，内容与内容间要尽可能整合，同一内容应多次重复，但一项内容的活动时间不宜过长。活动方式要灵活多样，以个别、小组活动形式为主，尽可能多地把活动安排在户外（环境条件适宜的地方）进行。

11. 开展家园共育，指导家长开展亲子游戏、亲子阅读等活动，为婴幼儿的发展提供丰富多元的教育资源。

12. 为不同月龄婴儿的父母提供早期教养服务。在尊重家长不同教养方式的前提下，给予生活养育、护理保健等方面的科学、合理的育儿指导。

（二）家庭教养活动的操作与实施

1. 创设温度适宜、空气新鲜、光线柔和的睡眠环境，保证充足的睡眠时间，

---

① 上海市教育委员会. 上海市 0～3 岁婴幼儿教养方案. 2008.

逐渐帮助孩子形成有规律的睡眠。

2. 为孩子提供卫生、安全、舒适、充满亲情的日常护理环境和充足的活动空间，形成良好的秩序感。

3. 充分利用阳光、空气、水等自然因素，提供较大的、安全的活动空间。选择空气新鲜的绿化场所，开展适合孩子身心特点的户外游戏和体格锻炼，尤其保证冬季出生的孩子接受日光浴的时间，提高对自然环境的适应能力。

4. 根据孩子不同月龄的特点，提供安全卫生、刺激感知觉的、满足其活动需要的材料或玩具；提供能够发展孩子联想的日常生活用品、图片、自制或成品玩具；活动中细心照看。

5. 重视母乳喂养，参照月龄，按孩子需要提供适量奶、水，逐步添加辅食及生长发育所需的营养补充剂。逐渐提供适宜孩子锻炼咀嚼、吞咽能力的半流质食品和方便其手抓的固体食品，锻炼其咀嚼及吞咽能力。注意个别差异。

6. 在家庭中应在相对固定的区域提供干净卫生的便器，悉心观察孩子的便意，给予及时回应。教会孩子以动作或语言主动表示大小便，逐步养成定时排便的习惯。

7. 保护孩子的眼睛，注意室内光线，经常移动玩具摆放的位置，防止其斜视等。注意观察孩子凝视物体时的眼神，发现异常及时就诊。

8. 注重孩子的口腔卫生，按不同月龄用纱布或专用牙刷，为其按摩牙床或清洁口腔。

9. 提供保暖性好、透气性强、安全适合、宽松的棉织衣物和大小合适、方便穿脱的鞋袜。

10. 提供练习生活技能的机会，鼓励孩子自己动手，如手扶奶瓶、吃饭、学习穿脱衣裤和鞋袜，对其依靠自己努力的行为表示赞赏。

11. 父母应保证每日有一小时以上的时间与孩子进行情感交流，如目光注视、肌肤接触、亲子对话等。学会关注、捕捉孩子在情绪、动作、语言等方面出现的新行为，做到及时回应，适时引导，满足孩子的依恋感和安全感。

12. 提供丰富的语言环境，伴随具体的环境和动作，在日常生活中随时随地用简明清晰、生动形象的语言与孩子进行交流。

13. 选择适合孩子阅读的图书和有声读物，多给孩子讲故事、念儿歌，进行亲子阅读，并鼓励孩子用语言大胆表达。

14. 让孩子倾听和感受不同性质、多种类型的音乐，注意播放音量，次数适度。经常与孩子一起唱童谣、歌曲。引导孩子感受音乐时表现各种动作。关注其对声音的反应，发现异常及时就诊。

15. 提供多种材料，鼓励孩子大胆涂画、撕贴，对其表现出的想象和创造力表示赞赏。

16. 收集日常生活中的物品，提供适合的玩具，经常和孩子一起游戏，满足其角色扮演的愿望，鼓励孩子的自主行为，激发其探索周围生活的兴趣，帮助其积累各种感知经验。

17. 创设与周围成人接触和与同龄、异龄伙伴活动的机会，帮助孩子感受交往的愉悦，积累交往的经验。

18. 注意观察和顺应孩子情绪，理解7～12个月的孩子怕生、25～36个月的孩子出现情绪不稳定是正常现象，提供其表达情绪情感的机会。

19. 选择身心健康、充满爱心、仪表整洁、具有一定育儿知识技能的照料者。

20. 家庭与育儿机构之间、家庭成员相互之间及时沟通，相互协调，保持教养要求、方法的一致性。

21. 家长应具备保健的基本知识和技能，在家庭中设置并经常清理"儿童保健药箱"，及时处理意外突发的小事件。掌握儿童急救医疗地点和联系方式，发生意外时及时求助，保障孩子健康安全地成长。

22. 定期为孩子进行体格发育检查，预防接种。利用现代通信技术和社区卫生、教育、文化等资源，主动了解育儿知识，并参加育儿讲座、咨询等各种学习活动。

第二章

婴儿生理心理观察与评估的理论基础

【本章学习目标】

1. 了解并掌握各种观察与评估婴儿生理心理的方法，知道其应用的范围及优缺点。

2. 掌握婴儿生理心理观察的相关理论，能够运用相关理论来设计观察方案，为解释儿童行为提供理论支撑。

3. 掌握婴儿生理心理评估的相关理论，学会运用评估理论来设计相应的观察与评估方案。

【本章学习建议】

本章主要介绍了婴儿生理心理观察的方法及相关理论，学习时应关注案例分析，带着问题入手，全面地将婴儿生理心理观察的相关理论和评估理论内化为自己的理解，为设计观察与评估方案，合理解释儿童行为奠定基础。

【案例分析】

8个月大的婴儿西西坐在母亲怀里，将正在吃饭的勺子丢到了地上，母亲将勺子捡起来后递到孩子手中，西西抓起勺子又丢到了地上，还不停地笑着……

当我们看到这一幕时，心中准会想"这小家伙太淘气了，一点也不听话"，甚至有的父母还会强制性地教训孩子，"吃饭的东西不能随便丢在地上"等。但是，瑞士心理学家皮亚杰则经过长期对儿童的观察总结出了儿童认识发展理论，他认为，4～8个月的婴儿正处于感知运动阶段的二期循环反应阶段，婴儿会有目的地在周围世界重复有趣事件的行为，通过这种重复，婴儿更熟练地掌握了各种简单的动作。而那个不断丢掉勺子的婴儿正在通过不断重复，练习抓握、扔掉的动作，这并不是他的调皮捣蛋，而是一种认真的学习。从上述这段案例分析，我们可以看到，婴儿有着自身发展的特殊性，我们不仅需要精心、静心地对他们的生理发展和心理发展进行了解，更需要以科学、恰当的理论作为依据来看待他们。

第一节 | 婴儿生理心理观察的理论基础

有效的婴儿生理心理观察有助于成人理解婴儿，为婴儿的发展提供适宜的养育和教育策略和方案。为了确保婴儿生理心理观察的科学性、有效性，不仅需要具备一定的观察能力，采用合适的观察方法，更为重要的是能够运用已有的儿童发展理论观点和现有的研究作为观察的基础和参考依据。

【故事链接】

从"弱智"到"天才"——智障音乐指挥家舟舟[①]

舟舟是个先天性智残的孩子。正常人的智商最低 70，舟舟只有 30，也就是说，终其一生，舟舟的最高智力也只能相当于四五岁的孩子。但是，他父亲胡厚培并没有放弃。他决定用自己的爱心和耐心来培养儿子的智力。他不厌其烦地教儿子数数、认数，认简单的字。然而，无论胡厚培动多少脑筋，制作多少卡片，舟舟就是学不会。至今，他还是不能从 1 数到 10。胡厚培终于对教儿子学知识失去信心了。但有一点他是坚持的，那就是绝不能将孩子关在家里。他主张让孩子多接触社会，多与社会交流和沟通。这样，孩子的智力会从多方面得到提高，适应能力、生存能力也会增强。他常带孩子上街，逛商场，会朋友，还常常鼓励孩子出去玩。尽管舟舟智商不高，但是个很乖的孩子，他常常到周围小店里帮别人擦桌子，扫地，把别人没吃完的东西扔到垃圾箱里。所以周围的人都认识他，很喜欢他。

舟舟的家就在武汉一些剧团聚集的大院里。舟舟熟悉那里几乎所有的练功房、化妆室和排练厅。他父亲是武汉市交响乐团的大提琴手。上班时父亲把他带在身边，放在排练厅一角。排练开始了，舟舟就安静地坐在边上，听着音乐的旋律，哪里有音乐，哪里就能见到舟舟，音乐对他来说好像是一种享受。乐团排练间隙，他便不声不响地爬上去，拿起指挥棒，挥舞起短短的手臂；正式演出时，舟舟总是站在侧幕指挥着好像属于他的乐队；演出结束了，掌声响起了，舟舟无比高兴，好像这也是他的成功。舟舟一天天长大，他对音乐的热情也在一天天增加，表演欲望也越来越强，一个"指挥梦"随之产生。

1999 年是舟舟人生旅途重大转折的一年。中国残疾人艺术团给了舟舟第一次登台演出的机会，站在交响乐指挥的舞台上，手拿指挥棒，舟舟开始了他生平第一次的演出。一个常人都不敢去想的指挥梦实现了，从此舟舟开始了他的舞台生涯。舟舟走上了中国艺术的大舞台，也走进了世界音乐艺术的殿堂。美国卡内基音乐厅、美国国家剧院等都留下了舟舟的名字。我们不能怀疑，在舟舟的血液里，流动的是旋律，他的每一次心跳都有音符在跃动，他的生命本来就是一首交响乐。这就是舟舟，不幸而又幸运的舟舟。舟舟被誉为世界上唯一不识乐谱的乐队指挥家。

当我们看到上面这则令人激动的故事时，谁能想到对于一个正常人都可能实现不了的梦想，一个天生智障的孩子怎么会有如此的成就呢？这里反映出了一个非常重要的问题，即传统以智商和分数评判一个人的能力和成就的思想是存在片面性的，正如美国哈

---

① http://hi.baidu.com/charleswbrown/item/69f52a0b334168b2a3df4339.

佛大学著名教育学家霍华德·加德纳提出的多元智力理论中指出，从基本结构来讲，智力不是一种能力而是一组能力，也就是说，智力不是单一的，而是多元的。我们应该用全面的眼光去发现每个孩子独特的闪光点，并运用相应的方法和手段去培养孩子，让孩子独特的闪光点成为其真正的具备优势。

一、多元智能理论

传统的智力理论认为人类的认知是一元的，个体的智能是单一的、可量化的，通过纸笔测验就可以测出人的智力高低。在这一理论下，所有的儿童都要接受整齐划一的狭隘智力测验，来区分儿童智力发展水平，而这种教育就是最大限度地使儿童获得高分。1983 年哈佛大学的心理学家霍华德·加德纳在《智能的结构》一书中对"智能"一词做出了精确定义，即"个体处理信息的心理和生理潜能，这种潜能可以在某种文化背景中被激活以解决问题和创造该文化所珍视的产品"[①]。加德纳反对将智能仅仅理解为是逻辑能力和语言能力的集合，传统的文化观念做到的只是把"智能"这个概念窄化。多元智能理论驳斥了传统狭隘的智力测验理论，它不仅对当代美国的教育发展产生了深刻的影响，而且对世界各地的教育发展也具有划时代的意义，并成为 20 世纪 90 年代以来许多西方国家教育改革的指导思想之一。

（一）多元智能理论的基本内容

霍华德·加德纳认为，智力的结构是多元的。他认为人的智能类型有八种，分别是语言文字智能、视觉空间智能、数理逻辑智能、音乐节奏智能、身体运动智能、自我认知智能、人际关系智能和自然观察智能。在这八种智能之间，不存在哪一种智能更重要，哪一种智能更优越的问题。八种智能在个体的智能结构中占有同等重要的地位，只是在不同个体身上表现出不同的特点，具有自己独特的表现形式，换句话说，任何一个正常的人都在一定程度上拥有其中的多项能力。对于每一个体来说，不存在谁比谁更聪明的问题，只存在谁在哪一领域、哪一方面更擅长的问题。

语言文字智能（verbal-linguistic intelligence）指的是人灵活运用语言及文字书写的能力。表现为个体能够流利地运用语言或文字表述思想、描述事件、沟通交流，这项智能包括把语义、文法、音韵等结合在一起运用的能力。语言文字智能较强的儿童在学习时擅长用语言文字来进行思考。教育者应尽量为此类儿童提供相关学习材料及活动，如录音带、写作工具，阅读书籍、讨论对话、讲演故事等。

视觉空间智能（visual-spatial intelligence）指的是准确地感觉视觉空间，并借视觉空间来表达思想和情感的能力。表现为个体对形状、色彩、线条、结构、空间及关系的敏感性，也包括在空间中辨别出准确方向和将视觉空间的想法在大脑中再现的能力。视觉空间智能强的儿童喜欢玩立体拼图，想象设计，多用意想图像来思考。教育者应尽量为此类儿童提供一系列学习材料和活动，如积木、幻灯片、图画书、视觉游戏、想象游戏等。

数理逻辑智能（logical-mathematical intelligence）指的是对数理逻辑关系的理解、

---

① 霍华德·加德纳. 多元智能理论. 沈致隆，译. 北京：新华出版社，1999.

运算、推理的能力，表现为对事物方式和关系的陈述、主张及对相关概念的敏感性。数理逻辑智能强的儿童喜欢提出问题，喜欢寻找事物的规律及逻辑顺序，大多用数理运算和逻辑推理进行思考。教育者应尽量为此类儿童提供大量可供查阅的科学资料，可探索和思考的事物等。

音乐节奏智能（musical-rhythmic intelligence）是指个体察觉、辨别、记忆、改变和表达音乐的能力，表现为对节奏、音调、音色和旋律的敏感性，以及通过演奏、作曲、歌唱来表达自身情感。音乐节奏智能强的儿童对节奏敏感，对歌曲的掌握能力强，大多通过节奏旋律来进行思考。教育者应尽量为此类儿童提供一系列的学习材料及活动，如多种吹拉弹奏乐器、歌碟，听音乐会等。

身体运动智能（bodily-kinesthetic intelligence）指个体的协调平衡及运用双手灵巧地生产或改造事物的能力。能够运用身体来建立和谐的关系，安慰或说服、支持别人。[1]表现为能较好地用身体语言表达思想感情，及时恰当地做出肢体反应。身体运动智能强的儿童很难长时间静坐不动，总是喜欢跑跑跳跳，喜欢户外运动，他们大多是通过身体感觉来进行思考。教育者应尽量为此类儿童提供一系列操作材料和活动，如适合的体育运动器材，动手操作游戏、体育和肢体游戏等。

自我认知智能（self-questioning intelligence）主要是指认识、洞察和反省自身的能力，表现为能较好地意识和评价个体的情绪、欲望、动机、个性、意志等，并且在正确评价的基础上形成自尊、自律和自制能力。对于那些想要成为有伦理、有能力和创造性的，兼具独立与合作能力的成功学习者的发展而言，自我认知智能是非常重要的。[2]自我认知智能较强的儿童常试图自我反省，仔细思考，并喜欢独处，他们通常以深入反省自我的方式来思考。教育者应尽量为此类儿童提供独处的时间，尊重其自我选择。

人际关系智能（interpersonal intelligence）指的是察觉并区分他人的情绪、说话、意向、手势动作及动机的能力，表现为体验他人情绪情感及辨别不同人际关系的暗示，并根据这些体验做出适当的反应。人际关系智能强的儿童非常喜欢集体活动，靠他人的回馈来思考，理想的学习环境是为他们组织小组活动、群体游戏等。

自然观察智能（naturalist intelligence）指的是个体探索世界、辨别生物、适应世界的能力，主要表现为人们在自然界里辨别差异的能力。

多元智能教育强调这八种智能要平衡发展，同等重视。加德纳教授指出："如果我们以多元智能的眼光看待孩子，我们会发现，每个孩子都有独特的兴趣和学习方法，每个孩子都很有天赋，都很聪明。"所以教育的起点不在于一个孩子有多么聪明，而在于怎样发现孩子的聪明，使孩子在哪些方面变得聪明，鼓励孩子"发展自己在各个领域的能力。"[3]

（二）多元智能理论在婴儿生理心理观察中的运用

多元智能理论在婴儿生理心理观察的整个过程中起着非常重要的作用。从观察方案的设计到观察的实施，再到对观察信息进行解释、判断和评价，都需要其作为理论支撑。

---

① 霍力岩. 多元智力理论和多元智力课程研究. 北京：教育科学出版社，2003：1.
② Linda Campbell, Bruce Campbell. 多元智能教与学的策略. 王成全，译. 北京：中国轻工业出版社. 2001.
③ 霍华德·加德纳. 多元智能理论. 沈致隆，译. 北京：新华出版社，1999.

1. 多元智能理论为设计观察方案提供科学依据

有效的观察依赖于观察方案设计的科学性。一般来说，设计观察方案有两种方法。一种主要从经验出发，对于经验丰富的观察者而言，可以根据已有的经验设计观察方案。比如长期从事早教工作的教师，可以根据其长期的工作经验设计出观察记录表。

另一种方法主要是从已有的理论出发，观察者根据理论设计观察方案。这种方法对观察者已有经验要求比较低，因此更适合大部分的早教工作者和家长。比如，有的家长想要了解自己孩子的视觉空间能力发展水平，他就可以在设计观察方案时选择多元智能理论为基础，通过文献查阅，发现视觉空间智能主要包括个体对形状、色彩、线条、结构、空间关系的敏感性，也包括在空间中辨别出准确方向和将视觉空间的想法在大脑中再现的能力。这 7 个维度就可以作为此项观察的基础，并将其设计成相应的观察记录表（见表 2-1-1）。

表 2-1-1　婴儿视觉空间智能观察表

观察对象：_____　　　　年龄：_____　　　　观察时间：_____

观察维度	观察记录描述	评价和判断	备注
形状			
色彩			
线条			
结构			
空间关系			
空间辨别			
空间再现			

从表 2-1-1 中可以看出，观察者通过依托多元智能理论，寻找到了相应的视觉空间观察维度，不仅降低了设计观察方案的难度，而且也确保了观察方案的科学性。

2. 多元智能理论为理解婴儿行为提供理论支撑

观察的目的不仅仅是为了获得事实资料，最终的目的是为了理解婴儿的行为，因此，观察者要对观察的行为进行总结，并能够对一些有价值的材料进行分析，从而获得对婴儿行为的理解。当观察者看到 2 岁的文文在游戏的时候与一名同伴争抢玩具小汽车时，听到文文大声叫喊着："这是我的小汽车！"很多研究者可能在分析时，更多地注意到争抢玩具的事件，认为那说明 2 岁左右的婴儿社会认知合作性差，容易发生冲突及攻击行为；但是在这段观察记录中，"这是我的"的申辩是婴儿社会认知发展的又一个价值型材料。自我认知智能对于孩子形成自尊、自律和自制能力非常重要。而"这是我的"这种对个人所有物的维护，说明了该年龄阶段的孩子开始具备了自我意识，而且这种自我意识更多地来自对特定所有物的保护[①]。可见，多元智能理论中对于不同智能的解释可以帮助观察者敏锐地抓住观察记录中的关键材料，并为合理解释婴儿的行为提供了重要的理论支撑。

---

① 施燕，韩春红. 学前儿童行为观察. 上海：华东师范大学出版社，2011：29.

可见，多元智能理论的八大智能领域（见图2-1-1），可以为婴儿日常生活行为和学习游戏行为提供相应的理论依据，如果一个观察者不懂得运用相应的理论观点区分重要行为，并对其进行正确解释的话，理解婴儿行为将成为无稽之谈。

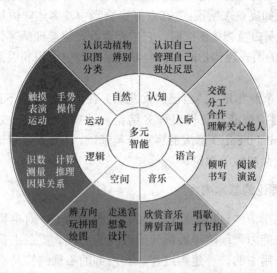

图 2-1-1　多元智能理论结构图

二、认知发展理论

【案例链接】

观察案例1：18个月大的杰奎林坐在一块绿色的小毯子上，高高兴兴地玩弄着一个土豆（对她来说，土豆是一个新玩意儿）。她把土豆放在一个空盒子里，又把它拿出来，玩得不亦乐乎。然后我当着她的面把土豆拿过来，放进盒子里，然后我把盒子放在毯子下面，并把土豆倒出来，把它藏在毯子下，最后取出空盒子，我没有让杰奎林看见我的小伎俩。虽然杰奎林一直盯着毯子，也知道我在毯子下面做了点手脚，可当我对她说"给爸爸土豆"时，她开始在盒子里寻找土豆，还抬头看着我，又看了一会儿盒子，再看看毯子……但是，她并没有掀起毯子去寻找下面的土豆。在此后连续5次的试验中，得出的结果都是这样。

观察案例2：杰奎林1岁零7个月时，已具有构想物体被隐藏在重重障碍之下的能力……我把铅笔放在盒子里，用一张纸将盒子包起来，再用手帕扎裹一层，最后用贝雷帽和床单把它罩起来。杰奎林先揭开贝雷帽和床单，然后再解开手帕，却没有立即发现盒子，但是她继续寻找，显然她已确信盒子的存在。然后她觉察到了纸，并立即明白了其中的奥妙，她撕开纸，打开盒子，找到了铅笔。

上述案例是瑞士心理学家皮亚杰（J. Piaget）用非结构式的观察方法研究客体永久性这一认知技能的发展过程。由于观察对象是婴幼儿，皮亚杰的研究常以游戏的形式出现。在这些游戏中，他与他的孩子们一起玩耍，通过对他们解决问题的能力以及在游戏中所犯错误观察，皮亚杰认为，客体永久性这种认知技能是真正思维的开始，是运用洞察力和符号来解决问题能力的开始。这就为婴儿进入下一个阶段（前运算阶段）的认知发展做好了准备。正如皮亚杰所说："在众多事物当中，客体守恒是客体定位的机能。也就是说，婴儿既能明白当物体消失时，它依然存在，也能理解客体去往何处。这一事实表明，客体永久性的图式建构是同现实世界的整个时空组织和因果关系密切联系在一起的。"①

皮亚杰采用对于个别婴儿（他自己的女儿们）在自然的情境下连续、细密的观察，记录她们对事物处理的智能反应得出许多结论。这些结论最终成为了认知发展理论（cognitive-developmental theory）形成的客观资料基础，认知发展理论也成为了被公认的20 世纪发展心理学上最权威的理论。

（一）认知发展理论的基本内容

所谓认知发展是指个体自出生后在适应环境的活动中，对事物的认知及面对问题情境时的思维方式与能力表现随年龄增长而改变的历程。皮亚杰认为，发展就是个体与环境不断地相互作用中的一种建构过程，其内部的心理结构是不断变化的。为了说明这种内部的心理结构是如何变化的，皮亚杰提出认知发展过程或建构过程有 4 个核心概念。

1. 建构主义发展观

皮亚杰认为智力的本质是适应，"是一种最高级形式的适应"。他用 4 个基本概念阐述他的适应理论和建构学说，即图式、同化、顺应和平衡。

图式即认知结构。"结构"不是指物质结构，是指心理组织，是动态的机能组织。图式具有对客体信息进行整理、归类、改造和创造的功能，以使主体有效地适应环境。认知结构的建构是通过同化和顺应两种方式进行的。

同化是主体将环境中的信息纳入并整合到已有的认知结构的过程。同化过程是主体过滤、改造外界刺激的过程，通过同化，加强并丰富原有的认知结构。同化使图式得到量的变化。

顺应是当主体的图式不能适应客体的要求时，就要改变原有图式或创造新的图式以适应环境需要的过程。顺应使图式得到质的改变。

平衡是主体发展的心理动力，是主体的主动发展趋向。皮亚杰认为，儿童一生下来就是环境的主动探索者，他们通过对客体的操作，积极地建构新知识，通过同化和顺应的相互作用达到符合环境要求的动态平衡状态。皮亚杰认为主体与环境的平衡是适应的实质。

同时，皮亚杰强调主体在认知发展建构过程中的主动性，即认知发展过程是主体自我选择、自我调节的主动建构过程，而平衡是主动建构的动力。同化表明主体改造客体

---

① 王振宇. 儿童心理发展理论. 上海：华东师范大学出版社，2004：196.

的过程，顺应表明主体得到改造的过程。通过同化和顺应建构新知识，不断形成和发展新的认知结构。

【案例链接】

同化与顺应

小明出去玩，第一次在树上看到一只麻雀。妈妈跟他说："小明，这是小鸟，小鸟长着两只翅膀，可以飞起来。"这时候小明在脑海里产生了一个"小鸟"的图式。

后来，树上停了一只燕子。小明对妈妈说："那是小鸟，它有两只翅膀，可以飞起来。"这时候小明将燕子的特征与先前的有翅膀的、会飞的信息相结合，进一步丰富了原有的认知，这就是同化。再后来，小明看到天上有一架飞机开过，小明指着天上的飞机说："妈妈，那也是小鸟！"妈妈说："那不是小鸟，是飞机。小鸟是一种动物，它的翅膀会上下摆动，飞机是交通工具，翅膀是不能摆动的。"这时候，飞机跟小明脑海里对于小鸟的图式有一定的差异，小明在妈妈的指点下改变了原有图式，知道了会飞的、有翅膀的动物是小鸟，这个改变图式来适应环境需要的过程就称之为顺应。

2. 认知发展阶段论

皮亚杰认为，在个体从出生到成熟的发展过程中，智力发展可以分为具有不同的质的4个主要阶段：感知运动阶段、前运算阶段、具体运算阶段和形式运算阶段（见表 2-1-2）。在皮亚杰看来，并不是所有的儿童都在同一年龄完成相同的阶段。但是，儿童发展的各个阶段顺序是一致的，前一阶段总是达到后一阶段的前提。阶段的发展不是间断性的跳跃，而是逐渐、持续的变化。随着儿童从低级向高级阶段的发展，他们由一个不能思维，仅依靠感觉和运动认识周围世界的有机体逐步发展成一个具有灵活思维和抽象推理能力的独立个体。

表 2-1-2　儿童认知发展阶段及各阶段的主要特征

发展阶段	年龄段	图式功能特征
1. 感知运动阶段	0~2	图式功能特征：凭感觉与动作发挥其图式功能；由本能性的反射动作到目的性的活动；对物体的认识具有物体恒存性概念
2. 前运算阶段	2~7	图式功能特征：能使用语言表达概念，但有自我中心倾向；能使用符号代表实物；能思维但不合逻辑，不能见及事物的全面
3. 具体运算阶段	7~11	图式功能特征：能根据具体经验思维解决问题；能理解可逆性的道理；能理解守恒的道理
4. 形式运算阶段	11 岁以上	图式功能特征：能抽象思维；能按假设验证的科学法则解决问题；能按形式逻辑的法则思考问题

3. 感知运动阶段的六阶段划分

自出生至 2 岁左右，是婴儿智力发展的感知运动阶段。在此阶段的初期即新生儿时期，婴儿所能做的只是为数不多的反射性动作。婴儿通过与周围环境的感觉运动接触，即通过其施加给客体的行动和这些行动所产生的结果来认识世界。也就是说，婴儿仅靠感觉和知觉动作来适应外部环境。这一阶段的婴儿形成了动作格式的认知结构。从刚出生时婴儿仅有的诸如吸吮、哭叫、视听等反射性动作开始，随着大脑及机体的成熟，以及在与环境相互作用的过程中，婴儿渐渐形成了有组织的活动。皮亚杰将感知运动阶段的不同特点再分为 6 个分阶段（见表 2-1-3）。

表 2-1-3　感知运动阶段六阶段划分表[1]

子阶段	月龄	描述
1. 简单反射	0～1.5	通过先天的反射行为来协调感觉和行为。皮亚杰描述了三种基本的反射：用嘴去吮吸物体；用眼睛扫视或直视物体；以及当一个物体接近手时，用手掌去抓握（达尔文反射）。到第 6 周以后，这些反射开始变为有意识的行为，例如，达尔文反射变成了有意的抓握
2. 第一习惯和初级循环反应阶段	1.5～4	协调感觉和两种类型的图式：习惯和初级循环反应（重复最初是偶然发生的事件）。反应的主要焦点仍集中于婴儿自身的身体。作为这种反应的例子，婴儿可能会重复地在他们的脸前挥舞小手。此外，在这一子阶段，可以因为经典条件反射或操作条件反射而引起被动反应
3. 次级循环反应阶段	4～8	习惯的发展。婴儿的关注对象从集中于自身转移到更为关注于物体；他们会重复那些带来有趣的或令人愉快的结果的行为。这一子阶段，主要是发展了视知觉与抓握之间的视—动协调。在这一子阶段，出现三种新的能力：有意识地抓住所需物体，次级循环反应，以及目的和手段之间的分化。在这一子阶段，婴儿能够有意识地抓住所需对象方向的空气，经常成为朋友和家人的"娱乐对象"。次级循环反应，或者说重复一个涉及外部对象的行为开始了。例如，转动一个开关，反反复复开关一盏灯。有意识的目的和手段之间的协调还没有正式发生。对一样完全被藏起来的物体没有寻找的想法
4. 次级循环反应的协调阶段	8～12	视觉和触觉，手、眼协调：图式与意向的协调。这一子阶段，主要是发展目的和手段之间的协调能力。婴儿拥有了皮亚杰所说的"第一次真正的智力"。此外，这一阶段标志着目标取向的开始，有意识地分步骤计划，以完成一个目标。例如在一次明显藏匿处把物体找到，在其他人把物品当着他的面转移到其他处，他还是会重复在上一个地方找寻，如果找不到，就放弃
5. 三级循环反应阶段、新颖性和好奇心	12～18	婴儿对物体的许多属性以及他们可以对物体做很多事情而感到好奇，他们尝试新的行为。这个子阶段的主要特征是发现新的手段来达成目标。皮亚杰认为婴儿这时正处于"年轻的科学家"的关键时刻。例如，婴儿在上一次曾经看到物体的地方去找那个物体。但是对于背后隐藏的物体转移无法成功找寻
6. 图式的内化	18～24	婴儿发展了使用原始符号，形成持久的心理表象的能力。这个子阶段的主要特征是出现了顿悟，或者真正的创造性。例如，有 3 个地方可以藏匿物体，婴儿在一个地方找不到以后会在另外两个地方继续找寻；甚至背对婴儿藏匿物体后，他会坚持寻找，直到找到。这也象征着婴儿的认知发展正处于通往前运算阶段的阶段

（二）认知发展理论在婴儿生理心理观察中的运用

认知发展理论指出，思维起源于动作，动作是思维的起点。0～3 岁儿童主要处在感觉运动阶段和前运算阶段前期，在这个阶段，婴儿主要通过协调感觉经验（例如看或听）

① J. W. Santrock. A topical approach to life-span development. New York：McGraw-Hill．2008：211-216.

与身体的肌肉运动来建构对世界的理解（如看到和听到的是对世界的理解）。婴儿通过施加给客体的身体行动来获取对世界的知识。婴儿从出生时的本能反射行为，到本阶段结束时，开始出现符号思维，之后出现下一阶段的直觉行动思维。因此，掌握认知发展理论相关的研究内容对于我们正确地了解婴儿身心发展特点，科学地进行早期教育有着重要的指导意义。

1. 认知发展理论有助于正确地了解婴儿身心发展特点

0～3 岁儿童主要处在感知运动阶段和前运算阶段前期，皮亚杰又将感知运动阶段再分为 6 个分阶段，6 个分阶段中，他对婴儿动作发展的方式及每个阶段婴儿的动作和感觉特征都进行了详细的描述。如从 4 个月开始，婴儿在视觉与抓握动作之间形成了协调，以后儿童经常用手触摸、摆弄周围的物体，这样一来，婴儿的活动便不再限于主体本身，而开始涉及对物体的影响，物体受到影响后又反过来进一步引起主体对它的动作，这样就通过动作与动作结果造成的影响使主体对客体发生了循环联系，最后渐渐使动作（手段）与动作结果（目的）产生分化，出现了为达到某一目的而行使的动作。例如，一个多彩的响铃，响铃摇动发出声响引起婴儿用目光寻找或追踪。这样的活动重复数次后，婴儿就会主动地用手去抓或是用脚去踢挂在摇篮上的响铃。显然，婴儿已从偶然无目的地摇动玩具过渡到了有目的地反复摇动玩具，智慧动作开始萌芽。这是皮亚杰对 4～8 个月的婴儿次级循环反应阶段动作发展的总结，从中我们可以对婴儿身心发展的特点有更为正确全面的了解，也可以为婴儿动作技能发展观察记录表（见表 2-1-4）的设计提供相应的参考。

表 2-1-4　婴儿动作技能发展观察记录表

观察对象：_____　　　　观察时间：_____

月龄	动作特征	是	否
0～1.5	能用嘴来吮吸物体		
	能用眼睛扫视或直视物体		
	当一个物体接近手时，用手掌去抓握		
1.5～4	有重复吸吮手指的动作		
	手不断抓握与放开		
	用目光追随运动的物体或人		
4～8	经常用手触摸、摆弄周围的物体		
	听到声响后，能用目光寻找或追踪		
8～12	借助成人来拿到玩具或其他东西		
	能用抓、推、敲、打等多种动作来认识事物		
12～18	能借助凳子或其他方法拿到东西		
	可以用多种动作来完成以前可以完成的任务		
18～24	能用身体和外部动作之外的方法来完成任务		

表 2-1-4 中的婴儿动作技能发展观察记录表就是按照皮亚杰关于婴儿感觉运动阶段 6

个分阶段中的婴儿年龄和动作发展的方式来设计的，可见，掌握认知发展理论不仅有助于正确了解婴儿身心发展特点，而且也可以为更好地了解和观察儿童提供重要的参考依据。

2. 认知发展理论有助于科学地进行早期教育

著名生理学家巴甫洛夫有句名言："婴儿降生第三天开始教育就迟了两天。"这就是说教育应及早开始，越早越好，从宝宝出生那一刻起，爸爸妈妈就要想到宝宝的教育。正常的孩子，只要出生后教育得法，都能培养成为非常优秀的孩子。然而，要实现科学的早期教育，早期教育工作者和家长就必须要依托相应的教育理论。认知发展理论对于婴儿的认知发展提出了全新的认识，这一理论经过多年的推广，得到了世界各国的一致认可，为早期教育提供了许多可借鉴的经验。皮亚杰详细观察了婴儿的吸吮动作，发现了吸吮反射动作的变化和发展。例如，母乳喂养的婴儿，如果又同时给予奶瓶喂养，可以发现婴儿吸吮橡皮奶头时的口腔运动截然不同于吸吮母亲乳头的口腔运动。由于吸吮橡皮奶头较省力，婴儿会出现拒绝母乳喂养的现象，或是吸母乳时较为烦躁。这也是在推广母乳喂养过程中应避免给婴儿吸橡皮奶头的原因。

在婴儿的智力培养中，应特别强调适时教育的原则。感知运动阶段是婴儿形成物体永久性概念的时期，因此在婴儿教养问题上，父母亲就应充分利用和创造各种机会帮助婴儿形成物体永久性概念。通常在婴儿的物体永久性的形成中，母亲（或是最亲近的人）永久性的形成较早，因而母亲要注意，在这段时期需较多地与婴儿在一起。育儿专家还告诫父母，在此阶段不宜频繁地更换保姆。另外，父母亲经常和婴儿进行远近摇摆拨浪鼓、"躲猫猫"以及找物体的游戏，亦是非常有益的。事实上，这一阶段的婴儿对这种失而复现的游戏表现出极大的兴趣。

三、观察学习理论

【案例链接】

实验研究 1：让儿童观察成人榜样对一个充气娃娃拳打脚踢，然后把儿童带到一个放有充气娃娃的实验室，让其自由活动，并观察他们的行为表现。结果发现，儿童在实验室里对充气娃娃也会拳打脚踢。

实验研究 2：将 3 岁左右的儿童分成三组，先让他们集体观看一个成年男子（榜样人物）对一个像成人那么大小的充气娃娃做出种种攻击性行为，如大声吼叫和拳打脚踢。然后，让一组儿童看到这个"榜样人物"受到另一成年人的表扬和奖励（果汁与糖果）；让另一组儿童看到这个"榜样人物"受到另一成年人的责打（打一耳光）和训斥（斥之为暴徒）；第三组为控制组，只看到"榜样人物"的攻击性行为。然后把这些儿童一个个单独领到一个房间里去。房间里放着各种玩具，其中包括洋娃娃。在 10 分钟里，观察并记录他们的行为。结果表明，看到"榜样人物"的攻击性行为受惩罚的一组儿童，同控制组儿童相比，在他们玩洋娃娃时，攻击性行为显著减少。反之，看到"榜样人物"攻击性行为受到奖励的一组儿童，在自由玩洋娃娃时模仿攻击性行为的现象相当严重。

这是美国心理学家班杜拉（A. Bandura）关于观察学习的两个经典实验，两个实验充分反映出了成人榜样对儿童行为有明显影响，儿童可以通过观察成人榜样的行为而习得新行为。班杜拉用替代强化来解释这一现象：观察者因看到别人（榜样人物）的行为受到奖励，他本人间接引起相应行为的增强；观察者看到别人的行为受到惩罚，则会产生替代性惩罚作用，抑制相应的行为。因此，对于身处模仿期的婴儿，了解观察学习理论就显得非常必要。

（一）何为观察学习

按照条件作用理论，学习是在个体的行为表现基础上，经由奖励或惩罚等外在控制而产生的，即学习是通过直接经验而获得的。班杜拉认为，这种观点对动物学习来说也许成立，但对人类学习而言则未必成立。因为人的许多知识、技能、社会规范等的学习都来自间接经验。人们可以通过观察他人的行为及行为的后果而间接地产生学习，班杜拉称之为观察学习[①]。

【案例链接】

我的宝宝怎么会梳头发了？

聪聪是一个只有 15 个月大的男孩，有一天他拿起妈妈的梳子，一下一下地梳理着自己的头发。他的妈妈看到这个举动很惊奇："我从来没有给我儿子梳过头。他的头发又细又直，即便不梳理也很整齐。当我看到他拿着我的梳子熟练地梳理头发的时候，我感到很吃惊，看起来他好像天生就会梳头。我也很纳闷，他是怎么学会的呢？"

当然，聪聪不是生下来就会梳头的，他很有可能是观察妈妈的一举一动而学会的。对于 1 岁的孩子来说，模仿是他们学习各种技能和语言的非常有效的方法，也是孩子们逐渐产生自我意识的一个途径。

（二）观察学习的基本过程与条件

班杜拉认为，人类的大多数行为是通过观察而习得的。人们通过观察他人的行为，可获得榜样行为的符号性表征，并可以此引导观察者在今后做出与之相似的行为。这一过程受到注意、保持、动作再现和动机四个子过程的影响（见图 2-1-2）。注意过程调节着观察者对示范活动的探索和知觉；保持过程使得学习者把瞬间的经验转变为符号概念，形成示范活动的内部表征；动作再现过程以内部表征为指导，把原有的行为成分组合成信念的反应模式；动机过程则决定哪种经由观察习得的行为得以表现。

---

① 冯忠良，等. 教育心理学. 北京：人民教育出版社，2010.

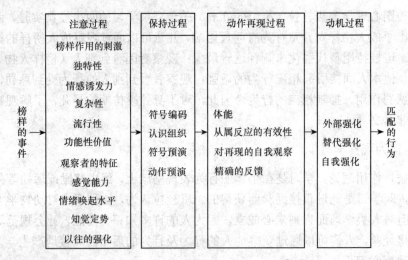

图 2-1-2　观察学习的基本过程①

1. 注意过程

注意过程是观察学习的首要阶段。如果人们对榜样行为的重要特征不加注意，就无法通过观察进行学习。班杜拉认为，注意过程决定着在大量的榜样影响中选择什么作为观察的对象，并决定着从正在进行的榜样活动中抽取哪些信息。影响注意过程的因素主要有以下三种。

（1）榜样行为的特性。榜样行为的显著性、复杂性、普遍性和实用价值等影响着观察学习的速度和水平。一般而言，独特而简单的活动容易成为观察的对象。榜样行为越流行，越容易被模仿，如各种大众传播媒介中的榜样行为极易成为"时尚"，尤其是电视明星的行为更容易成为学习的对象。同时，人们对于敌对的、攻击性的行为远比亲社会行为易于模仿，榜样行为被奖励比被惩罚更能引起模仿的注意。

【案例链接】

> #### 婴儿模仿榜样行为与生俱来②
>
> 　　我国一位儿科老专家曾对一名具有神奇能力的新生儿进行过观察。这个新生儿是一个刚刚出生8小时的小女婴，能玩伸展舌头的游戏。首先，老专家和小婴儿互相注视，然后老专家慢慢地伸出他的舌头，稍候片刻，小婴儿即伸出了她的舌头。看到这一幕，在场的大夫和护士们都感到很惊奇。有人建议：让这个新生儿一个一个地、面对面地和所有的工作人员见面，包括老专家，但有一条规定，和小女婴见面者切勿伸出自己的舌头。这名婴儿只有在见到老专家时，且不管老专家的面部表情如何，都伸出她的舌头。

① 冯忠良，等. 教育心理学. 北京：人民教育出版社，2010.
② http://new.060s.com/article/2008/10/15/83549.htm

（2）榜样的特征。在年龄、性别、兴趣爱好、社会背景等方面与观察者越相似的榜样，越易引起人们的注意。同时，人们倾向于注意那些受人尊敬、地位较高、能力较强、拥有权力且具有吸引力的榜样，而社会地位较低、能力较弱、权力很小且缺乏吸引力的榜样，则难以成为模仿的对象。

（3）观察者的特点。观察者本身的信息加工能力、情绪唤醒水平、知觉定势、人格特征和先前经验等也影响到观察学习。信息加工能力强、情绪唤醒水平高的个体，能从观察中学到更多的东西。观察者过去形成的知觉定势会影响到他们在观察中抽取什么特征以及如何对所见所闻作出解释。缺乏自信、低自尊、依赖性强的人，更易于注意他人并模仿榜样行为。同时，先前获得强化经验的行为在当前的观察学习情境中，将比较容易受到注意。

2. 保持过程

如果人们只注意观察他人的示范行为而不能把这种示范以符号编码的形式保存下来，那么对示范行为的观察就不会对他们产生多大影响，因此观察学习的第二个心理过程是保持。观察者如果想要在以后什么时候再现榜样行为，就必须把这种反应模式以符号的形式保存在记忆系统中。这样，以后个体才能根据言语符号来唤醒表象，并指导自己的行动。

班杜拉认为，示范信息的保持主要依赖于两种符号系统，即表象系统和言语系统。在儿童发展早期，视觉表象在观察学习中起着重要作用；在他们的言语技能发展到一定阶段时，言语编码就成为了主要的信息保存形式。同时，动作的演练也可作为一种重要的记忆支柱。有些通过观察而习得的行为，由于社会禁令或缺乏机会，不能用外显的手段轻易地形成，此时如能在头脑中进行心理演练，也可大大提高熟练程度，增强保持时间。

3. 动作再现过程

观察学习的第三个子过程是把符号性表征转换成适当的行为。一个人即使已经充分意识到了榜样行为，并把它经过编码后较好地保持在记忆中，但是如果没有适当的动作能力，个体仍不能再现这种行为。因此，动作再现过程决定那些已经习得的动作转变为行为表现的范围和程度。

仅仅通过观察，技能不会完善；仅仅通过试误，技能也不会得到发展。在大多数日常学习中，人们通常是通过榜样作用大致掌握新的行为，然后根据自我矫正的调整，才逐渐熟练掌握这种技能。

【案例链接】

口头劝说和榜样行为对儿童利他行为的影响

班杜拉的另一项实验研究比较了口头劝说和榜样行为对儿童利他行为的影响。实验是这样进行的：先让小学三、四、五年级的儿童做一种滚木球游戏，作为奖励，他们在游戏中都得到了一些现金兑换券。然后，把这些儿童分成四组，每组有一个实验者的助手装扮的榜样参与。第一组儿童和一个自私自利的榜样一起玩，这个榜样向儿童宣传要把好的东西留给自己，不必去救济他人，同时也带头不把得到的现金兑换券捐献出来；第二组儿童和一个好心肠的榜样一起玩，这个榜样向儿童宣传自己得了好东西还要想到别人，并且带头把得到的兑换券捐献出来；第三组儿童和一个言行不一的榜样一起玩，这个榜样口里说人人都应该为自己考虑，实际上却把兑换券放入了捐献箱；第四组儿童的榜样则是口里说要把得到的兑换券捐献出来，实际上却只说不做。实验结果是第二、三组捐献兑换券的儿童均明显比第一组和第四组的多。这清楚地表明劝说只能影响儿童的口头行为，对实际行为则无影响；行为示范对儿童的外部行为有非常显著的影响。

4. 动机过程

任何人都无法复演所学过的所有动作，因此，班杜拉把习得和行为表现相区分，认为行为表现是由动机变量控制的。动机过程包括外部强化、替代强化和自我强化。首先，如果按照榜样行为去行动会导致有价值的结果，而不会导致无奖励或惩罚的后果，人们倾向于表现这一行为。这是一种外部强化。其次，观察到榜样行为的后果与自己直接体验到的后果是以同样的方式影响观察者的行为表现的，即学习者的行为表现是受替代强化影响的。事实上，在通过观察而习得的无数反应中，看到他人获得积极效果的行为比看到他人得到消极结果的行为更容易表现出来。最后，人们对自己的行为所产生的评价反应，也会调节他们将表现出哪些习得行为。他们倾向于做出自我满意的行为，拒绝那些个人厌恶的东西，这实际上是一种自我强化。自我强化实质上是指人们能够自发地预测自己行为的结果，并依靠信息反馈进行自我评价和调节。班杜拉特别强调替代强化及自我强化的作用，这无疑是强调学习中的认知性和学习者的主观能动性。

（三）观察学习理论在婴儿生理心理观察中的运用

观察学习在人类学习中具有重要的作用。观察学习理论认为，儿童通过观察他们生活中重要人物的行为和环境来学习，这些观察以心理表象或其他符号为表征的形式储存在大脑中，来帮助他们模仿行为。因此，在婴儿生理心理观察中，借助这一理论不仅可以为我们进一步认识婴儿的行为特点提供依据，而且也可以为我们制定针对性的早期教育对策提供有力的支撑。

1. 观察学习理论有助于正确分析婴儿的行为动作

专业观察中，观察者是通过被观察者的行为来假设、解释被观察者的个性和其他方面的发展的。婴儿的一言一行、一举一动都是我们可以观察的对象，然而在获得行为现象后，如何能够更好地解释这一现象，分析其背后的成因就需要有相关的理论作为支撑。

研究表明，在出生后最初的4个小时中，婴儿就已经具有模仿能力了。那时的婴儿模仿的是张开嘴、撅起嘴，或者是在嘴里动舌头。随着婴儿渐渐长大，婴儿会看着"大人"做的事情模仿着学习，比如拿扫帚扫地。婴儿不仅会模仿成人的行为，也会模仿成人的语言、神态等。对于初学语言的婴儿，一开始就是模仿和重复周围人对他说的话。因此，家里的人脾气不好，容易着急上火，说话嗓门大等，看似无关紧要的事情，都可以引起婴儿的模仿行为。

2. 观察学习理论为制定针对性的早期教育对策提供支撑

观察模仿是婴幼儿重要的学习手段之一，他们生活在每个家庭环境中，总是会受到父母行为和情绪表现的感染。正如班杜拉所说："成人榜样对儿童行为有明显影响，儿童可以通过观察成人榜样的行为而习得行为。"因此，设置一定的社会情境，树立一定的榜样，通过个体、环境和行为的相互影响和联系，使儿童有意无意间进行模仿，可以有效促进儿童在成长过程中的性格、习惯及品德等的形成和发展。此时，成人必须主动营造一个好的学习和生活环境，并给孩子塑造一个好榜样，让好环境、好榜样领着孩子学习和成长。

【知识链接】

孩子模仿守则[1]

为了让孩子模仿好的榜样，健康地成长，家长应当牢记以下守则：

第一条，适当的角色和行为示范对孩子的成长非常重要。

第二条，孩子是面镜子，爸爸妈妈可以从孩子的身上看到自己的影子，所以在孩子面前要努力做个好榜样。

第三条，要鼓励孩子模仿好的行为，对孩子所模仿的不好的行为要加以制止。

第四条，对孩子在模仿过程中出现的自创动作，只要是对孩子和周围人无害的，不必干涉。说不定，未来的发明家就在你的身边。

当然，班杜拉也指出，如果要使婴儿最终表现出与榜样相匹配的反应，就要反复示范榜样行为，指导他们如何去再现这种行为，并当他们失败时客观地予以指点，当他们成功时给予奖励，只有这样才能让榜样行为真正产生效应，成为孩子的良好行为习惯。

第二节　婴儿生理心理观察的方法

对婴儿生理心理的观察，就是在婴儿的日常生活中，有目的、有计划地对婴儿生理、心理的变化进行周密的观察，并从观察结果的分析中找到具有规律性的特征。对婴儿生理心理观察的具体方法有很多，主要分为描述法、取样法和评定法。

---

[1] http://www.yaolan.com/edu/article2007_464062427908.shtml.

一、描述法

描述法是指在对婴儿生理心理观察过程中，观察者用文字或音视频设备详细记录下所观察到的生理心理变化发展过程，再对观察记录进行研究的方法。我们下面提到的日记法、轶事记录法、实况详录法都属于描述法的范畴。

（一）日记法

【知识链接】

《陈鹤琴教育文集》（节选）①

第69星期（第478天）

今天他玩一个木球滚到椅子下面，他就跪下去拿，不过椅子的档把把他挡住了，他拿不着就喊起来，叫人来拿，但是没人去帮他，后来他爬到没有档的一面拿到了。这里可以证明他的智慧已经发展得很高了。从前他拿不着东西就喊叫，并不能想出第二个方法来对付它，现在一个方法不成就想出第二个来，第二个不成又想出第三个来，当儿童的智慧已经发展到这样地步的时候，做父母的不应当事事为他代做，以免阻止他智慧的发展。

第89星期（第619天）

与人表积极同情：近来他吃饭的时候，不喜欢披围巾。今天他看见他父亲剪发的时候围了一块大白布，他就用手指着，并拉着叫他父亲拿开。他父亲就把布拿下来给他，他就掷在地上，不哭了。这里有几点要注意的：①他自己不愿意披围巾，他也不愿意他父亲披，就是与人表示积极同情的意思；②他自己觉得不舒服的，他以为别人也不舒服。

第97星期（第679天）

小肌肉动作的发展：①他用右手把摇鼓的柄拔出来，又插进去，这个摇鼓洞的直径不过2厘米长；②平常睡眠以前在床上玩彩色的方块共十六块，刚巧可放在一个方匣子里，他从前最喜欢搭成宝塔，现在喜欢将方块放到匣子里面；倘若他不能把方块放进去，就叫人帮助。今天他能够放进十三块了，其余三块是叫人帮他放进去的，他放进去的方法差不多是有一定次序的，先放靠自己这边四块，后放对边四块，再放靠自己这边上面一层四块，又放对边上面一层四块。这可以证明他有一种"顺序"的观念，也可以说他小肌肉的动作发展得已经很强了。

在上述记录中，陈鹤琴运用了日记式的记录法，记录了孩子在成长过程中动作和思维的变化，对于系统地了解婴儿各方面能力的变化起到了至关重要的作用。在我国，最早采用日记法开展研究的是著名的儿童教育家陈鹤琴先生。他以自己的儿

① 北京市科学教育研究所. 陈鹤琴教育文集（上卷）. 北京：北京出版社，1983：80-99.

子陈一鸣为观察对象，从其出生开始，便开始了长达 808 天的"实地考察、实地试验"，并以文字、照片以及影像的方式对儿子身心包括感知、动作、记忆、思维、情绪、意志、言语、道德等各方面的发展状况都做了详尽的记录与分析。在大量原始资料的基础上，陈鹤琴先生在 1925 年出版了中国幼儿心理学的扛鼎之作——《儿童心理之研究》。

在早期的自然观察中，有很多教育家、心理学家都曾采用过这种方法研究儿童的发展过程。最早的当数裴斯泰洛奇在 1774 年完成的《一个父亲的日记》，记录了他对自己的孩子长达 3 年的观察过程。达尔文写过《一个婴儿的传略》，记录了自己儿子的行为和发展过程。之后，德国心理学家普莱尔对自己的儿子进行了长期的科学观察，并以日记方式加以详细记录，从出生到 3 岁连续记录了 3 年，在此基础上，于 1882 年完成了世界上第一本儿童心理学的教科书《儿童心理的发展》。现代著名的心理学家皮亚杰也用观察日记法描述了自己的孩子认知发展的过程，出版了《儿童心理学》。

日记法是对儿童研究最古老的方法，也是使用最广的方法。它是在对同一个或同一组儿童长期反复的观察过程中，以日记的形式对儿童的行为表现进行描述的方法。这是一种纵向的研究方法，着重记录儿童在一段时期内出现的发展性变化，常用于研究儿童的成长和发展，因此又被称为"儿童传记法"。

按其记录的内容来划分，一般有综合性日记和主题性日记两种类型。综合性日记多为全面研究或总结某种共性时所使用，记录儿童在发展过程中各个方面的行为表现，着重记录其发展中新出现的具有里程碑意义的动作或者行为表现；而主题性日记则为专项研究某种特性时所使用，侧重于记录儿童在某些方面的新发展，例如，言语发展、认知发展等。

日记法是对儿童进行观察研究的传统方法。在日常生活中边观察边记录有助于系统地获取儿童身心发展变化的第一手资料。由于该研究是在自然情境中展开的，因此，所获取的资料较为真实可靠。此外，日记法常常被用于个案研究，便于对所记录的行为表现进行定性分析。但它也有一定的局限性，主要表现在：多为个案研究，所得出的结论代表性不强；在研究对象的选择上，多以自己或亲属的孩子作为被试对象，范围较小且具有偏向性，观察时难免会带有一定的感情色彩或者主观臆断。另外，实施日记法需要观察者持之以恒，用较长的时间进行跟踪观察和记录，需要花费大量的时间和精力。

日记法在使用的时候，应注意以下几点：

（1）观察应包含观察对象的姓名、性别、年龄等基本信息，进行观察的时间、地点以及观察对象所处的环境。

（2）观察记录时应紧密围绕观察目的，着重记录观察对象的发展变化，每次记录的内容应与上次有所不同。

（3）观察记录时切勿带入自己的主观情绪，客观记录活动的情境、观察对象的情绪、活动及反应等表现，保留原始材料（如原始对话）。

（4）如实记录情节发展的顺序，不能人为地进行改变或完善。

【知识链接】

美国心理学家谢因（Shirin）在其《一个婴儿的传记》中有这样一段描述：

第 25 天，黄昏，祖母坐在火炉旁，她把婴儿平放在自己的膝盖上。婴儿感到非常满意，她盯着祖母的脸。这时，我走近祖母，并坐在她身旁，把脸伏在婴儿身上。这样，婴儿不能直接看到我的脸。她努力把眼睛转向我的脸。不久，她额头和嘴唇的肌肉就出现了轻微的紧张。然后，她把眼睛转回到祖母脸上，继而又转向了我，如此往返几次。最后，她似乎看见了我肩上的一片灯光，她转动眼睛和头以便能更好地看见它。注视了一会儿，她的脸上出现了一种新的表情——一种模糊的初步的热情。她不再只是盯着它，而是真正地去看它。

在上述记录中，谢因记录了被观察者的年龄：25 天；时间：黄昏；情境：家中的火炉旁，婴儿平躺在祖母的膝盖上，满意地盯着祖母的脸。随后，他描述了自己的活动以及由此引发的婴儿的情绪及行为上的变化：眼睛转向并盯着他的脸——肌肉出现轻微紧张——眼睛在祖母和"我"之间来回往返——注视灯光。

（二）轶事记录法

【案例链接】

为什么人们不喜欢蛇①

日期：1980 年 9 月 11 日，儿童：班米拉

刚刚下课才一会儿，沙沙就尖叫起来，一条无毒的小蛇正在她桌上爬着。全班哗然，过了一阵总算安静下来了。班米拉用纸做了一个口袋，主动提出让他把蛇弄出去。我同意了。放学后我把班米拉留下，问是不是他在沙沙桌上放了蛇。他说："难道你也不喜欢蛇吗？"我重复了一遍我的问题，他开始抽泣，嘴里不停地嘟哝着关于喜欢不喜欢蛇的事，说是奇怪为什么有人喜欢蛇，有人又不喜欢。等班米拉停止哭泣时，我告诉他，如果他想谈谈蛇的话，以后我可以找个时间专门和他讨论蛇。他点头说"好吧"，就离开了。

（解释：今天的行为对于班米拉来说，是一种异常行为。在我过去对他的印象中，他总是对同学们很友好，他与沙沙的关系尤其不错。有没有可能由于他实际上是想与沙沙共享这一令人惊喜的发现而这么做的呢？尽管他的这种愿望是不可能实现的。我很奇怪他在哪儿弄到了这条蛇。全班为此热闹了好一阵子。）

上述案例是一位教师对于班级中出现的一件突发事件的记录，在记录后教师也对班米拉的行为进行了一定的分析，这种记录方式就是轶事记录。

轶事记录法也是描述法中较为常见的一种，它是指观察者在日常生活的情境中，以

---

① 王坚红. 学前儿童发展与教育科学研究方法. 北京：人民教育出版社，1999：91-92.

记事为主，将其所观察到的事件或者行为表现的全过程按顺序完整地记录下来，记录时应力求客观、真实、准确，不要加以主观判断、臆测或解释。如果需要对记录的情况进行评价，那也要注意与客观记录明显区分开来。

此法常用于记录观察者在观察过程中，对儿童成长和发展有价值的、有意义的一些典型的事件或行为表现，便于帮助观察者分析儿童成长和发展的过程，了解儿童的个性特点及发展需要，探讨影响儿童发展的关键因素，并进一步为儿童的成长提供更加科学合理的指导与帮助。与日记法类似，这种方法应用时较为简单方便，不需要专门编码制表，只需要教师在发现值得记录的典型事件和行为表现时及时、准确、完整、具体地记录下来，即时性强，便于操作。轶事记录法相对来说比较自由，事件或行为表现是否有价值、有意义、是否需要记录、记录时的措辞语气等都由观察者自行决定，主观倾向可能会比较严重。因此，要求观察者具有较高的能力素质，并能主动控制主观因素的影响，保证记录的科学性和客观性。

一般说来，轶事记录法观察和记录的是观察者感兴趣的，并且认为有价值的、有意义的行为和事件。它们可以是典型的，也可以是异常的，可以是表现幼儿个性的行为事件，也可以是反映幼儿身心发展其他方面的行为事件。

应用轶事记录法，应从以下几个方面着手来确定观察与记录的具体对象：

（1）将观察的对象界定在用其他方法不能较好评价的行为或事件上。什么样的行为最值得观察和记录？要回答这个问题，首先要斟酌本次的研究目的。在拟定研究计划的时候，应该思考：有哪些只能经由日常观察才能有效地加以评价？某些知识与技能的掌握可以使用纸笔测验、问答来评价，言语表达能力可以使用表现性测验来评价；而学习兴趣、情感体验、沟通能力、态度、习惯和适应模式等方面的发展，则很难用上述方法来评量，这些往往是教师或家长在做轶事记录时特别需要关注的行为。

（2）预先设定观察焦点，重点观察典型行为。在使用轶事记录法之前，应对儿童各方面的典型行为进行取样。预先设定观察的焦点可以使我们轻松地得到关于儿童发展的有用信息。如果在一段时间内集中对某种行为进行观察，就很容易得到所需要的信息。例如，要观察和评价婴儿交往能力的发展，可以重点观察儿童在与伙伴游戏时或与成人交往时的表现等。

（3）关注某些重要但不常见的事件。对于儿童在日常生活中所出现的某些不常见的事件，观察者不能忽略。比如一个内向的孩子第一次在遇到陌生人时讲话，一个注意力不集中的孩子对某一事物表现出了极大的兴趣，一个不挑食的孩子出现了挑食的现象……这些不寻常的事件，往往有助于家长和教师理解儿童行为的变化和发展，应特别重视。

轶事记录法还可以采用表格或是卡片的形式（见表 2-2-1），便于存档和使用。

表 2-2-1　轶事记录卡①

姓名：松松（5 岁 4 个月）	时间：2002 年 10 月 14 日上午 9 点 35 分	地点：结构区
事件实录	松松用纸卷了两个长短不一的桥墩，然后将积塑插成的桥面放到桥墩上，桥塌了。他又试了两次，桥还是塌了。松松停了下来，拿起桥墩看了看，又竖着比了比。他站起身，左右瞧瞧，最后	

---

① 夏靖. 轶事记录法在幼儿评价中的应用. 学前教育研究，2003（7）：8.

续表

姓名：松松（5岁4个月）	时间：2002年10月14日上午9点35分	地点：结构区
事件实录	眼光停在了明明搭的桥上。一会儿，松松举手对老师说："闻老师，我想要纸杯子。"松松将老师给的一次性纸杯子排起来，再把桥面小心地放上去。这一次，桥没有塌	
事件解释	松松发现了桥塌的原因，并能通过观察、借鉴别人的经验、向老师寻求支持的方式来解决问题	

由表 2-2-1 可知，轶事记录法应记录单一事件，语言应简短客观。记录中一般包含以下因素：

1. 单一事件的原始记录

观察时应同时做好这件事情的原始记录，在记录时应尽可能地客观、具体、详尽，不要妄加揣测和臆断。

2. 较完整的过程和场景

轶事记录法是对典型或者异常行为与事件的描述，因此，其过程应是完整的，有序的，既有事件发生的背景，前因后果，又有中心人物的行动、表情及其对环境的反应等。

3. 观察的侧重点

在记录中应反映出观察的侧重点，根据研究的目的，或侧重人的行为表现，或侧重事情的来龙去脉。

4. 观察者的理解

观察的过程同时也应该是一个思考的过程。因此，观察者的感受和理解非常重要。但是，这些感受和理解应该与原始记录相区分，以免将客观事实与主观臆断相混淆。

（三）实况详录法

实况详录法是指在某种场景下，观察对象在一段时间内的所有行为表现，包括其与周围环境及他人相互作用和交往的实况，或者某事件发生的全部过程详细如实地记录下来的观察方法。

与前面几种方法相似，使用实况详录法进行观察和研究，必须从研究的目的出发，根据需要观察的内容，选择观察的场景和时间。例如，要观察儿童在某一教学活动中的注意力能保持多久，就可以选定一次完整的教学活动进行观察。观察时间应适当，不宜过长或过短，过长观察者容易疲劳，过短观察到的资料太少。如有特殊需要，可以适当延长观察时间，但相应的，应该安排两组观察者轮流进行观察。

这种方法要求所记录的情况详尽真实，客观有序，不能掺有观察者主观的评价、推测或者解释。如果人工手记，需要熟练快速。因此，最好可以借助于摄像机、录音笔等现代化教学设备，把一段时间内的现场实况完整地摄录下来，事后研究人员可以反复地观察研究。若条件允许，可以使用两台或者多台摄像机从不同角度进行分工拍摄，以保证可以全面地观察到对象的动作、语言、表情等。若暂时不具备摄录条件，则可以选择多位记录水平较高的人员分工合作，事后进行统一的归纳整理。

由于实况记录法所获得的第一手资料详尽、真实，因此它不仅仅为本次的观察提供材料，还可以作为不同目的研究的原始资料。若一次观察所得资料不足，则可以进行多次实况记录观察，以实现观察目的。

【案例链接】

小普吉的成长

观察地点：花园一角

观察时间：2015 年 1 月 20 日

观察对象：小普吉，一名 8 个月大的小男孩

观察方法：实况详录法

今天，带小普吉到楼下的花园玩，碰到一个比他大 6 个月的小女孩。小女孩正在地上玩着自己的玩具小狗，小普吉眼睛死死地盯着地上跑动的小狗，然后我蹲下来让他近距离地观看，他主动伸出自己的手想去抓住小狗。我模仿着小狗叫的声音"汪汪汪"，他就使劲地往前倾，最终小女孩在妈妈的要求下将小狗递到了小普吉的手中。他将小狗双手捧着端详了一会儿，要放到自己的嘴巴里去，此时我说出"汪汪汪，小狗狗要回家吃饭了，我们放开它吧"，强行将小狗玩具放到了地上还给了小女孩，小普吉在我的强制约束下结束了这一探索活动。回来的路上，突然有一个东西吸引了小普吉的眼睛，他在我身上左顾右盼，还发出了一声"汪"，我回头一看——一只小狗正在草丛中寻找着吃的。此时，我对孩子的学习能力有了一种深刻的认识和体会，环境和成人对于孩子的影响是如此的巨大。

二、取样法

取样，就是对行为或事件的选择。取样法，是指研究者围绕研究目的，依据一定的标准，抽取一定的幼儿行为表现进行观察、记录和研究，从而达到研究目的，获得对幼儿发展的认识和理解的方法。

从取样的方式来划分，取样法又可以分为时间取样法和事件取样法。

（一）时间取样法

【案例链接】

帕顿经典研究[①]

美国学者帕顿最早使用时间取样法进行观察并取得成功。他关于"儿童游戏的研究"已成为考察儿童社会性能力与水平的经典之作。

其做法是：

1. 观察目的为研究儿童在游戏中的参与状况。

2. 观察对象为幼儿园小朋友。

---

① 华国栋. 教育科研方法. 南京：南京大学出版社，2005：75.

3．设计了六种反映儿童参与社会性活动水平的指标，即无所事事、旁观、单独游戏、平行游戏、联合游戏、合作游戏，并对每一项指标进行操作定义，即关于观察对象处于什么状态或有什么行为表现就符合哪一项指标的具体规定和说明。

4．设计了含有观察时间、儿童代号及六种指标的记录表格。

5．连续观察九个月，每天观察一小时，对每个儿童每次观察一分钟，并认真做好观察记录。

6．对观察结果进行分析研究，发现小班儿童多数单独游戏，中班儿童多为平行游戏，大班儿童更多的是联合游戏或合作游戏。

7．得出结论：儿童的社会性行为呈现出发展的顺序性。

时间取样法是指研究者以时间作为选择标准，专门观察和记录儿童在特定的时间范围内所发生的特定的行为表现以及相关事件的一种方法。其中，特定指的是预先确定。例如，研究者想要研究教师在讲课时的口头禅现象，首先便需要确定观察的对象，即某教师在课堂上是否出现口头禅及其出现的频次。

在时间取样法中，观察者常常以一定的时间单位来记录若干可以量化的行为。例如，研究者要考查婴儿的视觉注意情况，就可以选择在给孩子看图片的时候进行记录，每天观察一次或多次，每次在规定的时间内（如 3 分钟）划定时间单位（如每次 1 分钟）记录某些行为出现的次数或者发生的情况。

该方法适用于那些经常出现的，容易被观察到的行为，偶尔发生的或者内隐的行为不适宜用此方法进行研究。使用时间取样法，应按照以下步骤进行。

（1）明确研究的目的，确定主要内容和观察对象。

（2）依据观察目的明确需要观察的行为表现，对其进行详细的说明和界定，确定对其测量和观察记录的客观标准。

（3）制定观察实施的具体计划。根据所观察的行为表现的特点确定总的观察时间，确定每一观察单元的时段、每次观察时间的长短、间隔及观察次数，保证在这些时间内的观察具有代表性。

（4）设计并详细拟定好系统科学的记录表格，安排好实施观察和记录的人员，做好培训。

（5）实施观察并做好观察记录。

（6）对记录的结果进行整理，根据观察结果推测观察对象的一般行为表现。

采用时间取样法进行观察时，观察者必须对预先设定的行为表现熟记于心，以便在观察时进行熟练操作，提高观察的效率和可信度。同时，为了便于记录资料的分析与处理，该方法只记录了行为表现是否发生，出现的次数等项目，并不记录行为表现发生的全过程，因此，采用这种方法进行记录较为省时省力，简便易行，科学性强。不足之处在于，对于不经常发生的或者内隐的行为，时间取样法并不适宜。

【案例链接】

3岁幼儿学习绘画的坚持性

观察内容：在绘画活动中每隔 5 分钟对全班 25 名幼儿观察 10 秒钟，看每个幼儿是否有从事绘画以外的行为。绘画以外的行为可以分为三种类型：观望、下位、做与绘画无关的事情。观测表格在观察前制定好（见表 2-2-2）。

表2-2-2　幼儿非绘画行为记录表[①]

姓名	时间																					总计
	10:00			10:05			10:10			10:15			10:20			10:25			10:30			
	G	X	W	G	X	W	G	X	W	G	X	W	G	X	W	G	X	W	G	X	W	
×××																						
×××																						
×××																						
×××																						

注：G＝旁观（"观"的第一个拼音字母，也可用"观"）；
　　X＝下位（"下"的第一个拼音字母，也可用"下"）；
　　W＝无关行为（"无"的第一个拼音字母，也可用"无"）。

观察说明：

1. 在 10:00～10:30 绘画活动中，每 5 分钟观察每个幼儿各 10 秒钟。

2. 在限定 10 秒钟内观察到幼儿有非绘画行为时，要根据非绘画行为分类分别在不同缩写号码栏内打"√"。

（二）事件取样法

【案例链接】

学前儿童争执行为的研究[②]

使用事件取样法的典型案例便是美国科学家霍尔·戴维进行的一项关于学前儿童争执行为的研究。他选择了保育学校中幼儿的争执行为作为观察目标，在儿童自由活动的时间内观察自发的争执事件，并进行完整的描述与记录。

在研究之前，他事先按照争执发展的过程，确定了所要观察和记录的有关争执的六个方面。它们分别是：

（1）争执的时间长度；

（2）争执发生的背景；

（3）争执时发生的情况；

（4）争执时说些什么、做些什么；

① 周兢，王坚红. 幼儿教育观察方法. 南京：南京大学出版社，1990：35-36.
② 华国栋. 教育科研方法. 南京：南京大学出版社，2005：75.

（5）结果如何；

（6）影响如何。

然后据此设计好观察记录表（见表2-2-3）。

表 2-2-3　幼儿争执事件记录表

儿童	年龄	性别	争执持续时间	发生背景	行为性质	做什么、说什么	结果	影响

在观察时，一发现有争执事件发生，便开始用秒表计时，并仔细观察，记录事件的完整过程。在从 1931 年 10 月 19 日到 1932 年 2 月 17 日这 4 个月的时间内，霍尔·戴维以 25～60 个月的 40 名儿童（其中女孩 19 名，男孩 21 名）为观察对象，观察他们在自由游戏中所发生的争执行为。他一共花了 58.75 小时，观察记录了 200 个争执案例，平均每小时 3.4 次。其中，68 件发生在室外，132 件发生在室内，有 13 件持续时间在 1 分钟以上。他的观察研究在学前儿童争执发生的原因、频率、年龄、性别差异以及终止争执的有效条件等方面获得了大量有价值的资料。

事件取样法是指对预先确定的行为表现或者事件专门观察并记录完整过程的方法。它需要预先确定行为表现或者事件作为观察对象，再根据专门观察和完整记录推断一般的行为表现。

运用事件取样法进行观察，观察者必须等待所选行为或者事件出现之后才能进行记录。因此，观察者首先必须明确观察的目的，了解观察对象的一般状况，同时，运用此种方法也要求观察者具备相当的耐心，以便在最适合的时间和场合进行观察和记录。记录时不仅仅要记录行为或者事件本身，还应该把行为或事件发生的背景及前因后果完整地记录下来。

与时间取样法一样，事件取样法可以事先计划和安排，在有准备的情况下获取有代表性的观察结果，它可以在一定程度上保留行为表现或事件的连续性和完整性，也可以了解到行为或事件发生的背景与前因后果。因此，多运用于相对比较广泛的且经常出现的行为或者事件的观察，也是教育工作者常常使用的一种方法。

与之前介绍过的轶事记录法相比，虽同为注重记事，但事件取样法记录的是预先确定好的行为或者事件的全部过程，通过观察和记录，推断出该种行为或是事件的一般情况。而轶事记录法则多为日常观察时所采用，只记录观察者认为有意义或是有价值的东西，事先并不确定哪些要记，哪些不记，有些甚至与观察的目的无关的事件也会被记下来。

与时间取样法相比，二者都是记事，却也有不同之处。时间取样法必须严格按照事先划定好的时间，在规定的时间段内进行观察和记录，而事件取样法则不会受到时间的限制，一旦确定的行为或事件出现便开始观察和记录。此外，时间取样法侧重记录在规定时间段内预先设定的行为或事件是否出现，出现的次数及其持续的时间，而事件取样法则侧重特定行为或者事件的特点及发生的全部过程。

三、评定法

描述法主要运用文字记录，取样法是运用文字和符号进行记录，两者共同的不足之处在于记录的难度大，而且记录的资料也比较难以分析和统计。所以人们又运用了另外一种更为简便的方法来进行观察记录，这就是评定法。评定法主要包括行为检核法和等级评定法两种，这两种方法的共同点在于观察者不仅要做观察，而且还要对所观察到的行为作出评定或判断。

（一）行为检核法

行为检核法，又称清单法或者核查清单法。顾名思义，行为检核法是指研究者将要观察的项目以表格的形式列成清单，并在每一项旁边都附有出现与否的选项，形成合理的行为检核表，然后依据清单进行现场观察，检查并核对这些项目是否出现的一种评定方法。

行为检核法的实施，要预先制定行为检核表，列出需要观测的具体项目，并在一定的场合和时间内进行观察，因此，这种方法具有诊断和评测的功能。它可以与描述法、取样法等方法共同使用。其观察目的明确、省时省力，简便易行，家长和教师可以根据婴儿的实际情况自制行为检核表，进行标准参照测试，也可以采用已有的标准化行为检核表对婴儿进行测试，然后将检核结果与常模进行比对。不足之处是这种方法只是判定一定的行为是否出现，它不保留原始实况，不能提供关于行为表现的实质材料，包括一些背景资料和行为表现的全部状况。

行为检核法能否顺利实施，关键在于行为检核表的编制是否合理。在行为检核表中所列出的项目必须紧密围绕着研究的目的，概念的层次必须保持一致，所列的行为项目应尽量完整全面，项目的排列应按照一定的逻辑。

具体的编制方法如下：

首先，研究者应从研究的目的出发，列出需要观察和评定的主要内容及其行为表现，即所研究的问题包括哪些内容，每项内容包含哪几方面的行为表现。例如，研究"婴儿听觉发展的特征"，那么，要观察和评定的主要项目可以从不同月龄段出发，如0~3个月、4~6个月等。

其次，将主要内容分解为可观察和评定的具体项目，即各方面的详细表现，例如，"0~3个月的婴儿听觉"就可以分解成"对妈妈的声音反应敏感"、"能随着声音转动头部"等。

最后，将分解出的具体项目按照一定的逻辑顺序进行排列，制作行为检核表。可以按照项目完成的难易程度或者项目首字母的顺序进行排列（见表2-2-4）。

表 2-2-4 婴儿听觉发展行为检核表[①]

姓名：_____　　　　性别：_____　　　　出生日期：_____　　　　观察时间：_____

月龄	观察评估项目	是	否
0～3	对妈妈的声音反应敏感		
	能随着声音转动头部		
4～6	对细微的声音有反应		
	听到声音会找声源		
	能集中注意听喜欢听的声音		
7～9	将闹钟放到柜子里他也能找到		
	会用眼睛追视发出声音的物体		
10～12	对低频声音很敏感		
	听欢快的音乐会跟着晃动身体		
	能听懂大人说的简单的话		
13～18	能够听到小鸟鸣叫等细微的声音		
	听到音乐能够有节奏地摆动身体		
	喜欢敲敲打打，听自己创造出来的声音		
19～24	喜欢敲打锅碗瓢盆		
	能听 2～5 分钟音乐		
	根据音乐节奏摆动身体		
25～30	可以遵从连续的两个指示，如"先……再……"		
	喜欢听故事		
	能跟着音乐哼唱		
31～36	能使用复数名词		
	能理解简单的问题和答案		
	能较为流利地背诵儿歌		

这种方法既可以用来评价儿童身心各个方面的发展状况，也可以用来测量教育干预后的效果。

行为检核法的优点是：行为检核表的制定较为容易，且使用方便，在进行观察评定时效率较高，但在评价时容易受到观察者自身的错误或偏见的影响，记录的可信度较其他几种方法稍低。

因此，在分类的时候要尽量划得具体详尽，可观察，可评价，同时在记录时应力求真实客观，与其他方法结合使用，便于核对事实状况。对同一现象和行为表现应从不同的方面的和角度进行观察记录，避免记录的片面性。

（二）等级评定法

与行为检核法相似，等级评定法关注的也是儿童所出现的一些特定的行为表现，不

---

① 周念丽. 0～3 岁儿童观察与评估. 上海：华东师范大学出版社，2013.

同的是，等级评定表中，观察者不仅可以用等级量表来评定儿童是否有某些行为表现，而且还可以将行为表现按其完成程度划分等级，评价其质量和水平。

例如，拉瑟福德等（Rutherford & Mussen）根据幼儿教师的评定，研究学前儿童的自私性。研究者给每个主班老师一叠卡片，卡片上写着该班幼儿的姓名，每一个名字一张卡。请老师把这叠卡片分成五堆，第一堆为"这孩子是我所见过的最慷慨无私的幼儿之一"；第五堆为"我所见过的最自私的幼儿之一"，第三堆为"似乎是中性的，既不很大方，也不很小气自私"。第二、四堆的自私或大方程度，介于第一和第三、第三和第五堆之间[①]。

上述分类方法是等级评定法中较为常用的方法。现多用等级评定表（见表 2-2-5）将观察所得的信息数量化，对行为表现的质量作出判断和评价。评定的方式可以用等级（如优、良、中、差）、数字（如 1、2、3、4、5）或字母（如 A、B、C、D）来进行，也可以用词语来进行描述，如合格、基本合格、不合格或者反应极快、反应一般、反应很慢、无反应等。可以当场评定，也可以在观察结束之后根据印象来进行评定。评定之前应对各种等级的具体标准作出明确的规定，避免因标准模糊不清造成的研究误差。评定时应由几个观察者同时进行，以保证考查的准确性和一致性。

表 2-2-5　31～36 个月婴儿精细动作发展等级评定表

姓名：＿＿＿＿＿＿＿＿＿　性别：＿＿＿＿＿＿　年龄：＿＿＿＿＿＿　地址：＿＿＿＿＿＿＿＿＿

观察评定指标	评定等级		
	总是能	有时能	从未能
1. 能垒高十块积木			
2. 拇指分别与其他四指对碰			
3. 折长方形、正方形、三角形			
4. 脱下和拉起裤子			
5. 抓住和使用剪刀（剪圆）			

该种方法操作简便，易于上手，省时省力，适用范围较为广泛，而且便于进行核查。但其仍存在一些不足：

（1）运用等级评定法收集到的资料容易受到评定者主观意见的影响，难免有失客观。

（2）由于评定者对评定标准的理解不一，容易产生评定的误差。

（3）运用等级评定法难以分析行为表现产生的原因。

因此，使用时应注意：

（1）避免评分过高或者过低，避免全部打平均分。

（2）尽量做到客观公正，不要将个人的偏见和先入为主的观念带入研究。

（3）评定时应至少有两个观察者同时进行，保证观察的公平性和完整性。

① 王坚红. 学前儿童发展与教育科学研究方法. 北京：人民教育出版社. 2006：376.

第三节 | 婴儿生理心理评估的理论基础

一、评估发展的四个阶段

从评估的产生与发展来看，它经历了一个从主观评价到测量，又从测量到综合评价的发展过程。具体而言，大致经历了评价是测验、评价是描述、评价是判断、评价是改进四个阶段。这是评估的概念与内涵不断拓展、深化的过程。

（一）评价是测验

教育评价起初产生于 20 世纪初兴起的教育测量运动。19 世纪上半叶以前，学校考试一般采用对学生逐个口试的方式进行，缺乏应有的客观性和标准。随着工业革命的推进、教育的普及，大批劳动者进入学校，因此，对学生的考试采用逐个口试的方式已行不通。1702 年，英国剑桥大学首先以笔试取代口试，随后 1845 年，美国教育家贺拉斯·曼（Horace Mann）在波士顿文法学校首次引进笔试，并且很快得到推广和发展。从口试转向笔试，从评分上仍然存在随意性，但是已经向提高测验的客观性迈进了一步。

19 世纪末到 20 世纪 30 年代，西方一些学者在当时的实验心理学、统计学与智力测验发展成果的影响和推动下，为提高测验的客观性、标准化程度，进行了新的探索。1904 年，桑代克（E. L. Thorndike）发表《心理与社会测验学导论》（*An Introduction to the Theory of Mental and Social Measurement*），提出"凡是存在的东西都有数量，凡有数量的都可测量"的理念，该理念奠定了教育测量的基础。随后，他与其学生陆续编制了各科标准测验和标准测量，促成了教育测量运动的蓬勃展开。不到 20 年（1909~1928），美国便有三千多种测验问世，大致分为学业测验（又称"学力测验"）、智力测验和人格测验三类[①]。

随后，在学业测验方面，斯顿（1908）、高斯（1909）相继编制出了算术的标准测验。在智力测验上，法国的比纳（A. Binet）与西蒙（T. Simon）于 1905 年提出了第一个智力量表，即《比纳-西蒙量表》，1908 年修订版引入了"智力年龄"概念，1911 年再次修订。此量表奠定了智力测量的基础。美国斯坦福大学心理学教授推孟（L. M. Terman）1916 年发表了对《比纳-西蒙量表》进行五年研究后的新成果《斯坦福量表》。在人格测验方面，1921 年，华纳德（G. G. Fernald）提出人格测验；1924~1929 年，哈芝红（H. Hartshorne）等组织了人格教育委员会，开始研究人格测量工具，并不断加以改进。

评价是测验，也意味着评价者的工作就是测量技术员的工作——选择测量工具、组

---

① 谢非，陈莉. 教育前沿研究的调查. http://blog.online-edu.org/wujuan/001868.html.

织测量、提供测量数据。但研究者们也逐渐意识到，把评价认定为测验，尽管推进了评价的客观化、标准化，但它还不能测出人的全部学力内容，特别是无法测出一些内隐的行为表现，比如态度、兴趣、品德、性格、情操等。

（二）评价是描述

基于对评价是测验定义的批判，研究者们逐渐将评价的研究视角从定量向定性转移。关注评价结果与评价目标的达成度。

评价是描述的概念，伴随着泰勒的"八年研究"兴起，持续到 20 世纪 50 年代。该研究由美国进步教育协会（Progressive Education Association）发起，由泰勒主持。该研究以"从重知转向全人教育"为理念，首先对课程内容进行实验研究，然后由泰勒等组成的评价委员会进行分析，于 1942 年提出了"史密斯—泰勒"报告，报告中正式提出了教育评价的概念，使之与测量运动区别开来。泰勒因此被称为"教育评价之父"。泰勒提出了以目标为中心的评价思想，其要义是通过具体的行为变化来判断教育目标实现的程度。同时，泰勒还提出了具体的评价步骤，也就是著名的泰勒模式。

在泰勒的影响下，研究者们纷纷改革教育目标设计，其中以美国心理学家布卢姆（B. S. Bloom）的目标分类学影响最为广泛。为了使教育目标更为科学化，1956 年，布卢姆发表了《教育目标分类学——认知领域》，随后，克雷斯沃尔（D. R. Krathwohle）等又研究出了情意、技能方面的教育目标，建立了系统完善的教育目标分类体系，极大地促进了教育评价科学化的步伐。

这一阶段的评价特点表现为：认为评价是将教育结果与预定目标进行对比的过程，是根据预定教育目标对教育结果进行客观描述的过程；评价不等于"考试"和"测验"，尽管"考试"和"测验"可以成为评价的一部分。评价不再局限于测验，而是转向对教育过程的描述。

（三）评价是判断

19 世纪 50 年代后期，伴随着美国因苏联成功发射了世界上第一颗人造卫星而开始推行的教育改革，人们开始对泰勒模式产生质疑，并进行重新认识和批判。在这种质疑和批判中，各种新的评价思想和模式纷纷涌现。

1963 年，格拉泽（R. Glaser）指出，今后的教育评价必须重视目标评价（绝对评价），提出用标准参照测验代替常模参照测验。同年，克龙巴赫（L. J. Cronbach）也提出评价者应该摆脱对事后评价的偏爱，主张评价不能根据竞争的成绩作判断，而应该把评价作为一个搜集和报告对课程研制有指导意义的信息的过程。1966 年，斯塔弗尔比姆（D. L. Stufflebeam）提出 CIPP 评价模式。斯克里芬于 1967 年提出了目标游离模式（goal-free），他认为评价并非只是测量事物或决定目标是否达成，而是要判断目标的达成是否满足被评价者的利益与需要。因而评价的依据不是方案制定者预定的目标，而是被评价者的意图。同年，斯克里芬发表了论文《教育评价方法论》，他首次明确地提出将评价分为形成性评价和总结性评价的分类思想。1967 年，斯塔克（R. E. Stake）发表重要论文《评价的面貌》，首先肯定了判断是评价的两个基本活动之一（另一活动是描述）。

　　这个时期评价理论的发展特点是：把评价视为价值判断的过程，评价不只是对预定目标达成度的描述，对目标本身也要进行价值判断。既然目标本身也不是固定的标准，因此评价过程也因为走出了泰勒模式的评价理论，打破了泰勒的目标评价模式一统天下的局面，从而扩大了评价的功能。泰勒于 1969 年在美国全国教育研究会（NSSE）上提出的报告中指出："第二次世界大战以来，特别是过去的近 10 年里，教育评价发生了重大的变化。"实质上，这个阶段的评价走出了"价值中立性"的误区，确认了价值判断是评价的本质，确认了评价的过程性[①]。

（四）评价是改进

　　20 世纪 70 年代以来，随着各国经济的迅速增长和对受教育者素质要求的提高，教育改革得以全面推行，这种改革在教育评价领域表现得尤为突出。在人文主义思想的影响下，教育评价进入专业化时期，强调评价是"心理建构"的过程，提倡价值多元、全面参与和共同建构，力图实现教育民主化。总的来说，1973 年以后的教育评价作为一个独立的专业已趋成熟，逐渐走向专业化发展道路。评价方法论呈现出从实证科学主义向人文主义发展的趋向，在实践领域中各类研究机构、评价组织和专业性杂志不断涌现。

　　以克龙巴赫为代表。1963 年，克龙巴赫在《通过评价改进课程》的论文中对教育评价内涵的阐述是："一个搜集和报告对课程研制有指导意义的信息过程。"[②] 他认为，评价的中心不应仅是目标，更应当是决策。评价者不仅应当关心规定的目标，检验这些目标到达的程度，而且更应当关心谁是决策人，他们作了什么决策，根据什么准则作决策等。所以他倡导评价是为决策提供信息的过程。1966 年，斯塔弗尔比姆在对泰勒评价理论提出异议的前提下，主张"评价的目的不在于证明（prove），而在于改进（improve）。评价是一种为决策者提供信息的过程。"[③]1973 年，斯塔克提出了应答模式，这一模式主要以问题，特别是以直接从事教育活动的决策者和实施者所提出的问题为评价的先导，而确定评价问题和制定评价计划的过程是一个评价者与评价有关人员之间持续不断地"对话"的过程。1989 年，古巴（E. G. Guba）与 Y. S. 林肯（Y. S. Lincoln）提出"第四代教育评价"理论。在他们看来，人们对教育评价的认识经历了一个不断认知和建构的长期过程。他们认为，评价本质上应是一种心智建构的过程，即评价的过程应是参与评价的人员与被评者共同建构而形成一致的、共同的看法的过程。

　　"第四代评价"提出了"共同建构""全面参与""价值多元化""评价中的伦理道德问题"等观点。认为评价的本质便是一种心理架构，从而强调了评价的改进性。在评价方法上，采用"应答性资料收集法"和"建构主义方法"，以"回应—协商—共识"为主线，带来了许多新看法、新思路。它倡导了一种民主的评价精神，倡导了一种为加深认识改进工作而评价的方法。这不仅有利于革新传统评价方法，带来评价观念的变革，也有助于人们对评价的科学涵义的进一步认识与探索。这种教育评价是所有参与活动的

---

①［日］桥本重治. 新教育评价法要说. 东京：金子书房，1979：12.
② 陈玉琨，赵永年. 教育学文集·教育评价. 北京：人民教育出版社，1989：82.
③ 陈玉琨，赵永年. 教育学文集·教育评价. 北京：人民教育出版社，1989：301.

人的心理共同建构的过程的观点以及所倡导的为改进工作而进行评价的方法对学生评价、教师评价以及学校评价都颇有启示。

二、增值评价理论

增值评价理论产生至今的时间并不长，增值评价的顺利实施离不开数理统计技术的应用，由于英美两国的统计技术领先于世界，加上自身教育发展的特殊需求，增值评价在这两个国家发展得较为成熟和完善。1966 年，美国学者詹姆斯·科尔曼向美国国会提交了一份题为《关于教育机会均等性的报告》，也被称为科尔曼报告。该报告中的研究结论引发了世界范围内关于学校效能评价的争论，也就是从那时候开始，增值评价开始进入研究者的视野。科尔曼报告也被称为增值评价研究的起点，20 世纪 70 年代在世界范围内引发了增值研究的热潮。但是在 20 世纪 80 年代之前，限于统计研究技术水平，增值评价研究一直采用比较初级和低水平的统计方法，难以全面深入地反映问题。20 世纪 80 年代末，随着多水平分析模型的成功建立，增值评价研究的特点得以展现，研究水平也达到了一定的高度。

增值评价是一种过程性的教育评价方法，与终结性评价不同，它更关注评价对象的成长过程，这种成长过程反映的是评价对象在接受了一定阶段的教育之后，从一个基础水平到另一个新的水平之间的变化程度。对于增值评价的共识是，增值概念不同于学生学业成绩的原始分数，它是在充分考虑学生起始因素的前提下，经过一定阶段的教育，学生学业水平增加的情况。增值概念是建立在学校教育可以有效提高学生的学业水平这一假设基础之上的。在对学生学业水平增加的情况进行测量时，涉及了前测和后测概念。在接受某一阶段的教育之前，学生学业水平的起始成绩即为前测成绩；接受了一定教育之后，学生所取得的学业水平考试的成绩即为后测成绩。人们预期，接受了一定时间的教育之后，学生学业水平的后测成绩要高于其前测成绩。这样，"增值"的概念应运而生，它是指接受一定阶段的教育后，学生学业水平成绩超过预期的程度。

自从 1970 年以来，科尔曼报告就不断产生其应有的作用，世界各国纷纷开始应用这份报告来对各自国家的婴幼儿进行生理心理教育的评估，而增值评价理论的具体阐述可以分为以下几点：

（1）增值评价理论是在关注点变化的角度上展开具体分析的。在评价中，经常使用的方法是用学生的成绩来判断原始分数的平均分，而这里针对婴幼儿生理心理的平均分却是一个十分抽象的概念。在研究中曾经有这么一幕出现，如果使用原来的分数来作为教育者对于被教育者的指导，最后很有可能会产生误导被教育者的作用。另外，增值评价理论还会让人们过分关注婴幼儿的生理心理成长，从而忽视婴幼儿本身的健康发展，损害了教育过程的初衷。

（2）增值评价理论是在注重公平公正的方向进行评价的。对于每个婴幼儿来说，他们作为被教育者，不管是取得什么样的进步或者成长，也不能反映出他们真实的绝对水平。增值评价理论的标准是为了教育评价中的公平而确立的，这将会促进婴幼儿的生理心理发展，让他们更快更好地成长。

（3）增值评价理论和最后的效果紧密结合在一起。在婴幼儿生理心理教育过程中，各国纷纷采用问责制，婴幼儿成长的好坏成为了教育者的被评分对象和主要依据，这样做的目的是让教育对婴幼儿的成长负责。评价在问责制中所占据的地位是非常重要的，甚至可以说是不可或缺的，增值评价理论的科学性可以直接和最后评价的结果产生直接的关系。从增值评价理论自身的特性来说，问责制是一个很好的平台，在这个平台上，婴幼儿可以获得更好的成长。

（4）增值评价理论本身便拥有潜在诊断的作用。单纯的增值评价理论对于婴幼儿的具体状况并不能很好地展开描述，不过根据追踪设计的原理，增值评价理论可以很好地利用各种各样的数据来判别婴幼儿生理心理发展的成功点和失败点，通过这些被发现的成功点和失败点，教育者可以制定出不同的针对方案，从而在对婴幼儿生理心理的教育过程中，做到有信息可依，有果可循，有法可用，有效可追。

三、真实性评价理论

1989 年美国评价培训学会专家 Grant Wiggins 最先提出来真实性评价理论。其概念是："真实性评价是检验学生学习成效的一种评价方式，是基于真实任务情境的评价，它要求学生应用必需的知识和技能去完成真实情境或模拟真实情境中的某项考察而达到培养学生思考问题、反思实践、提高研究技巧的目的。"其后，美国教育评价专家 Jon Mueller 等组织中小学不同学科的教师尝试在实践中运用，并对真实性评价的要素、操作程序等方面进一步细化并完善。通俗而言，真实性评价就是让学生完成一个真实性的任务，用以考查学生知识与技能的掌握程度，以及实践、问题解决、交流合作和批判性思考等多种复杂能力的发展状况。

真实性评价主要由两个部分组成：真实性任务（authentic task）和量规（rubric）。真实性任务是指现实生活中或模拟现实生活中的一件任务，学生可以用他们所学的知识和技能去解决。量规是一种评分工具，主要用来评价学生在完成一项真实性任务的过程中是否达到所提出的要求，可以使教师明确他们对学生的期望目标，也有助于学生判断自己和其他同学完成任务的情况。量规主要由评价项目和评价等级两个部分组成[1]。

真实性评价注重对评价情境的理解，因此，有各种方式的评价方法，比如：教育观察、档案袋记录、课堂测验、自我评价等，允许学生能依据自己的兴趣、特长以及实际情况选择合适的学习表现形式以充分展露自己的才华，证明自己的发展。真实性评价注重学生的自我评价，通过发展学生的自我评价技能而将学生培养成为自我指导的学习者。真实性评价要求学生在进行自我评价时，反躬自问 3 个问题[2]：

第一，学习目标是什么。如果学生清楚地知道自己的学习目标、学习目的以及学习成功的要素，即明白自己在学习结束后能学到什么和能做什么，学习将会变得更加轻松。在真实性评价中，教师总是将学习标准和教学目标公之于众，与学生共同协商建构评分规则，并附之以具体的示例，故不管在教学的开始阶段还是在教学过程之中，学生对学习目标都心知肚明。

第二，现在达到何种水平。学生可以将自己的学习结果（学习过程和学业成果）与

① 张继玺，真实性评价：理论与实践. 教育发展研究，2007：1B.
② 张自众，真实性评价——人在教育评价中的回归. 云南师范大学硕士论文，2003.

评价标准相对照以确定它们之间的差别，也可以通过教师所提供的反馈进行自我判断。

第三，如何达到预定的目标。学生全面地参与到评价过程中，建立学习目标，分析评价资料，设计达到目标的计划。学生一般被认为不能积极有效地运用教育评价所提供的信息改善自己的学习状况，为自己的学习负责，只是被动的参与评价过程。

真实性评价的实质为："人"的评价，着意于发展人的独特性与创造力，着意于人的本真性的发扬。在真实性评价的过程中，人的主体地位的确立、主体意义的展现、主体价值的认同是真实性评价的基础。在自己的反思性实践中不断反思、批判而进行创造、建构，进而努力重建着人的意义和价值。这正是真实性评价在教育评价发展中的意义之所在。

四、多元性评价理论

多元性评价理论是以多元智能理论为基础的。20 世纪 80 年代，美国哈佛大学心理学家霍华德·加德纳提出人类的智能是多元的，而非单一的，主要由语言文字智能、数理逻辑智能、视觉空间智能、身体运动智能、音乐智能、人际关系智能、自我认知智能等组成。加德纳认为，每个学生都不同程度地具备以上 7 种基本智能，这些基本智能不是简单机械地排列，而是有机地融合在一起，而且各种智能的组合在每个学生身上有不同体现。传统的智能理论过于关注学生的语言能力和逻辑思维能力，只是静态地考查学生是否获得了问题的正确答案，而忽视了学生运用所学知识解决生活中的实际问题的能力。学生评价应为学生提供各种智能情境，让学生可以在各种智能情境中展现其解决问题的能力和创新能力。

多元性评价理论应用到实践中，进一步拓展了评价的理论及实践视域。主要体现在评价目的的激励化和评价主体多元化。

（1）针对婴幼儿的生理心理评估，多元性评价主张的不仅仅是关注婴幼儿在成长过程中所学到的知识和技能，更加注重婴幼儿在成长过程中所伴随的情感情绪和一些价值观的形成。多元性评价理论一般以激励性为发展目标，坚持对婴幼儿的生理心理在正面上给予一定的引导，激发婴幼儿积极向上的情感思绪，增强婴幼儿发展的自信心，让婴幼儿在学习的过程中学会享受。举一个例子来说，如果婴幼儿在学习的过程中表现很出色，那么教育者就可以在口头或者表情上对婴幼儿表现出自己的夸奖态度，婴幼儿在看到这种本身具有鼓励性和激励性的表情后，会产生一种高兴的感觉，并且觉得很满足，这样就可以保证他们在学习和思维成长的过程中提高效率。

（2）多元性评价理论主要是对婴幼儿生理心理的深度探究，一些评价理论认为简单单一的评价并不是正确的，在成长的过程中，必须对婴幼儿的生理心理建构多元化的评价，不能紧紧限制于知识和能力上的评价，还要对婴幼儿的价值观和态度进行一定的评价。这就表明对婴幼儿生理心理的评价要从单一简单的主体过渡到多元的主体，这其中不但包括了教育者的评价，还有婴幼儿自己对自己的评价。3 岁的婴儿已经能够学会说话了，他们对自己行为的第一个评价或许就是他们来自心底最根本的评价。通过这种互相评价，可以让婴幼儿在成长过程中掌握正确的学习方法，形成正确的策略，提高学习的质量和效率。

（3）多元性评价方式的动态化有助于实现婴幼儿持续发展的目标。在婴幼儿生理心理评估中，方式的动态化可以提高婴幼儿教育的效率，实现真正的婴幼儿效率教育。对于教育评估方式的基本原理都应该"一切以婴幼儿的发展"为目标，了解婴幼儿的发展需求和需要发展的方向。在婴幼儿生理心理成长的过程中，激励的方式更加有效。学生确认个体化的发展目标更多的是利用多元性评价，从多个方面对婴幼儿的生理心理进行评估。这样既可以收集婴幼儿在成长过程中的更多信息，通过这些信息，也可以判断出婴幼儿在成长过程中的缺点和优点，如有缺陷，便可进行方向和内容上的纠正，如有优点，则鼓励其继续保持，并且在此基础上保持发展的趋势，使其能够更加健康地成长。

第四节 婴儿生理心理评估的方法

对 0～3 岁的婴儿进行生理心理评估的方法很多，这里主要介绍如下几种。

一、生理评估的方法

（一）实际测量估算法

实际测量估算法是将实际测量所得值与研究所测得的某一地区同年龄段、同性别的婴儿正常标准值直接进行比较来评估婴儿发育状况的方法。

实际测量估算法的优点是方法简单，易掌握，可较准确、直观地了解个体婴儿的发育水平是否正常。其不足之处就是只能对单项指标进行评估，例如身高体重标准（见表 2-4-1），但对婴儿的发育匀称度无法准确估测，而且也无法直观地观测其发展的动态趋势。

表 2-4-1 婴儿身高体重标准

月龄	男宝宝体重/kg	男宝宝身高/cm	女宝宝体重/kg	女宝宝身高/cm
0	2.9～3.8	48.2～52.8	2.7～3.6	47.7～52.0
1	3.6～5.0	52.1～57.0	3.4～4.5	51.2～55.8
2	4.3～6.0	55.5～60.7	4.0～5.4	54.4～59.2
3	5.0～6.9	58.5～63.7	4.7～6.2	57.1～59.5
4	5.7～7.6	61.0～66.4	5.3～6.9	59.4～64.5
5	6.3～8.2	63.2～68.6	5.8～7.5	61.5～66.7
6	6.9～8.8	65.1～70.5	6.3～8.1	63.3～68.6
8	7.8～9.8	68.2～73.6	7.2～9.1	66.4～71.8
10	8.6～10.6	71.0～76.3	7.9～9.9	69.0～74.5
12	9.1～11.3	73.4～78.8	8.5～10.6	71.5～77.1
15	9.8～12.0	76.6～82.3	9.1～11.3	74.8～80.7
18	10.3～12.7	79.4～85.4	9.7～12.0	77.9～84.0
21	10.8～13.3	81.9～88.4	10.2～12.6	80.6～87.0
24	11.2～14.0	84.3～91.0	10.6～13.2	83.3～89.8
30	12.1～15.3	88.9～95.8	11.7～14.7	87.9～94.7
36	13.0～16.4	91.1～98.7	12.6～16.1	90.2～98.1

（二）生长曲线图监测法

生长曲线图是将某个国家某个地区根据自己地区儿童的发育特点统计出来的一种曲线图。具体做法是将不同性别各年龄组的某项发育指标的均值、均值±1、均值±2个标准差分别点在坐标图上，然后将各年龄组位于同一等级上的各点连成曲线，即制成该指标的生长发育标准曲线图（见图2-4-1和图2-4-2）。若连续几年测量某儿童的身高或体重，将各点连成曲线，则既能观察出该儿童的生长发育现状，又能分析其发育速度和趋势。

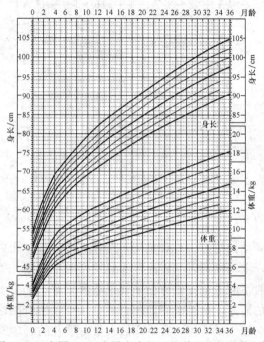

图 2-4-1　中国 0～3 岁男童身长、体重百分位曲线图[①]

图 2-4-1 和图 2-4-2 分别描述的是 0～3 岁男童和女童的身高、体重生长发育曲线图。横坐标表示月龄，左边纵坐标分别是身高和体重的指标，右边的纵坐标为百分位数。如果孩子的测定值在当前月龄所对应的体重和身高的第 3 百分位和第 97 百分位之间，就属于正常。其中如果在第 25～75 百分位之间，就属于中等，在第 75～97 百分位之间属于中上等，在第 3～25 百分位之间属于中下等。如果高于 97 百分位，说明孩子身材过高或体重过重；如果低于 3 百分位，说明孩子身材十分矮小或者体重过轻。

用生长曲线图监测法来对儿童进行生理评估比较简单，结果也很直观，使用起来很方便，而且能评估儿童的发育水平的等级，追踪观察到儿童某项指标的发育发展趋势和速度，所以使用比较广泛。不足之处是不同性别的每一指标都要做一张图，也不能同时评价几项指标。

[①] 2005 年九省/市儿童体格发育调查数据. 中华儿科杂志, 2009（3）.

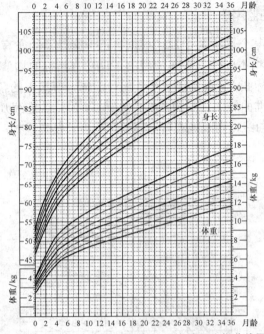

图 2-4-2　中国 0～3 岁女童身长、体重百分位曲线图

二、心理评估的方法

对婴儿进行心理评估比进行生理评估更加复杂。因为婴儿正处于发展的迅速期，心理特征的变化比较大，主动注意时间较短，而且这个时期的婴儿受认知水平、语言能力等多方面的限制，一般不能主动提供评估所需的各种信息，加之一些婴儿依赖性强，容易怯生，难以适应评估情景，不能很好地配合评估工作，所有的这些因素，都决定了对婴儿进行心理评估具有较大的难度，需要评估人员对婴儿的心理发展的规律和特征有一定的认识，既要考虑到不同年龄阶段的婴儿有不同的行为表现，又要考虑到不同文化背景对婴儿的行为有不同的要求。下面介绍两种最常用的心理测评方法。

（一）观察法

观察法是指评估人员通过感官或一定的仪器设备，有目的、有计划地观察婴儿的语言、行为等外部表现，从中分析了解婴儿的心理发展状况的一种方法。年龄越小，婴儿的心理活动越具有非随意性和外显性，通过观察婴儿的外部行为和表现，就可以了解到他们的心理活动。而且婴儿年龄太小时，其他语言和外部表现能力都比较有局限，采用其他研究方法这个阶段的婴儿无法配合。因此，观察法是研究和评估婴儿心理的最基本、最普遍的一种方法。发展心理学早期的许多研究大多采用这种方法。例如，达尔文就在记录他三岁半儿子的发展情况的基础上写下了《一个婴儿的传略》一书，陈鹤琴用日记的形式记录下观察到的孩子的成长经历，写下了《儿童心理之研究》等。

在运用观察法时，研究者一定要明确自己的观察目的，同时在集中注意力观察的同时还要记录下与观察目的相关的事实，观察最好是在自然的生活状态下进行，这样获取的信息才是最真实客观的。

观察法所得结果相对来说比较真实可靠，操作也简便易行，各种水平的研究者（包括我们的父母）都可以进行。但是观察法易受观察者的主观意识的影响，而且由于观测的婴儿不受控制，所以观测心理内容不可能会及时出现，需要长期观察，有时会浪费时间。

【知识链接】

对婴儿的疼痛评估

评估婴儿疼痛的最好方法是观察其行为变化。婴儿感到疼痛时，会通过脸部表情、胳膊和腿部运动以及哭泣表现出来。他们可能会尝试保护自己身上的不适部位甚至想遮住它。饮食、动作和睡眠变化也会反映出疼痛情形。脸部表情通常被视作所有年龄组儿童表达疼痛的最佳行为指标。愁眉苦脸、眼睛紧闭、嘴巴张开、舌头紧卷等通常被视作疼痛的表现。婴儿会因饥饿、愤怒或恐惧而哭泣，但因疼痛而哭泣就明显不同。典型的因疼痛而哭泣表现为高叫、紧张、尖厉、刺耳、短促和大声地哭闹。但是，没有哭声也不表示孩子就无疼痛。婴儿疼痛严重时，也许会没有哭声，特别是早产儿或新生儿，可能是无力哭泣。

稍大些的婴儿在疼痛时，也许会拉扯或护着身体的不适部位，他也许会烦躁地移动和踢来踢去，试图摆脱疼痛的地方。但早产儿和新生儿可能因不会移动而一直保持安静状态。这种没有活动的疼痛情形，也可见于手术后年龄稍大的孩子。因为他们知道如移动就会有疼痛，所以保持不动就可减少疼痛。通过观察来评估婴儿的疼痛需要技能，需要了解婴儿的成长情况。所以要采用多种方式才能对疼痛作出明确诊断。

（二）测验法

测验法是运用某一标准量表来收集婴儿的心理发展水平的数量化资料的一种方法。测验法能用以度量婴儿心理发展的水平，及早发现婴儿的特殊才能以及婴儿心理发展中所存在的问题和障碍。测验法既可用于测查婴儿心理发展的个别差异，也可用于了解不同年龄阶段的婴儿的心理发展水平的差异。

适用于婴儿的心理测验有多种，有的测验能对婴儿多方面的心理发展状况进行测量和评估，有的测验则只局限于单一方面的测量和评估。但要对某一个婴儿的心理发展状况进行全面评估，还需要综合各种不同的诊断测验所获取的资料以及来自谈话、观察等各方面的信息。下面重点介绍丹佛发育筛查测验（Denver developmental screening test，DDST）。

丹佛发育筛查测验由美国丹佛学者弗兰肯堡（W. K. Frankenburg）与多兹（J. B. Dodds）编制，是 20 世纪 60 年代在美国丹佛市为 0～6 岁儿童设计的发育综合筛查方案，是目前美国托儿所、医疗保健机构对婴幼儿进行检查的常规测验。DDST 目前在全球应用范围广泛，在我国，该方法 1980 年在北京标准化，后逐渐在全国得到应用。

【知识链接】

丹佛发育筛查测验[①]

丹佛发育筛查测验也是我国的一种标准化儿童发育筛查方法，被广泛用于各大医院，适用于0～6岁儿童。它由104个项目组成，分为如下四个能区。

（1）个人-社交能区。这些项目表明小儿对周围人们的应答能力和料理自己生活的能力。

（2）精细动作-适应性能区。这些项目表明儿童看的能力和用手取物和画图的能力。

（3）语言能区。组成本能区的项目表明儿童听、理解和运用语言的能力。

（4）大运动能区。本能区项目表明小儿坐、步行和跳跃的能力。104个项目中，有的通过询问儿童家长报告的情况来判断通过与否，有的是检查者通过观察儿童对项目的操作情况来判断。筛查的结果分为正常、可疑、异常及无法解释四种。存在后三种情况的儿童应在一定时间内复查。若复查结果仍为原样，应进一步检查。本筛查方法的优点在于能筛查出一些可能存在的问题，在临床上无症状的患儿，也可以经检查加以证实或否定；还可对高危婴幼儿（如围产期曾发生过问题的）进行发育监测，以便及时发现问题，同时还可以辨别患儿在哪一个能区发育迟缓，并对其进行早期帮助。

DDST测验时采用以下各项物品：

边长为2.5cm的方木（颜色为红、黄、蓝、绿各2块）、糖小丸若干粒、细柄摇荡鼓、透明玻璃小瓶及小木珠、小铃、网球、铅笔、儿童图片、玩具小椅子。

在使用DDST进行测验前，首先准确计算儿童的实际年龄，然后在筛查记录表的顶端和底端找到年龄刻度，划下年龄线。测验项目数根据被试儿童的年龄和能力而定，即每个能区先测查年龄线左侧的3项，然后测查压年龄线的所有项目。项目的评定标记为："P"表示通过，"F"为未通过，"R"表示儿童不合作，"N"表示儿童无机会。此外，还需注意记录儿童的行为概况，比如注意力的时长、是否有自信心或其他异常活动。

测验的结果判断：

（1）异常：①2个或2个以上区中有2个或更多项F；②1个区有2个或更多项F，同时另外1个或多个区有1个F，并且该能区年龄线上的项目均为F。

（2）可疑：①1个区有2项或更多F；②1个或更多区有1个F，并且该区年龄线上的项目均为F。

（3）无法判断：结果中N的项目太多。

（4）正常：无上述情况者。

值得注意的是，DDST只是筛选性测验，并非测定智商，对儿童目前和将来的

① 顾荣芳. 学前儿童卫生学. 南京：江苏教育出版社，2009：99.

智商高低和适应社会的能力并无预言作用，只是筛选出可能的智商落后者。

DDST 测验注解：

（1）检查者试逗引小儿笑，检查者自己向小儿微笑，或交谈或挥手，但不要接触小儿，小儿作出微笑应答。

（2）当小儿正在高兴地玩着时，硬把他拉开，他若表示抗拒算及格。

（3）自己穿鞋但不要求系带，穿衣时不要求自己扣背部纽扣。

（4）测试物离小儿头部 15cm，测试物向左右交替移动，小儿视线以中线为中央移动 90°（过中央线 180°）。

（5）将拨浪鼓接触小儿指端，他能握住它。

（6）小球从桌边滚下时，小儿视线会跟随它，好像在追逐它，直到小球看不见或滚至某个地方。检查者呈现球时，应敏捷地使球滚出，几乎不让小儿见到检查者之手，呈现小球时勿挥臂。

（7）小儿用拇指和另一指摘小丸。

（8）用食指、拇指指端摘小丸，摘时腕部离桌面。

（9）照样学画圆圈，不示范，不说出式样，要求线头尾连接成圈就可。

（10）先给看长短二线，后问哪条线长一些（不要问"大一些"），然后把纸旋转 180°，再问哪条长（3 试 3 成或 6 试 5 成）。

（11）能画十字便及格，不要求指定角度。

（12）先嘱小儿照样画，若不能做，检查者便示范，方形图案具有 4 个方角便及格（测验 9、11、12 项时，不说出式样；9、11 不示范）。

（13）评分时对称部分算作一个单元（二臂、二腿、二眼等仅算作一个单元）。

（14）点画片，嘱小儿说出名称（仅作声而未叫出物名不记分）。

（15）检查者嘱小儿："把方木给妈妈""把方木放在桌上""把方木放在地上"（3 试 2 成。注意：检查者不要指点及用头或眼示意）。

（16）检查者问小儿：①冷了怎么办？②饿了怎么办？③累了怎么办？（3 问 2 答对）。

（17）检查者嘱小儿：①把方木放在桌上；②放在桌下；③放在椅子前；④放在椅子后（注意：检查者不要指点及用头或眼示意。4 试 3 成）。

（18）检查者嘱小儿填空："火是热的，冰是＿＿＿""妈妈是女的，爸爸是＿＿＿""马是大的，鼠是＿＿＿"（3 题 2 填对）。

（19）嘱小儿解释下列字的意义：球、湖、河滨、桌、房屋、香蕉（或其他水果）、窗帘、天花板、篱笆、人行道，能说出用途、结构、成分或分类都算及格（例如香蕉是水果，不只说颜色是黄的）。

（20）检查者问小儿"匙是什么做的""鞋是什么做的""门是什么做的"，不准问其他事物作代替（3 试 3 成）。

（21）小儿伏卧用双侧前臂或用双手撑住，抬起胸部，离开桌面。

（22）检查者握住小儿双手，轻轻拉他从仰卧位到坐位，这时小儿头不后倾为及格。

（23）小儿上楼时容许手扶墙壁或栏杆，但不准成人搀扶或爬行。

（24）小儿举手过肩掷球给三尺外的检查者。

（25）能并足平地跳远约21cm。

（26）嘱小儿向前行步，前后两脚间距离不超过2.5cm。检查者可示范，要求小儿连续走4步（3试2成）。

（27）检查者在100cm外，把球拍给小儿，要求小儿能用手接球，不准用臂抱球（3试2成）。

（28）嘱小儿后退行步，前后两脚间距离不超过2.5cm。检查者可示范，要求小儿连续退4步（3试2成）。

第 三 章
婴儿动作发展的观察与评估

【本章学习目标】

1. 了解婴儿动作发展的基本概念，掌握婴儿动作发展的规律及特点，并能够结合实际分析影响婴儿动作发展的因素。

2. 掌握婴儿动作发展的观察要点，并能够结合相应的方法来对婴儿的大肌肉动作和小肌肉动作进行观察。

3. 掌握婴儿动作发展的评估标准，学会运用评估标准来对婴儿动作的发展进行评价和判断，为合理设计相应训练活动提供支撑。

【本章学习建议】

本章主要介绍了婴儿动作发展的规律及特点、影响婴儿动作发展的因素及婴儿动作观察的要点与评估标准，学习时应关注不同月龄阶段婴儿动作发展的基本特点，能够将特点融入案例，结合相应观察方法及评估标准来全面掌握。

【案例分析】

28个月大的形形最近十分喜欢画画，一看到笔就叫喊着要纸，但是她在纸上画出的线条都是弯弯曲曲的，一条直线上面有着几个拐弯，一个圆圈有着几个拐点，这些内容在我们成人眼里就是胡乱的线条，然而孩子却仍然画得津津有味。

上述案例是我们在现实生活中常常看到的一种景象，孩子在2岁以后开始逐渐关注纸和笔，十分喜欢用那双小手在纸上"乱涂乱画"，不管成人给予的答复有多么消极，如"你画的什么都不像""画得乱七八糟"……他仍然会重复着那并不熟练的动作。可能我们对此现象已经习以为常，但实际上这其中反映出了孩子手部小肌肉动作发展的一个重要特点，那就是婴儿手部小肌肉动作发育不成熟，需要借助这些活动让自己的肌肉得到锻炼，也为后续小肌肉动作发育完善奠定基础。

第一节 | 婴儿动作发展概述

动作是具有一定动机和目的并指向一定客体的运动系统。动作发展是人能动地适应环境和社会并与之相互作用的结果，动作的发展与人的身体、智力、行为和健康发展的关系十分密切①。同时，动作的发展也是神经系统发育的一个重要标志。动作的发育与脑的形态及功能的发育密切相关，不同年龄段的儿童动作和心理发展不同，智能的发展与此密切相关。在儿童语言能力尚未形成的阶段，评估他的心理智力水平更多地依赖于动作的表达。运动能力既可检验神经系统发育是否正常，又可以为心理发展做准备，因为神经-肌肉运动向大脑提供了大量的刺激，有利于大脑的发育。因此，人们常把动作作为测定儿童生理和心理发展水平的一项重要指标。

一、什么是婴儿动作发展

人的动作按其目的与后果的意识程度可分为冲动动作和意志动作两种，从涉及肌肉的广泛性来看，动作可以分为大肌肉动作（粗大动作）和小肌肉动作（精细动作），这也是目前最常用的动作分类方式，大多数动作都可以简单地归为这两类中的一种。

大肌肉动作是大肌肉或大肌肉群所组成的随意动作，常伴有强有力的大肌肉收缩、全身运动神经的活动以及肌肉活动的能量消耗②。大肌肉动作主要指头颈部、躯干和四肢幅度较大的动作，比如坐、爬、站、走、跳、抬头、翻身、四肢活动、姿势反应、躯体平衡等③。

小肌肉动作是由小肌肉所组成的随意动作，一系列小肌肉动作构成了协调的小肌肉运动技能。小肌肉动作以运动分析器对小肌肉群细小动觉的分析为基础，产生对运动效应器的细小动作的调节和控制④。小肌肉动作主要是指手的动作，以及随之而来的手眼配合动作，包括抓握、把弄、握笔、搭积木、书写、绘画和劳作等技能技巧。

二、婴儿动作发展的规律

中医学对小儿的生长发育很早就有记述，如唐朝孙思邈《千金方》中就有："生后六十日瞳子成，能咳笑，应和人；百日任脉成，能自反复；百八十日尻骨成，一百七十日掌骨成，能匍匐；三百日髋骨成，能独立；三百六十日膝骨成，能行。"民间谚语把婴儿的运动发育归纳为：二抬四翻六会坐，七滚八爬周会走，中国古代中医记载的发育标准与此说法是相符的。总的来说，婴儿动作发展遵循以下四大规律：

（1）从整体动作到分化动作。婴儿最初的动作是全身性的、笼统的、散漫的。比如，新生儿受到疼痛刺激后，边哭喊边全身乱动。以后，婴儿的动作逐渐局部化、准确化和专门化。比如，手部被烫了一下会摆动自己的手，而不是全身乱动。

（2）从上部动作到下部动作。婴儿最早的动作是俯卧抬头。其他如俯撑、翻身、坐爬、站立及行走，则是按一定的顺序发展起来的。比如，2个月时俯卧时能抬头；3个月时仰卧位能变侧卧位；4个月时被家长扶着髋部能坐；5个月时被家长扶腋下能站

① 佩恩，耿培新，梁国立. 人类动作发展概论. 北京：人民教育出版社，2008：53.
② 陈帼梅. 学前儿童发展与教育评价手册. 北京：北京师范大学出版社，1994：294.
③ 高振敏，张家健，曾英. 婴幼儿智能的家庭自测与培养. 北京：中国书籍出版社，1994：32-33.
④ 陈帼梅. 学前儿童发展与教育评价手册. 北京：北京师范大学出版社，1994：314.

立；6个月时能翻身；7个月时会爬；8个月时会独坐；9个月时能扶站；10~11个月时能自己扶着站；12个月以后会走等。可见，任何一个婴儿大动作能力的发展总是沿着抬头→翻身→坐→爬→站→走→跑→跳→攀登的方向发展成熟的。

（3）从大肌肉动作到小肌肉动作。婴儿首先出现的是躯体大肌肉动作，如头部动作、躯体动作、双臂动作、腿部动作等，以后才是灵巧的手部小肌肉动作以及准确的视觉动作，如用手捏东西、搭积木、使用剪刀等。

（4）从中央部分动作到边缘部分动作。婴儿最早出现的是头和躯干的动作，然后是双臂和腿部有规律的动作，最后才是手的精细动作。这种发展趋势可称为"远近规律"，即靠近头部和躯干的部位先发展，然后是远离身体中心部位动作的发展。

就动作的目的与后果意识程度来说，婴儿动作也有从无意动作到有意动作发展的趋势。新生儿最初是先天的反射动作，如用嘴来吮吸物体，用眼睛扫视或直视物体，以及当一个物体接近手时，用手掌去抓握等。然后，婴儿动作的发展越来越多地受心理、意识的支配，呈现从无意动作向有意动作发展的趋势，如为了拿到一个玩具会爬上桌子去完成等。

三、婴儿动作发展的特点

（一）0~1岁的婴儿从原始反射行动向自主性动作过渡

所谓原始反射动作亦称为非条件反射动作，是人与生俱来的，它是一种比较低级的神经活动，由大脑皮层以下的神经中枢参与即可完成。如膝跳动作反射、眨眼反射、吮吸反射等。

抓握反射动作：新生儿出生后一般双手都处在紧握状态，随着对外界环境的适应，2个月左右的婴儿就已经能够伸开自己的双手。用其他物品轻触婴儿手掌，他们随即就会紧握拳头，这种反射动作在3~4个月时就会消失，慢慢被主动抓握动作取代。

吸吮反射动作：新生儿口唇触及乳头或成人手指时，便会张口用嘴唇和舌头进行吸吮。这种反射动作一直会持续4个月左右，慢慢被主动的吸吮动作所代替。

摩洛反射动作：指新生儿遇到突然刺激时产生的全身性动作。当新生儿突然失去支持或者受到高声、疼痛等刺激时，表现出弓背、伸腿和伸手臂做出"拥抱"的姿势，此类反射在出生后4个月左右消失。

踏步反射动作：将婴儿竖直抱起，让他的脚触碰平面或平地，他就会做出两脚上下不停蹬的动作，这一反射在新生儿出生后不久即出现，2个月左右消失。

游泳反射动作：把新生儿俯卧在水里，他就会用四肢做出协调的类似游泳的动作。6个月后，此反射逐渐消失。满6个月以后，如果再把婴儿放在水里，他就会挣扎，直到8个月以后，婴儿才拥有有意识的游泳动作。

自主性动作：婴儿随着神经系统的发展和髓鞘化的慢慢形成，开始出现主动性的动作，4~5个月大的婴儿慢慢能够主动伸手去拿看到的东西；6~7个月时，双手能够交替去拿东西，并会主动将手里的物品丢掉；8个月大时，能够主动爬行去够东西，能用拇指和食指捡小东西；11~12月大时，能够拿小勺子吃饭，端碗喝水。

（二）1~2 岁婴儿的动作从移动运动向基本运动技能过渡

基本运动技能主要包括走、蹲、抓等①。

走：11~12 个月的婴儿可以练习行走，12~16 个月时会走都属于正常现象，有的婴儿 10~11 个月就会走了，这是个别现象。走得太早也不利于婴儿双腿骨骼的发育，走得太晚，也应该查找原因。到 18 个月时婴儿就走得比较稳了。18~24 个月时会用脚尖走 4~5 步，但不稳。

蹲：婴儿在大约 11 个月时能扶着东西或大人的手蹲下，到了 1 岁 4 个月时能比较自如地独自蹲着。

手眼协调与双手动作：婴儿 1 岁以后，逐渐学会拿着东西做各种动作，他不再是敲敲打打、扔扔捡捡，而是开始把这些东西当工具来使用了。例如：端起碗来喝水，拿小勺吃饭等。

（三）2~3 岁婴儿以发展基本运动技能为主，各种动作均衡发展

走：24~30 个月的婴儿能后退、侧着走；能双脚交替灵活走楼梯；能走直线。

跑：13~18 个月的婴儿会跑，但不稳；19~24 个月时可连续跑 3~4m，但不稳；25~30 个月时能奔跑。

跳：19~24 个月的婴儿开始做原地的跳跃动作，能双脚跳起，离开地面；25~30 个月时能从楼梯末级跳下；31~36 个月能双脚离地腾空连续跳跃 2~3 次，能跨越一条短的平衡木。

扔：婴儿 25~30 个月时能举起手臂投掷，有方向；31~36 个月时能把球扔出去 3m 多。

手眼协调与双手动作：2 岁的婴儿已开始能用 5 个手指协调活动，能控制笔的走向；已会扣较大的纽扣，拼搭积木，翻阅画册等。2 岁以后，婴儿可开始学着自己穿脱衣服、系扣子、洗手等。

四、婴儿动作发展的影响因素

蒙台梭利曾说过：人的发展从手开始。因为手能探索周围的世界，人通过手和四肢能做出各种动作，而动作则是一个人完成生命活动的重要手段。因此，一个人从出生后就通过动作认识着世界、完善着自我。婴儿期是动作发展的关键期，其动作发展主要受到以下几个因素影响。

（一）生理成熟程度

人类个体动作的发展是以其大脑、神经系统与肌肉、骨骼、关节组织在结构上的完善为自然前提的，生理成熟主要为动作发展提供了必要的物质基础与生物可能性。美国心理学家格塞尔等研究者所进行的"双生子爬梯训练实验"揭示了成熟的重要作用。在实验中，他们提前训练 10 个月大的同卵双生子中的一个（T）的爬梯动作，而对另一个（C）则不给予训练。在她们满 1 岁时，T 的爬梯动作水平明显高于 C；然而，自此再对

---

① 周念丽. 0~3 岁儿童观察与评估. 上海：华东师范大学出版社，2013：42.

C 进行两周的训练后，T 与 C 的攀爬速度、敏捷性不再存在差异。C 之所以能在短时间内、较少训练的情况下赶上 T，与其生理成熟水平所提供的可能性密切相关。

如前所述，婴儿大动作能力的发展是有一定规律的。例如，1 个月大的婴儿很难俯卧时抬起自己的头，只有等到孩子的脊椎骨颈部形成曲度才能实现这一动作，而如果我们让一个 1 岁的婴儿去翻身则是完全有把握的，因为这一动作在孩子 3 个月左右时就可以学会了。因此，作为成人，我们应该关注婴儿身体机能的成熟程度，不要做出超过其成熟程度的动作要求，否则就违背了尊重儿童身心发展规律的教育理念。

（二）教养环境

习得动作的潜在可能性要变为现实，离不开适宜的环境刺激与经验。个体成长的物质生活环境、特定的养育理念与方式等会直接影响婴儿练习动作、获得动作反馈的机会，因而不仅会影响动作发展的速度，而且会影响特定动作的发展水平，以及动作发展的顺序和倾向。这一点已经得到许多研究的证实。例如，齐勒佐等从婴儿出生第二周开始，对其先天无条件行走反射进行 6 周的训练。他们发现，这些婴儿的行走反射通过训练已经变成随意的练习性反应，而且独立行走的年龄比常模年龄提早了 2～4 个月，这表明丰富、适宜的环境刺激可以促进动作的发展。与此相关，德尼斯通过调查孤儿院里儿童的动作发展，发现缺少练习机会、动作刺激贫乏的环境会妨碍动作的发展。这些年来，跨文化研究发现，不同的日常照料方式会导致儿童动作发展的差异，为环境的影响作用提供了更为重要的依据。例如，非洲婴儿头部直立远远比其他地区的婴儿早，研究者认为这与其在出生后就被放在母亲背上的襁褓中有关。也有研究者对我国上海市与美国丹佛市的婴儿动作发展做了比较研究，研究发现，上海婴儿的精细动作发展略早于丹佛婴儿，而丹佛婴儿粗大动作的发展早于上海婴儿，研究者认为两国养育婴儿的方式可以说明这种差别。我国的一项调查表明，尽管从动作发展的一般规律来看，在独立行走之前，婴儿会经历爬行的动作发展阶段，但是我国婴儿中有一部分没有经过明显的爬行阶段就直接学会了行走，这与我国家庭的居住条件、养育方式有着密切的关系。可见，生理成熟与环境两大因素在个体动作发展中均具有不可忽视的作用。

（三）个体差异

关于婴儿动作的发展，前面所介绍的是就一般情况或大多数情况而言的。比如，一般说来，婴儿在 1 岁左右能掌握行走技巧。实际上，就每一个儿童来说，是存在很大差异的。比如，两个在其他方面相似的婴儿学习走路的时间却很不相同，一个在 10 个月时就开始走，另一个到 18 个月才开始走，二者都属于正常范围。导致这种差异的因素是多方面的，一般归为 3 个方面：遗传、经验和性别[①]。

在一个实验中，实验者帮助新生儿学习如前所说的行走反射。他们把新生儿举起来，让他们的脚轻轻接触桌面，刺激他们"行走"。结果，这些孩子后来学习真正行走

① 朱志贤. 儿童心理学. 北京：人民教育出版社，2003：54.

的时间早于平均水平。显然，这种早期的练习经验促进了婴儿行走，但这种学习是建立在先天的行走反射基础之上的。这个例子同样说明，在动作技能发展中，遗传提供生物前提或发展的可能性，教育和经验促进或延缓发展的速度，将这种可能性变成了现实性。

有的研究者认为，在整个婴儿期，性别差异并不表现在能力方面，但有时在动作和活动中有所表现。在活动方面的性别差异，首先表现在男婴和女婴活动的兴趣不同。这种不同不但表现在活动内容方面，也体现在运用大动作和精细动作方面。据观察，在婴儿期，男孩比女孩的动作量更大些，男孩更喜欢到室外去跑、跳等；而女孩则喜欢在室内做一些精细动作，如观察妈妈做针线活儿等。活动方面的性别差异还表现在男婴和女婴动作的能力不同。一般来说，女孩更经常地表现出精细动作技能，她们通常可以比男孩更高、更快、更准确地建一座积木塔；女孩也更常表现出平衡和韵律方面的技能，像舞蹈等。男孩则在速度和力量方面超过女孩，他们在室外跑得更快，更喜欢玩打仗游戏等。造成这种差异的原因在于婴儿时期实践、学习的不同，婴儿时期自我意识的发展，以及不可否认的性别方面的生物学差异，虽然有时不很明显，但它是存在的。

第二节 | 婴儿动作发展的观察要点

不同月龄段的婴儿动作发展有何区别？通过哪些方面可以观察婴儿的动作发展水平？本节将探讨如何观察婴儿动作发展的过程。

一、婴儿粗大动作发展的观察

婴儿的粗大动作包括抬头、翻身、坐、爬行、站立、行走、跑、跳、翻滚等。婴儿出生的第一年，最重要的就是基本动作能力的学习和掌握，包括抬头、翻身、扶坐、独坐、爬、站、走等；第二年会从走到跑及简单的跳跃动作；第三年可以双脚跳、骑三轮脚踏车、踢球等（见表 3-2-1）。

表 3-2-1 婴儿粗大动作发展的关键期

月龄	关键动作发展	月龄	关键动作发展
2～3	抬头能力	11～12	独自行走能力
3～4	翻身能力	24～25	单脚站立能力
7～8	爬行能力	32～33	单脚跃跳能力
10～11	独自站立能力	36～37	控制物体平衡能力

（一）不同月龄段婴儿粗大动作发展的特征

婴儿期的孩子不仅身体迅速长大，体重迅速增加，而且脑和神经系统也迅速发展起来。在此基础上，婴儿的生理和心理也在外界环境刺激的影响下发生了巨大的变化。因此，可从以下月龄段分别来分析婴儿粗大动作的发展（见表3-2-2）。

表 3-2-2　婴儿粗大动作发展的特征

月龄	主要特征	粗大动作发展的表现
0～3	原始反射动作和初步的自主动作	刚出生的婴儿会做出搜寻反射、吮吸反射、抽缩反射、抓握反射等反射动作；自主动作主要包括头颈部和身体控制，2～3个月俯卧时可自主左右转头，3个月时会出现仰卧翻身动作
4～6	对颈部和躯干控制加强	4个月在身体倾斜时头部可以保持平衡，6个月左右可实现仰卧时把头抬离地面；4个半月时在帮助下能够首次坐立，5个月左右能够独立坐立，6个月时独立坐立更稳定、更长久
7～9	坐和直立动作进一步发展，出现最早的自主位移动作——爬行	8个月左右能够自己从俯卧位变换到坐立位，并表现出腹地爬（匍匐爬行），8个半月时能够使腹部脱离支撑面并用手和膝部爬行
10～12	"蹲—站"动作灵活，出现"扶物行走"动作	9个月的婴儿在大人的帮助下可以站立片刻，10个月以后可以用手扶着栏杆试着从坐位起来，10～11月可以由站变为坐而不跌倒，11个月能够掌握屈身坐下的技巧，并出现"扶物行走"动作
13～18	以移动运动为主	婴儿行走由跌跌撞撞到逐渐稳当；18个月左右的儿童能够走得很好，并逐渐学会拐弯、转身等，已基本上不会摔倒；13～18个月的婴儿能够上下楼梯
19～24	站、走技能进一步完善，开始会跑、双腿蹦	19～24个月的婴儿经过练习会独脚站立几秒，也可以在大人的帮助下走平衡木和斜坡；开始出现跑、双腿蹦，能够扶着物体上下楼梯，并能攀登一定高度的攀登架
25～30	各种动作均衡发展	学会自由行走，跑、跳、攀登楼梯或台阶等动作技巧和难度进一步提高，能跨过小的障碍物，也开始征服楼梯、滑梯
31～36	动作力量、速度、稳定性、灵活性和协调性进一步增强	开始形成快速奔跑的平衡能力，能安全地做跳跃动作，会单脚蹦；可以左右脚交替上下楼梯，能够骑脚踏三轮车

（二）不同月龄段婴儿粗大动作发展的观察要点及方法

1. 0～3个月婴儿粗大动作发展的观察要点及方法

0～3个月婴儿的粗大动作以原始的反射动作和初步自主动作为主。下面将分别从头部动作、翻身动作来说明观察0～3个月婴儿粗大动作发展的要点及方法。

（1）0～3个月婴儿头部动作的观察（见表3-2-3和表3-2-4）。

表 3-2-3　0～3个月婴儿头部转动动作观察记录表

月龄：_____　　　性别：_____　　　出生日期：_____　　　观察时间：_____

观察维度	转动头部	不转动头部	有面部表情
在儿童左耳侧摇铃			
在儿童右耳侧摇铃			
在儿童脑后摇铃			

表 3-2-4 0~3 个月婴儿抬头动作观察记录表

月龄：_____ 性别：_____ 出生日期：_____ 观察时间：_____

观察维度	俯卧时	仰卧时	直立时
不能抬头			
抬头 2 秒以下			
抬头 2 秒以上			

（2）0~3 个月婴儿翻身动作的观察（见表 3-2-5）。

表 3-2-5 0~3 个月婴儿翻身动作观察记录表

月龄：_____ 性别：_____ 出生日期：_____ 观察时间：_____

观察维度	自己独立完成	在成人的帮助下完成	不能完成
可以从仰卧变为左侧卧			
可以从仰卧变为右侧卧			

注：不要在刚吃过奶的情况下进行，以免孩子吐奶。

（3）0~3 个月婴儿粗大动作行为检核观察（见表 3-2-6）。

表 3-2-6 0~3 个月婴儿粗大动作行为检核观察表

月龄：_____ 性别：_____ 出生日期：_____ 观察时间：_____

检核行为	观察评估项目	是	否
粗大动作	0~1 个月，将婴儿竖直抱（坐）起时，头部可竖立 2~3 秒		
	1~2 个月，婴儿在俯卧时会试着抬头，可抬起 45°		
	2~3 个月，将婴儿竖直抱起，头部可竖立 10 秒以上		
	2~3 个月，婴儿在仰卧时可凭借自身力量向左右侧卧		

2. 4~6 个月婴儿粗大动作发展的观察要点及方法

4~6 个月婴儿的粗大动作发展主要表现为头颈力量加强和躯干控制能力进一步发展，颈曲形成，胸曲逐渐形成。下面将分别从抬头动作、翻身动作、坐姿动作等来说明观察 4~6 个月婴儿粗大动作发展的要点及方法。

（1）4~6 个月婴儿抬头、转头动作的观察（见表 3-2-7）。

观察目标：用玩具逗引婴儿，观察婴儿能否在俯卧状态下抬头至 90°，是否能跟着玩具转动自己的头部。

观察环境：床上或其他平坦的地方。

使用器材：彩色带响声的玩具。

观察步骤：让婴儿俯卧，然后用有响声的玩具晃动，待婴儿注意力集中到玩具后，上下移动玩具，看其能否跟随玩具抬头、低头，随后可以左右移动玩具，看其能否跟随玩具左右转动头部。

表3-2-7 4～6个月婴儿俯卧抬头、转头动作观察记录表

月龄：_____ 性别：_____ 出生日期：_____ 观察时间：_____

观察类型	持续时间	是否灵活	是否借助帮助
抬头			
转头			

（2）4～6个月婴儿翻身动作的观察（见表3-2-8）。

观察目标：观察婴儿能否自己翻身。

观察环境：婴儿平躺于床上或其他方便活动的地方。

使用器材：彩色带响声的玩具。

观察步骤：婴儿仰卧时用玩具吸引其注意力，然后左右移动玩具，引起其够玩具的兴趣，观察其是否能够翻身。

表3-2-8 4～6个月婴儿翻身动作观察记录表

月龄：_____ 性别：_____ 出生日期：_____ 观察时间：_____

观察类型	需要成人帮助	独立完成	不能完成
仰卧变为俯卧			
俯卧变为仰卧			
连续翻身			

（3）4～6个月婴儿坐姿动作的观察（见表3-2-9）。

4个月以后，婴儿脊柱的胸曲开始慢慢形成，从借助成人帮助能够坐立几秒钟到独自坐立几秒钟，坐姿动作有了明显的发展。

表3-2-9 4～6个月婴儿坐姿动作观察记录表

观察的月龄	观察的内容	观察步骤	是	否
4	观察婴儿能否通过成人帮助坐立	成人将双手的大拇指插入婴儿手中，让他握着，其他手指轻轻抓着婴儿的手腕，让其从仰卧到坐立（注意：操作过程中一定要注意力度）		
5	观察婴儿是否能够依靠物品坐立	成人将枕头、小被子、垫子等软的物体放到婴儿背后让其坐立，看其能否坐稳（注意：坐立时间不宜超过10分钟）		
6	观察婴儿是否能够独自坐立3～5秒钟	将婴儿放置在平坦的地方，撤去背后的依靠物，看其能自己独坐3～5秒钟（注意：婴儿背后要有缓冲物）		

3. 7～9个月婴儿粗大动作发展的观察要点及方法

7～9个月婴儿的粗大动作发展主要表现为坐和直立等初步动作能力进一步发展，自主运动形式开始出现，出现了最早的自主位移动作——爬行。下面将分别从爬行动作、站立动作来说明观察7～9个月婴儿粗大动作发展的要点及方法。

（1）7～9个月婴儿爬行动作的观察（见表3-2-10）。

爬行是婴儿所有粗大动作发展的基础，在成长过程中是不可或缺的重要动作。婴儿在出生5～6个月后就会为爬行做准备，会趴在床上以腹部为中心，向左右挪动身体打

转。到了 7～8 个月，婴儿已经具备了爬行能力。俗话说"二抬四翻六会坐，七滚八爬周会走"，因此，7～9 个月是婴儿学习爬行动作的关键期。一般来说，婴儿爬行动作大致分为两个阶段，即匍匐爬行和手膝爬行。匍匐爬行是爬行的初级阶段，7～8 个月的婴儿以腹部贴地，以同手同脚的移动方式进行；手膝爬行是腹部离开地面，9 个月左右的婴儿采用双手交替的方式进行爬行。

表 3-2-10　7～9 个月婴儿爬行动作观察记录表

月龄：_____　　性别：_____　　出生日期：_____　　观察时间：_____

观察内容	观察方法	是	否
匍匐爬行	将婴儿俯卧在较为光滑的活动垫上，用玩具逗引他（她），成人用双手抵住婴儿的手脚，看其能否爬行		
手膝爬行	将婴儿放在平坦但不太光滑的床上或其他地方，用玩具逗引他（她），成人不做任何帮助，看其能否爬行		

　　注：7～9 个月的婴儿容易累，爬行时间不能太长。

（2）7～9 个月婴儿站立动作的观察（见表 3-2-11）。

站立和行走是婴儿大动作飞跃发展的重要标志，婴儿 6 个月会坐以后，就会迫不及待地想站起来，成人可扶着 5～6 个月的婴儿两侧腋下，让他（她）站在腿上或蹦跳；7～8 个月的婴儿，可扶着他（她）的双手让其站立，也可让其扶着床栏站立；9 个月时可用一只手来扶站，7～9 个月是婴儿从扶站到独自站立的过渡时期。

表 3-2-11　7～9 个月婴儿站立动作观察表

月龄：_____　　性别：_____　　出生日期：_____　　观察时间：_____

观察月龄	观察内容	观察方法	是	否
7～8	双手扶站	成人用自己的双手扶着婴儿的双手，或让婴儿双手扶着床栏杆，看其是否能够站立，站立多长时间		
8～9	单手扶站	成人用自己的手扶着婴儿的一只手，或让婴儿单手扶着床栏杆，看其是否能够站立，站立多长时间		

　　注：7～9 个月的婴儿下肢骨还未完全长成型，站立时间不能太长，同时要注意保护好孩子，千万不能让孩子摔倒，小心磕碰到硬物上。

（3）7～9 个月婴儿粗大动作行为检核观察（见表 3-2-12）。

表 3-2-12　7～9 个月婴儿粗大动作行为检核观察表

月龄：_____　　性别：_____　　出生日期：_____　　观察时间：_____

检核行为	观察评估项目	是	否
粗大动作	7～8 个月时能独坐，能够弯腰取物而不倒		
	7～8 个月时成人扶住双臂能站立片刻		
	7～8 个月时能腹部贴地爬行		
	9 个月时会自己双手交替爬行		

4. 10～12 个月婴儿粗大动作发展的观察要点及方法

10～12 个月婴儿的粗大动作发展主要表现为胸曲开始形成，爬行动作和站立动作更加灵活，出现"扶物行走"动作。下面将分别从爬行动作、站立动作、行走动作来说明观察 10～12 个月婴儿粗大动作发展的要点及方法。

（1）10～12 个月婴儿爬行动作的观察（见表 3-2-13）。

10～12 个月大的婴儿，由于初学走路或者走路还不稳，经常为了稳妥和安全，在上下台阶或着急去拿远处的玩具时，会选择更为得心应手的爬行动作，该时期婴儿爬行动作越发熟练，能够绕过障碍拿到想要的东西。

表 3-2-13　10～12 个月婴儿爬行动作观察记录表

月龄：_____　　　　性别：_____　　　　出生日期：_____　　　　观察时间：_____

观察内容	观察方法	是	否
爬行绕过障碍物	提供枕头、毛绒玩具等障碍物，让婴儿从上面爬行过来		
爬行斜坡	用一定宽度的光滑木板设置 30° 的斜坡，让婴儿爬上去或爬下来		
爬行台阶	找台阶坡度不高的地方，让婴儿爬上或爬下 2～3 阶		
爬行抓物	拉着一个玩具在地毯上走，让婴儿爬着去抓		

（2）10～12 个月婴儿站立动作的观察（见表 3-2-14）。

站立动作的发展是该时期婴儿粗大动作发展的重要指标，10 个月时，婴儿自己已能抓着栏杆从走到站，站立时间越来越长，站的姿势也越来越稳。到 11 个月左右，婴儿可以不依靠任何物体，独立站稳，为学步做好准备。

表 3-2-14　10～12 个月婴儿站立动作观察记录表

月龄：_____　　　　性别：_____　　　　出生日期：_____　　　　观察时间：_____

观察次数	能否独自站立	独自站稳时间	能够独自灵活地从坐姿到站立
第一次			
第二次			
第三次			
第四次			

（3）10～12 个月婴儿行走动作的观察（见表 3-2-15）。

直立行走是婴儿动作发展的重大飞跃，婴儿需要经历大约 1 年的准备期以及数个月的练习期才能最终比较熟练掌握。10 个月后婴儿就可以扶着成人的手或家中的边缘物向前迈步了，11 个月的婴儿可以借助学步车，向前推物行走，12 个月前的婴儿基本不能独立行走。

表 3-2-15　10～12 个月婴儿行走动作观察记录表

月龄：_____　　　　性别：_____　　　　出生日期：_____　　　　观察时间：_____

观察次数	能否扶物行走	能否抓住成人的手跟着行走
第一次		
第二次		
第三次		
第四次		

5. 13～18个月婴儿粗大动作发展的观察要点及方法

13～18个月婴儿的腰部力量控制增强。粗大动作发展主要表现为出现独自行走，行走逐渐稳当，能够上下楼梯。下面将分别从行走动作、上下楼梯动作来说明观察13～18个月婴儿粗大动作发展的要点及方法。

（1）13～18个月婴儿行走动作的观察（见表3-2-16）。

一般而言，大多数婴儿在1岁后就开始学习迈步，逐渐掌握独立行走的动作。此时他们行走起来显得身体僵硬、头向前倾，行走时身体不平稳，容易摔跤。大多数婴儿在接近17个月时，行走动作越发熟练，能够比较协调、稳定而熟练地在平路上独立行走了，同时慢慢能够在斜坡、较狭窄的道路上独自行走。

表3-2-16   13～18个月婴儿行走动作观察记录表

月龄：_____   性别：_____   出生日期：_____   观察时间：_____

观察内容	观察方法	是	否
能否独立行走	利用皮球等玩具让婴儿自己走过去把它捡过来		
行走步态平稳	带领孩子到沙地、草地行走，看其能否平稳行走而不摔倒		
能否跨过一定障碍物	跟孩子玩跨过障碍物（如跨过小玩具）的游戏，看其能否过去		
能否走斜坡、窄道	带孩子到斜坡或窄的小路上行走，看其能否独自完成		

（2）13～18个月婴儿上下楼梯动作的观察（见表3-2-17）。

能够上下楼梯是婴儿运动能力提升的一个鲜明特点。上下楼梯不仅需要婴儿具备独立行走的能力，而且也需要在深度知觉能力上有所发展，所以该动作是一项需要眼脚协调的动作，它在13～18个月的婴儿身上表现为只能抬一条腿，而不能双脚交替使用。

表3-2-17   13～18个月婴儿爬楼梯动作观察记录表

月龄：_____   性别：_____   出生日期：_____   观察时间：_____

检核行为	观察评估项目	是	否
爬楼梯动作	13～15个月婴儿能够手脚并用爬上爬下2～3阶楼梯		
	16～18个月婴儿能够牵着成人的手上下2～3阶楼梯		
	爬楼梯动作迅速协调		
	使用双脚交替爬楼梯		
	使用双脚蹦上台阶		

6. 19～24个月婴儿粗大动作发展的观察要点及方法

19～24个月婴儿的基本运动技能逐渐开始形成。2岁的婴儿已经基本掌握粗大动作，主要表现为行走的技能逐步增强，在斜坡、窄道等上面行走更加灵活，开始会跑、双腿蹦等，同时出现独自扶物爬楼梯、用手抛球等动作。下面将分别从行走动作、攀登动作、跑步动作、跳跃动作等来说明观察19～24个月婴儿粗大动作发展的要点及方法。

（1）19～24 个月婴儿行走动作的观察（见表 3-2-18 和表 3-2-19）。

观察目标：婴儿在成人的帮助下能够走直线，进而能独自走直线。

观察环境：在宽敞的地方用粉笔画一条直线。

观察步骤：成人首先示范走直线，双脚交替压住地上的粉笔线走到对面，随后扶着孩子按照示范走，然后让其自己独立完成。

表 3-2-18　19～24 个月婴儿走直线动作观察记录表

月龄：_____　　性别：_____　　出生日期：_____　　观察时间：_____

次数	在成人帮助下能否走过	能否独自走过	走过所需的时间
第一次			
第二次			
第三次			

注：活动中成人要全程看护，以免婴儿从高处摔下来。

观察目标：婴儿能否在成人的指引下倒退行走一段距离而不摔倒。

观察环境：宽敞、平坦的空间。

观察步骤：成人首先示范倒退行走动作，随后成人在婴儿背后用哨音或说话声引导其倒退行走。

表 3-2-19　19～24 个月婴儿倒退行走动作观察记录表

月龄：_____　　性别：_____　　出生日期：_____　　观察时间：_____

次数	能否独自倒退走过来	走过所需的时间	行走过程中是否摔倒
第一次			
第二次			
第三次			

（2）19～24 个月婴儿攀登动作的观察（见表 3-2-20）。

攀登动作是在婴儿爬行动作、站立动作及行走动作逐渐增强后出现的一种综合性动作。19～24 个月的婴儿攀登动作主要体现在能够独自扶物攀登楼梯和攀登架。

表 3-2-20　19～24 个月婴儿攀登动作观察记录表

月龄：_____　　性别：_____　　出生日期：_____　　观察时间：_____

观察类型	观察目标	观察记录
爬楼梯	能否扶着扶手或墙壁上楼梯	
爬攀登架	能否爬上婴幼儿专用的攀登架	

注：攀登架下应该有柔软的毯子等保护物。

（3）19～24 个月婴儿跑步动作的观察（见表 3-2-21）。

随着行走能力的逐渐增强，19～24 个月的婴儿出现跑步动作，刚开始跑步动作较为僵硬，速度较慢，随着不断的练习，上下肢动作越来越协调，速度也越来越快。24 个月时，已经能够跑出很长一段距离。

观察目标：婴儿能否在成人的指引下上下肢协调地跑出一段距离。

观察环境：宽敞、平坦的空间。

观察步骤：成人在婴儿对面引导其跑过来。

表 3-2-21　19～24 个月婴儿跑步动作观察记录表

月龄：_____　　　　性别：_____　　　　出生日期：_____　　　　观察时间：_____

次数	动作协调程度	跑步距离	跑步过程中是否摔倒
第一次			
第二次			
第三次			

（4）19～24 个月婴儿跳跃动作的观察（见表 3-2-22）。

观察目标：婴儿能否在成人的指引下双脚跳跃离开地面。

观察环境：宽敞、平坦的空间。

观察步骤：在地面上画出 3～5 个大圆圈，成人双脚跳过几个圆圈，然后让婴儿自己试跳。

表 3-2-22　19～24 个月婴儿跳跃动作观察表

月龄：_____　　　　性别：_____　　　　出生日期：_____　　　　观察时间：_____

次数	能否双脚离开地面跳跃起来	跳跃几个圆圈	跳跃过程中是否摔倒
第一次			
第二次			
第三次			

7. 25～30 个月婴儿粗大动作发展的观察要点及方法

25～30 个月的婴儿粗大动作基本技能全面发展，跑、跳、攀登等动作技能有了显著的提高，奔跑时上下肢协调性越来越好，攀登楼梯或台阶已经能够双脚交替来进行，同时行走动作更加自如，能够跨过一些小的障碍物而到达目的地。下面将分别从站立、攀登、跳跃和投掷动作等来说明观察 25～30 个月婴儿粗大动作发展的要点及方法。

（1）25～30 个月婴儿站立动作观察要点（见表 3-2-23）。

25～30 个月的婴儿站立动作有了进一步的提高和发展，该阶段的婴儿不再局限于简单的蹲—站交替转化动作，出现了独自不扶物单脚站立 2～3 秒钟以上的站立动作，这在孩子平衡能力发展过程中有着举足轻重的作用。

表 3-2-23　25～30 个月婴儿站立动作观察记录表

次数	能否单脚站立	是否不用扶物	站立时间
第一次			
第二次			
第三次			

（2）25～30 个月婴儿攀登动作观察（见表 3-2-24）。

25～30 个月的婴儿攀登动作逐渐从借助扶物攀登向独自不扶物攀登过渡，该时期婴儿能够在不扶物的情况下上 3 级台阶。

表 3-2-24　25～30 个月婴儿攀登动作观察表

月龄：_____　　　性别：_____　　　出生日期：_____　　　观察时间：_____

观察类型	能否不借助扶物攀登	攀登的距离	攀登所用时间
爬楼梯			
爬攀登架			
爬斜坡			

（3）25～30 个月婴儿跳跃动作的观察（见表 3-2-25）。

25～30 个月的婴儿跳跃动作能力有所提升，不仅双脚蹦跳能力有所提升，而且跳跃的高度和跳跃后的稳定性也有所提高。

表 3-2-25　25～30 个月婴儿跳跃动作观察表

月龄：_____　　　性别：_____　　　出生日期：_____　　　观察时间：_____

检核行为	观察评估项目	是	否
粗大动作	能不扶物从一级台阶上跳下后站稳		
	能双脚同时离地跳远超过 15cm		
	能双足并拢连续向前跳一二米后站稳		
	能双脚原地连续跳高		
	能够跳过不超过 10cm 高的障碍物		

注：成人示范后在旁边保护。

（4）25～30 个月婴儿投掷动作的观察（见表 3-2-26）。

投掷动作属于粗大肌肉动作中的操作技能，25～30 个月的婴儿不仅能够将物体抛出，而且出现能够用双手接物然后抛出的动作。

观察目标：婴儿能否接住离他 2m 远滚来的球。

观察环境：宽敞、平坦的空间。

观察步骤：让婴儿蹲下做好接球的准备，成人从 2m 远外将皮球滚过来，让孩子接住，然后再将皮球抛出。

表 3-2-26　25～30 个月婴儿投掷动作观察记录表

月龄：_____　　　性别：_____　　　出生日期：_____　　　观察时间：_____

观察次数	能否接住皮球	能否将球抛出	抛出多远距离
第一次			
第二次			
第三次			

8. 31～36个月婴儿粗大动作发展的观察要点及方法

31～36个月婴儿在动作的力量、速度、稳定性、灵活性和协调性等方面都有了很大的进步。粗大动作的发展主要表现为开始形成快速奔跑的平衡能力，能安全地做跳跃动作，会单脚蹦，可以左右脚交替上下楼梯，能够骑脚踏三轮车等。下面将分别从跳跃、骑脚踏车动作等来说明观察31～36个月婴儿粗大动作发展的要点及方法。

（1）31～36个月婴儿跳跃动作的观察（见表3-2-27）。

观察目标：能否单脚连续跳跃格子。

观察准备：地面上画出10个边长20cm的正方形格子。

观察步骤：让婴儿单脚交替跳过每一个格子。

表3-2-27　31～36个月婴儿跳跃动作观察记录表

月龄：_____　　　性别：_____　　　出生日期：_____　　　观察时间：_____

观察次数	能否单脚跳跃	连续跳跃了几个格子	所需时间
第一次			
第二次			
第三次			

（2）31～36个月婴儿骑脚踏车动作的观察（见表3-2-28）。

观察目标：婴儿能否独立骑脚踏车。

观察准备：在户外找一个平坦的空地，并设置一些障碍。

表3-2-28　31～36个月婴儿骑脚踏车动作观察记录表

月龄：_____　　　性别：_____　　　出生日期：_____　　　观察时间：_____

观察情境	能否独自骑行	成人帮助程度	动作完成情况
上小坡			
下小坡			
拐弯处			
直道上			

二、婴儿精细动作发展的观察

婴儿的精细动作主要是指手的动作，以及随之而来的手眼配合能力，包括抓握能力、双手配合能力、手眼协调能力、绘写能力等。1岁之前，婴儿精细动作变化是最快的。3个月之后婴儿会主动抓；6个月大的婴儿的手指往往还是整体运动，当婴儿伸手抓东西时，等于用5个手指一把将东西抓进手掌心；7个月大时，两手越发灵巧，当把东西从一只手交到另一只手时他们逐渐将拇指和食指分别出来；8个月大时，婴儿就会用拇指和食指把小东西捡起来；婴儿1岁以后，逐渐学会拿着东西做各种动作，开始把一些东西当工具来使用，如端起碗来喝水、拿小勺子吃饭等；2岁的婴儿5个手指能协调活动，控制笔的走向，会扣较大的纽扣、拼搭积木、翻阅画册等；2岁以后，婴儿可开始学着自己穿脱衣服、系扣子、洗手等。婴儿精细动作的发展顺序见表 3-2-29。

表 3-2-29 婴儿精细动作发展的时间表

月龄	精细动作发展
0~1	把手指放到婴儿的手心，会自动把手握起来
2~3	会紧紧抓住摆在手中的玩具
3~4	会摇动放在手里的小玩具
4~5	会把玩具或其他东西放到嘴里 会拉动或弄皱纸张
5~6	会用一只手拿起东西 会用玩具或小东西敲打桌面
6~7	会把小积木从一只手换到另一只手
7~8	把手指伸入瓶口或其他东西的小洞里
8~9	用双手拿起小杯子
9~10	会用两个手指尖（拇指及食指）拿起一颗小东西，如葡萄干
10~11	会把一些小东西放入杯子、玻璃瓶或其他容器中
11~12	会自己把袜子脱下来
12~13	会坐着滚球 在翻书或杂志时，会一次翻两三页
13~14	会重叠 2 块积木，或者用 2 块以上的积木造一个塔
14~15	会用笔涂鸦
15~17	会把瓶子的盖子打开或盖上
17~19	已经出现惯用手
19~21	会用 5 个或 5 个以上的木块垂直叠成一个塔
21~22	丢球给宝宝时，他会主动接球
22~24	会一页一页地翻图画书
24~30	会用小剪刀剪东西 会画直线
31~36	会玩黏土或其他具备可塑性的东西，如捏个汤圆 可自己画出一个圆圈

（一）不同月龄段婴儿精细动作的发展特征

婴儿的智能在他们的手指尖上，许多科学家都证实，手和脑之间有着千丝万缕的联系。苏联教育家霍姆林斯基说："在儿童的大脑里有一些特殊的、最积极的、最富有创造性的区域，把抽象思维跟双手精细的、灵活的动作结合起来，就能使这些区域积极活跃起来。"可以说，训练了手就是训练了大脑，孩子的手部动作越复杂、越精巧、越熟练、越灵活，就越能促进脑神经的发展，其创造力就越强。心理学研究表明，婴幼儿动作的发展是心理发展的源泉，而手的动作的发展，在其心理发展中又有特别重大的意义。因此，可从以下月龄段分别来分析其发展（见表 3-2-30）。

表 3-2-30　婴儿精细动作发展的特征

月龄	主要特征	精细动作发展的表现
0～3	从抓握反射到主动抓握动作出现	抓握反射在新生儿时最常见，1 个月左右的儿童会松开手指做些抓东西的简单动作，如抓住成人手指片刻；3 个月起出现偶尔的有意抓握动作，如常用手抓周围的东西，但往往由于距离判断得不准确出现不成功的现象
4～6	主动抓握动作进一步发展，双手配合动作逐渐出现	4 个月时能够双手抓东西，随后开始用手掌、手指伸手抓握物体；5 个月时双手在眼睛的引导下可以轻松地拿到东西；6 个月开始把一个物体从一只手转到另一只手上
7～9	双手抓握的能力加强，手指抓握能力更加灵活——出现初步的"对指"能力	能拿瓶子，能自己吃饼干，能抓着自己的脚往嘴边拽；7 个月左右抓握时拇指与其他四指平行，同时用力抓握物体；8～9 个月抓握时将拇指与食指相对，用两手抓起物体
10～12	对指拿捏动作趋于准确，手眼协调和双手配合能力快速发展，开始自发地用笔涂鸦	能捡起葡萄干和小珠子之类的小东西；能协调双手的动作（一手拿杯子，另一只手取杯子里的东西）；能抓住铃铛的柄或铅笔的末梢，能将物体从包装得严实的地方弄出来（如打开糖果纸取出糖果）
13～18	手腕、手指控制能力增强，手眼协调能力显著提升	两手可自如地拿起喜爱的玩具进行组合，能稳固摆放图板，1 岁半时能较稳当地握笔；能搭 3 块以上的积木，可使用小勺挖起食物
19～24	双手开始能够协调，出现一些生活自理动作	能够双手配合完成串珠子的活动；能用大拇指及食指和中指抓握铅笔并画出直线；穿袜子、开关门等生活自理能力动作逐渐显现
25～30	手指动作更加灵活，已能有控制性地完成一定动作	会拼搭各种形状的积木，如小房子、小货车、门楼等；可以用指尖抓笔在纸上随意画，开始使用筷子，学着穿脱衣服、系扣子等
31～36	拇指的控制能力逐渐提升，能使用剪刀	能有目的地使用剪刀，握笔姿势达到正常水平，可以独立画出十字形、正方形等；可以跟着大人学折纸

（二）不同月龄段婴儿精细动作发展的观察要点及方法

1. 0～3 个月婴儿精细动作发展的观察要点及方法

0～3 个月婴儿的精细动作以抓握动作为主。抓握动作是个体最初和最基本的手部动作，是婴儿掌握更复杂的动作的基础。下面将从简单的抓握动作来说明观察 0～3 个月婴儿精细动作发展的要点及方法。

（1）0～3 个月婴儿抓握动作的观察（见表 3-2-31）。

观察目标：能否抓握住相应的物体。

观察准备：成人的手、小玩具等。

观察步骤：按照不同月龄段的婴儿进行抓握动作观察。

表 3-2-31　0～3 个月婴儿抓握动作观察表

月龄：＿＿＿＿　　　性别：＿＿＿＿　　　出生日期：＿＿＿＿　　　观察时间：＿＿＿＿

观察次数	能否抓住成人的手指	能否抓住小玩具	能否进行双手抓握
第一次			
第二次			
第三次			

（2）0～3 个月婴儿抓握动作行为检核观察（见表 3-2-32）。

表 3-2-32 0～3 个月婴儿抓握动作行为检核观察表

月龄：_____ 性别：_____ 出生日期：_____ 观察时间：_____

检核行为	观察评估项目	是	否
抓握动作	1 个月内的婴儿，小手常呈现为握拳形状，有时张开		
	1～2 个月，将成人的手指放到其掌心会抓住		
	2 个月后，开始出现主动的动手击打、够取、抓握		
	3 个月，手常呈半张开状态，有时两手能凑到一起，玩弄自己的衣襟		

2. 4～6 个月婴儿精细动作发展的观察要点及方法

4～6 个月婴儿的精细动作主要表现为主动抓握动作进一步发展以及双手配合能力开始发展。下面将从抓握动作来说明观察 4～6 个月婴儿精细动作发展的要点及方法。

（1）4～6 个月婴儿抓握动作的观察（见表 3-2-33）。

观察目标：婴儿能否运用单手或双手主动抓取玩具。

观察准备：长柄小玩具、圆形小玩具、方形小玩具、片状小玩具等。

表 3-2-33 4～6 个月婴儿抓握动作观察记录表

月龄：_____ 性别：_____ 出生日期：_____ 观察时间：_____

观察情境	能否主动抓握	用单手还是双手	抓握时间长短
长柄小玩具			
圆形小玩具			
方形小玩具			
片状小玩具			

（2）4～6 个月婴儿精细动作行为检核观察（见表 3-2-34）。

表 3-2-34 4～6 个月婴儿精细动作行为检核观察表

月龄：_____ 性别：_____ 出生日期：_____ 观察时间：_____

检核行为	观察评估项目	是	否
精细动作	4～5 个月，能握住带柄玩具做摇动动作		
	6 个月，能将一个物体从一只手转到另一只手上		
	6 个月，能够较为准确地将自己手中的东西放入口中		

3. 7～9 个月婴儿精细动作发展的观察要点及方法

该月龄段的婴儿逐渐开始摆脱整手抓握，出现手指间的配合抓握动作，进而出现拇指、食指与中指的对捏动作。下面将从对捏动作来说明观察 7～9 个月婴儿精细动作发展的要点及方法。

（1）7～9 个月婴儿对捏动作的观察（见表 3-2-35）。

观察目标：观察婴儿能否用拇指、食指和中指捏起小物体。

观察准备：用餐巾纸揉成的纸球。

观察过程：成人和婴儿面对面坐着，用一只手用拇指、食指和中指捏取小纸球做示范，然后让婴儿自己来操作。

表 3-2-35　7～9 个月婴儿拿捏动作观察记录表

月龄：＿＿＿＿　　　　性别：＿＿＿＿　　　　出生日期：＿＿＿＿　　　　观察时间：＿＿＿＿

观察次数	用怎样的方式捏住小纸球	捏住持续时间	完成捏住动作花费多长时间
第一次			
第二次			
第三次			
第四次			
第五次			

注：随着月龄的增大可以逐渐以其他更小的物品作为操作材料。要注意安全性，不能让婴儿意外吞食。

（2）7～9 个月婴儿精细动作行为检核观察（见表 3-2-36）。

表 3-2-36　7～9 个月婴儿精细动作行为检核观察表

月龄：＿＿＿＿　　　　性别：＿＿＿＿　　　　出生日期：＿＿＿＿　　　　观察时间：＿＿＿＿

检核行为	观察评估项目	是	否
精细动作	能将手指伸入小瓶子里做抠的动作		
	会用拇指、食指和中指捏取小物品		
	能把蒙在脸上的纱巾拉下来		
	会将物体放入瓶子或盒子中并反复放入、倒出		

4. 10～12 个月婴儿精细动作发展的观察要点及方法

此时的婴儿能捡起葡萄干或小珠子之类的小东西，能用双手配合取出杯子里的小物体，也开始主动用笔涂鸦。下面将从对捏动作和手眼协调动作来说明观察 10～12 个月婴儿精细动作发展的要点及方法。

（1）10～12 个月婴儿对捏动作的观察（见表 3-2-37）。

观察目标：观察婴儿拇指和食指捏取的精细动作。

观察准备：小豌豆数粒。

观察过程：每次提供一粒豌豆，让婴儿将其捏起，在婴儿做之前成人要做出示范。

表 3-2-37　10～12 个月婴儿拿捏动作观察记录表

月龄：＿＿＿＿　　　　性别：＿＿＿＿　　　　出生日期：＿＿＿＿　　　　观察时间：＿＿＿＿

观察次数	能否捏起	用何种方式捏起	捏起所需时间
第一次			
第二次			
第三次			

注：要注意安全性，不能让婴儿吞食。

（2）10～12个月婴儿手眼协调动作的观察（见表3-2-38）。

观察目标：观察婴儿能否将小物品放入瓶中。

观察准备：透明塑料瓶、小物体（如小纸团、小黄豆、葡萄干等）。

表3-2-38 10～12个月婴儿手眼协调动作观察记录表

月龄：＿＿＿＿＿ 性别：＿＿＿＿＿ 出生日期：＿＿＿＿＿ 观察时间：＿＿＿＿＿

观察次数	能否将小物品放入瓶中	放入时使用的方法	花费多长时间
第一次			
第二次			
第三次			
第四次			

5. 13～18个月婴儿精细动作发展的观察要点及方法

此时的婴儿两手可以自如地拿起喜爱的玩具，能较为稳当地握笔。同时可以自己用手准确地将勺子中的饭菜放入口中，手眼协调能力显著发展。下面将从翻书动作、握笔动作和用勺吃饭动作来说明观察13～18个月婴儿精细动作发展的要点及方法。

（1）13～18个月婴儿翻书动作的观察（见表3-2-39）。

观察目标：观察婴儿能否翻开书本以及翻书使用的方式。

观察准备：硬纸厚页书。

表3-2-39 13～18个月婴儿翻书动作观察记录表

月龄：＿＿＿＿＿ 性别：＿＿＿＿＿ 出生日期：＿＿＿＿＿ 观察时间：＿＿＿＿＿

观察次数	能否翻开书本	使用整只手还是手指对捏	每次翻书的页数
第一次			
第二次			
第三次			

（2）13～18个月婴儿握笔动作的观察（见表3-2-40）。

观察目标：观察婴儿能否较稳当地握住笔在纸上随意地画。

观察准备：水彩笔、铅笔等和纸张。

表3-2-40 13～18个月婴儿握笔动作观察记录表

月龄：＿＿＿＿＿ 性别：＿＿＿＿＿ 出生日期：＿＿＿＿＿ 观察时间：＿＿＿＿＿

提供材料	能否较为稳当地握笔	能否握笔在纸上涂鸦
水彩笔		
蜡笔		
铅笔		

（3）13～18个月婴儿用勺吃饭动作的观察（见表3-2-41）。

观察目标：婴儿能否将准备的食物用勺子挖起放到嘴里。

观察准备：婴儿小碗、小勺，一些稀食。

表 3-2-41　13～18 个月婴儿用勺吃饭动作观察记录表

月龄：_____　　　性别：_____　　　出生日期：_____　　　观察时间：_____

观察次数	能否用勺子挖起食物	能否较为稳当地送入嘴里	每次操作所用时间
第一次			
第二次			
第三次			
第四次			

6. 19～24 个月婴儿精细动作发展的观察要点及方法

19～24 个月婴儿的精细动作主要表现为双手协调能力不断发展，能够穿珠子，能够用大拇指和食指、中指来抓握铅笔并画出直线等。同时各种生活自理能力动作技能也快速发展，如会穿袜子和鞋子、会开门和关门等。下面将从穿珠动作和生活自理动作来说明观察 19～24 个月婴儿精细动作发展的要点及方法。

（1）19～24 个月婴儿穿珠动作的观察（见表 3-2-42）。

观察目标：看婴儿能否将线穿过珠孔。

观察准备：小珠子、线。

表 3-2-42　19～24 个月婴儿穿珠动作观察记录表

月龄：_____　　　性别：_____　　　出生日期：_____　　　观察时间：_____

能否将线穿过珠孔	穿过后能否将线一端拉出	1 分钟内能穿过多少颗珠子

注：要注意安全性，不能让婴儿吞食。

（2）19～24 个月婴儿生活自理动作的观察（见表 3-2-43）。

观察目标：看婴儿能否自己穿袜子和鞋子。

观察准备：小袜子、大袜子、鞋子（松紧带鞋子、带纽扣的鞋子）。

表 3-2-43　19～24 个月婴儿生活自理动作观察记录表

月龄：_____　　　性别：_____　　　出生日期：_____　　　观察时间：_____

提供材料	能否自己独立穿上	穿上需要多长时间
小袜子		
大袜子		
松紧带鞋子		
带纽扣的鞋子		

（3）19～24 个月婴儿精细动作行为检核观察（见表 3-2-44）。

表 3-2-44 19～24 个月婴儿精细动作行为检核观察表

月龄：_____　　　性别：_____　　　出生日期：_____　　　观察时间：_____

检核行为	观察评估项目	是	否
精细动作	会用 5 个或 5 个以上的木块垂直叠成一个塔		
	丢球给宝宝时，他会用双手去接球		
	会一页一页地翻图画书		
	会用双手配合穿珠子		
	会穿脱袜子和鞋子		

7. 25～30 个月婴儿精细动作发展的观察要点及方法

25～30 个月婴儿的精细动作主要表现为手的动作更加灵活。此时的婴儿会拼搭各种形状的积木，还可以用指尖握笔在纸上随意画，能够画出直线或垂线，生活中开始使用筷子，开始学会自己穿脱衣服等。下面将从画线动作和扣纽扣动作来说明观察 25～30 个月婴儿精细动作发展的要点及方法。

（1）25～30 个月婴儿画线动作的观察（见表 3-2-45）。

观察目标：婴儿能否运用三指握笔画相应的线条。

观察准备：彩笔、纸张。

表 3-2-45 25～30 个月婴儿画线动作观察记录表

月龄：_____　　　性别：_____　　　出生日期：_____　　　观察时间：_____

观察次数	能否画出直线	能否运用拇指、食指、中指握笔	画出长度
第一次			
第二次			
第三次			

（2）25～30 个月婴儿扣纽扣动作的观察（见表 3-2-46）。

观察目标：观察婴儿能否解开和扣上衣服的纽扣。

观察准备：带纽扣的衣服。

观察步骤：先将纽扣扣好，让婴儿去解开；然后试着让婴儿去扣纽扣，最后让婴儿学着自己穿脱衣服。

表 3-2-46 25～30 个月婴儿扣纽扣动作观察记录表

月龄：_____　　　性别：_____　　　出生日期：_____　　　观察时间：_____

观察内容	能否完成	动作是否迅速协调	完成使用时间
解开纽扣			
扣上纽扣			
穿脱衣服			

（3）25～30个月婴儿精细动作行为检核观察（见表3-2-47）。

表3-2-47　25～30个月婴儿精细动作行为检核观察表

月龄：_____　　性别：_____　　出生日期：_____　　观察时间：_____

检核行为	观察评估项目	是	否
精细动作	会画直线		
	能够使用积木拼搭出多种形状		
	能够自己穿脱衣服		
	能够解开纽扣并扣上纽扣		
	能够使用筷子夹起一些食物		

8. 31～36个月婴儿精细动作发展的观察要点及方法

31～36个月婴儿的精细动作主要表现为手指活动更加灵巧，可以有目的地使用剪刀进行剪纸活动，可以跟着大人学折纸，先学会折长方形、正方形，然后会折三角形及其他复杂图形。下面将从折纸动作和使用剪刀的动作来说明观察31～36个月婴儿精细动作发展的要点及方法。

（1）31～36个月婴儿折纸动作的观察（见表3-2-48）。

观察目标：婴儿能否在成人示范后独自折长方形、正方形和三角形。

观察准备：手帕、卡纸、彩色软纸。

观察步骤：先用手帕示范折叠成长方形，然后对折成正方形，或对角折成三角形；让婴儿自己独立完成。此后，可以用卡纸、彩色软纸来完成示范，随后让婴儿来独自完成。

表3-2-48　31～36个月婴儿折纸动作观察记录表

月龄：_____　　性别：_____　　出生日期：_____　　观察时间：_____

提供材料	能否独立完成	折成的图形	折叠使用时间
手帕			
卡纸			
彩色软纸			

（2）31～36个月婴儿使用剪刀动作的观察（见表3-2-49）。

观察目标：婴儿能否在成人示范后独自使用剪刀剪图形。

观察准备：剪刀、画有不同图案的卡纸（圆形、三角形、直线、正方形等）。

表3-2-49　31～36个月婴儿剪纸动作观察记录表

月龄：_____　　性别：_____　　出生日期：_____　　观察时间：_____

观察次数	能否自如使用剪刀	能够剪出的图形	所需时间
第一次			
第二次			
第三次			

注：要注意安全，一定要示范和照看好婴儿。

（3）31～36 个月婴儿精细动作行为检核观察（见表 3-2-50）。

表 3-2-50　31～36 个月婴儿精细动作行为检核观察表

月龄：_____　　性别：_____　　出生日期：_____　　观察时间：_____

检核行为	观察评估项目	是	否
精细动作	31～33 个月，能够将正方形折成长方形或三角形		
	35 个月时，能够使用剪刀剪开较短的纸条		
	36 个月时，能够剪出圆形		

第三节　婴儿动作发展的评估标准

　　婴儿期是一生中体重增加最快的时期，旺盛的食欲、活跃的运动以及旺盛的新陈代谢等都是婴儿发育的证明。婴儿的身体发育是从俯卧时抬头开始的，逐渐能够在俯卧时用手支撑起上半身，颈部也能稳稳地撑住头，接下来婴儿会学会翻身，而后便可以逐渐形成"坐"的能力。婴儿能够坐之后，一般会出现爬行动作，持续一段时间以后，开始扶着东西行走。在 1 岁左右，婴儿就会靠自己行走了。1～2 岁的婴儿一旦能走得很好，就会出现跑和跳的动作。边走边跑，能提高婴儿跑步的能力，也有助于婴儿学会在急速运动中取得平衡。另外，这个阶段的婴儿已经可以自己上下楼梯了。2～3 岁的婴儿体能的发展通常可以分为大型运动和精细活动两部分。大型运动是指步行、奔跑、跳远、单腿直立等全身运动。一般来说，婴儿到了 2 岁已经能够自由步行、奔跑，具备了较稳定的基本运动能力。到了 2 岁半，婴儿开始对滑梯、秋千、三轮车等游戏性运动器具感兴趣。在 2 岁末到 3 岁初的阶段，婴儿能够做的另一项运动是保持单脚独立时的平衡。精细活动是指单手拿物品、堆积木等运用手指的细微动作。2 岁的婴儿对于蜡笔、剪刀、筷子等用具虽然使用得还不太灵活，但父母还是可以尝试让婴儿独立使用这些用具。可见，对于婴儿不同月龄段动作发展特点及规律的了解，对于评估孩子动作发展的状况，进一步认识孩子、教育孩子有着至关重要的作用。

一、粗大动作发展的评估标准

　　人的活动是在神经系统特别是大脑的支配下，通过动作来完成的。大肌肉动作的发展可以促进神经系统的发育，尤其是婴儿大脑的发育。每个婴儿都蕴藏着无限的运动潜能，婴儿期是开发运动潜能的敏感期。

（一）婴儿粗大动作发展的顺序及规律

　　人体有 3 个曲：颈曲，胸曲，腰曲。颈曲形成时期是 3 个月时；胸曲形成时期是 6 个月时；腰曲形成时期是 10～12 个月时，7 岁以后弯曲固定。

　　粗大动作发展的顺序：头部→躯干→下肢，即沿着抬头→翻身→坐→站→走→跑→

跳等的方向发展，还包括全身的平衡协调动作。

粗大动作发展的规律：自上而下，从头到脚；由近及远，从中心到外周；从大肌肉到小肌肉，先能控制躯干的大肌群，再控制肢体远端的细肌群，如先抬肩，后手指取物。也表现出这样的规律：先泛化后集中，从不协调到协调。如看到桌子上的玩具时婴儿表现出手舞足蹈，但不能把玩具拿到，较大的婴儿能伸手取玩具；先正面动作，后反面动作。如先能握物，后能随意放下；先从坐位站起，后从立位坐下；先学会向前走，后学会向退。各月龄段婴儿粗大动作的发展情况见表 3-3-1。

表 3-3-1 婴儿粗大动作发展的目标

月龄	发展目标	月龄	发展目标
0～3	仰卧、侧卧、俯卧、抬头动作的发展	16～18	攀登、掌握平衡等动作的发展
4～6	翻身、蠕行、抱坐、扶坐等动作的发展	19～23	稳步行走、跑步、攀登楼梯等动作的发展
7～9	坐、爬行等动作的发展	24～25	单脚站立
10～12	扶站、姿势转换、扶走等动作的发展	32～33	单脚跳跃
13～15	站立、独立走等动作的发展	34～36	翻滚、走平衡木、抛物、接物、旋转等动作的发展

（二）各月龄段婴儿粗大动作发展的评估标准

婴儿期是儿童大肌肉动作发展的关键时期，根据上述大肌肉动作不同月龄阶段的主要特征和表现，以下通过行为检核的方式来呈现婴儿的大肌肉动作发展的观察要点（见表 3-3-2）。

表 3-3-2 婴儿粗大动作发展观察评估表[①]

姓名：_____　　性别：_____　　出生日期：_____　　观察时间：_____

月龄	观察评估项目	是	否
0～3	1 个月左右，将婴儿垂直抱（坐）起时，头部自行竖立 2～3 秒		
	2～3 个月左右，婴儿在俯卧时自主地向左右转头		
	3 个月左右，将婴儿放于直立位置，头部自行竖立 10 秒以上		
	3 个月左右，婴儿从俯卧位可以变到侧卧位		
4～6	能将头抬起 90°		
	能翻身		
	依靠大人的帮助自己稳坐 5 秒以上		
	双手扶住婴儿的腋下，婴儿能站 2 秒以上		
	双手扶住婴儿的腋下，配合大人做双腿支撑跳跃运动		
	能张开手臂被人抱起		
7～9	独坐自如，不用手支撑独坐 10 分钟左右		
	扶住双臂能站立片刻		
	会自己往前爬行		
	自己会转换体位		

① 周念丽. 0～3 岁儿童观察与评估. 上海：华东师范大学出版社，2013.

续表

月龄	观察评估项目	是	否
10~12	能独自站立 5 秒以上		
	能扶着栏杆迈 3 步以上		
	抓住大人的手能跟着大人走		
	能扶着栏杆蹲下捡东西		
	能自己变换体位		
13~18	行走自如		
	可以绕过障碍物走		
	手足并用爬上楼梯 1~2 级		
	过肩扔球		
	踢球时不摔倒		
19~24	能用脚后跟走路		
	能倒退走		
	可以扶物一阶一阶上楼梯		
	双脚同时离地跳起两次以上		
	能向不同方向抛球		
25~30	可单脚站 2 秒以上		
	能自己走过平衡木，并能双脚跳下		
	熟练地接住球，能抱起离他 2m 远滚来的球		
	会用手接住大人抛出的球		
	能双足并拢连续向前跳一二米后站稳		
31~36	听信号向指定方向跑		
	能投沙包（或球）2m 远		
	双脚交替跳		
	双足向前跳三四米远		
	能骑三轮脚踏车		

二、精细动作发展的评估标准

个体手部的精细动作能力，指个体主要凭借手以及手指等部位的小肌肉或小肌肉群的运动，在感知觉、注意等多方面心理活动的配合下完成特定任务的能力，它对个体适应生存及实现自身发展具有重要意义。对处于发展早期的儿童而言，他们面临多种发展任务（如写字、画画和够取物体等），精细动作能力既是这些活动的重要基础，也是评价儿童发展状况的重要指标。

（一）婴儿精细动作发展的顺序及规律

婴儿期是精细动作的重要发展阶段，1 岁之前，婴儿精细动作变化是最快的。手的发育：胸前玩手（3 个月）—能抓住玩具（4 个月）—全掌抓（5 个月）—两手握方木，方木换手（6 个月）—拇指-他指捏（7 个月）—两方木相击（9 个月）—拇指食指垂直摘（10 个月）。每一个精细动作的发展都有一定的目标和评估标准，这个目标和标准在一定程度上是衡量动作发展的重要指标（见表 3-3-3）。

表 3-3-3　婴儿精细动作发展的目标

月龄	发展目标	月龄	发展目标
0～3	抓握反射的发展	16～18	投放、挖舀等动作的发展
4～6	主动抓握、物体在手转移等动作的发展	19～24	双手协调、三指握笔、穿脱鞋袜等动作的发展
7～9	物体换手、手指对捏等动作的发展	25～30	握笔画线、穿脱衣服、系纽扣等动作的发展
10～12	钳形抓握、手指插孔、用笔涂鸦等动作的发展	31～36	折叠、剪纸等动作的发展
13～15	握笔、翻书等动作的发展		

（二）各月龄段婴儿精细动作发展的评估标准

精细动作从新生儿出现的抓握动作到后续的手眼协调动作逐渐完善，总体来说，这是一个不断发展、各项能力不断提升的过程。当然根据上述婴儿精细动作不同年龄阶段的主要特征和表现，也可以发现不同年龄段的儿童其小肌肉发展的重点不尽相同，因此需要从各个月龄段来观察婴儿精细动作的发展状态，以下通过行为检核的方式来呈现婴儿精细动作发展的评估标准（见表 3-3-4）。

表 3-3-4　婴儿精细动作发展的评估标准

精细动作发展项目	最早月龄	常模月龄（85%婴儿通过）	最晚月龄
手中的玩具一会儿就掉	0	1.7	3
乱敲打手中的玩具	1	2.7	4
抓自己的衣服、被角不放	1	2.8	4
注视手中的玩具	2	4.5	6
大把抓玩具	3	6.9	8
会用手空挠桌面	3	7.2	8
可抓到桌面上的东西	4	7.4	9
可抓到大米花	4	7.5	8
爱撕纸	4	8	11
拇指-他指抓握	5	8.4	11
拇指-食指抓握	6	9	11
有意将玩具放手	5	10.2	11
将小丸放入瓶中	9	13.6	15
翻书 5～6 页	11	15.5	16
用手掌握笔乱画	11	16.7	19
有握笔姿势但不准确	16	18.7	22
翻书一次 2～3 页	16	19	22

续表

精细动作发展项目	最早月龄	常模月龄（85%婴儿通过）	最晚月龄
用玻璃丝穿纽扣洞，但不会玩	16	21.4	24
会折纸1~3折	16	22.7	24
手握笔正确	16	23.4	24
会一手端碗吃饭	21	24.6	26
用玻璃丝穿纽扣洞，会玩	21	24.7	26
用积木搭桥	21	24.7	27
会一页一页翻书	18	24.7	26
折纸有边角	21	30.6	33
会在水龙头下自己洗手、冲手	21	30.7	33

【知识链接】

育儿知识：学会使用筷子

　　2岁的宝宝已经能够像大人一样吃饭了，因此父母需要注意的是营造良好的就餐氛围，培养宝宝良好的进食习惯。此时也正是指导宝宝正确使用餐具和独立吃饭的最好时机。

　　宝宝最好在2~3岁时学习使用筷子。当宝宝已经能够使用小勺子来进食的时候，父母应该及时教会宝宝如何使用筷子。对于宝宝来说，用筷子吃饭并不是一件很容易的事。用筷子夹取食物不仅需要5个手指协调活动，腕、肩及肘关节也要同时参与。从大脑各区域的分工情况来看，控制手部和面部肌肉活动的区域要比其他肌肉运动区域大得多，手部和面部肌肉活动时会刺激脑细胞。这样，一方面可以让宝宝享受用筷子进餐的乐趣，另一方面对宝宝的智力发育也有好处。

　　注意事项：在筷子材质的选择上，对初学的宝宝来说，以毛竹筷为宜，一是四方形的筷子夹住东西后不容易滑掉；二是本色无毒。当然，本色的木筷也是不错的选择。父母要注意一定不能让宝宝使用油漆筷子。

第四节　婴儿动作发展的观察与评估举样

一、婴儿"爬行"动作发展观察的样例

观察案例：

　　丁丁已经8个月大了，我们一直没有关注孩子的爬行动作，一天，我把他俯卧放到床上，他的腹部始终贴地，以腹部为支点蠕动，四肢则不规则地划动。这样持续了一会

儿，丁丁的身体就像虫子一样，向前行进十分缓慢，感觉很吃力。

思考：

（1）丁丁是不是不会爬行？

（2）怎样让他能够自如地爬行呢？

爬行在婴儿动作发展中十分重要，它不仅可促进全身动作的协调发展、锻炼肌肉力量、为直立行走打下基础，而且能够让婴儿较早地正面面对世界，主动接近和认识事物，促进婴儿动作能力的发展。爬行对婴儿身心发育具有重要意义，但父母往往会忽视教婴儿爬行，而重视婴儿学坐、学走。这是因为婴儿学会坐后就能观看四周事物，哭闹会随之减少，父母就省事多了。当婴儿稍能站立，做父母的又及早训练他走路了，总盼着婴儿能独立行走。

目前，西方把婴儿的爬行定义为腹部朝地的任何形式的移动。美国纽约大学心理学家对爬行婴儿进行过专门的观察，发现总共有 25 种不同的身体部位动作来推动婴儿在地板上活动。最常见的有以下 5 种爬行动作（见表 3-4-1）。

表 3-4-1　婴儿爬行动作分类表

爬行方式	具体表现
蠕动爬	这是最初婴儿学爬的姿势，腹部始终贴地，以腹部为支点蠕动，四肢则不规则地划动
匍匐爬	爬的时候总是用一边爬，总是右边的手和脚用力，感觉像是用右腿爬行来带动另一条腿，肚子紧贴在地上，有如"解放军匍匐过草地"
螃蟹爬	婴儿用胳膊在地板上推，这样就使得自己的身体向后退，而不是向前进
狗爬	婴儿交替使用胳膊和腿，左胳膊伸出去，左手着地的同时右腿也往前移动，然后右胳膊往前伸，右手着地的同时左腿再往前移动
小熊爬	婴儿四肢伸直，着地爬行，如同熊在地上行走的姿势，小屁屁一扭一扭的

因此，要了解婴儿是否会爬行，以什么样的方式来爬行，如何训练婴儿能够更好地爬行，在了解上述婴儿爬行方式的基础上，通过如下观察记录表就可以分析婴儿的爬行动作发展现状（见表 3-4-2）。

表 3-4-2　婴儿爬行动作观察记录表

月龄：＿＿＿＿　　性别：＿＿＿＿　　出生日期：＿＿＿＿　　观察时间：＿＿＿＿

观察内容	具体表现	是	否
蠕动爬	腹部始终贴地，四肢不规则地划动		
匍匐爬	总是用一边爬，肚子紧贴在地上		
螃蟹爬	用胳膊在地板上推，身体向后退，而不是向前进		
狗爬	交替使用胳膊和腿，左手着地的同时右腿也往前移动		
小熊爬	四肢伸直，着地爬行		

观察解析：

通过上述观察记录表，可以判定丁丁并不是不会爬行，而是他一直未受到爬行训练，第一次接触表现出婴儿最初的爬行动作——蠕动爬。婴儿开始爬行时以腹部为支点蠕动，与他的手臂力量太小有关系。这个姿势是由于婴儿的臂力不够，不足以撑起上半身，要加强胳膊的力量，家长可以通过一些小方法帮助婴儿爬行进阶。

训练策略:

(1) 爬行对手臂的力量要求很高,所以首先要训练婴儿的手臂力量。每天让婴儿俯卧几次,然后帮助他用手臂撑起身体,时间可以从短到长,慢慢地,婴儿就可以很好地用自己的双手撑起上半身,这时正式开始训练婴儿爬行的效果会比较好。

(2) 如果婴儿练习爬行一段时间后腹部仍然离不开地面,大人可用手或一条毛巾放在他的腹部,然后帮助婴儿提起腹部,让他练习手膝爬行。开始的时候婴儿手脚的力量不够,可能还会习惯性地依赖腹部,妈妈可要多些耐心。当看到婴儿是手和膝盖着地时,就用两手轻轻托起他的胸脯和肚子,帮助他的手和膝盖着地,然后再向前稍微送一下,让他有爬的感觉。不断地练习俯卧,反复锻炼双臂、双腿的力量及重心移动,婴儿很快就能学会爬了。

二、婴儿"抓握"动作发展观察的样例

观察案例:

2 个月大的毛毛,两手紧握躺在婴儿床上,妈妈轻轻从指跟到指尖抚摸他的手背,让他把小手张开,把小摇铃放在他的手上,他握着小摇铃几秒钟就放开了。

6 个月大的毛毛,独自在床上安静地躺着。眼前吊着一些五颜六色的小玩具,他伸出了小手,似乎想拍打这些小玩意儿。忽然,他睁大了好奇的眼睛,出神地凝视着他的新发现——自己的小手。于是,在此后的 1～2 周内,当妈妈把小摇铃拿到他面前摇晃时,他会伸手去抓,然后放入嘴中。

思考:

(1) 2 个月和 6 个月时,毛毛的抓握水平有何不同?

(2) 毛毛的抓握能力是否发育正常?

抓握动作是最基本的手部动作之一,是各种复杂的工具性动作发展的基础。

通过日常的观察可以发现,约从 3 个月起,婴儿开始了一种不随意的手的抚摸动作,经常无意地抚摸被褥、亲人或玩具。到第 6 个月左右,就开始发展起自主随意的抓握动作。6 个月以后,手的动作有了进一步的发展,主要表现为:学会拇指和其余四指对立的抓握动作,抓握动作过程中眼手逐渐协调,开始学习分析隐藏在物体当中的复杂属性和关系等。Hallberson 具体通过婴儿抓握一个红色立方体的过程描述了 1～13 个月的抓握动作发展的过程,认为抓握动作的发展是逐渐由最初的肩、肘部的活动发展为成熟阶段的指尖活动的过程,可以分为以下 11 个阶段(见表 3-4-3)。

表 3-4-3 婴儿抓握动作发展阶段表

发展阶段	特点	具体表现
第一阶段	握拳	1 个月时,婴儿手握拳,当转头对着手时,可把手放到嘴里。这个动作是手的动作以及视动协调的萌芽,也是精细动作的开始
第二阶段	看手	3 个月时,婴儿仰卧时能在胸前看手、玩手
第三阶段	伸手够	在约 4 个月大时,婴儿够不着红色立方体
第四阶段	碰触	发生在 5 个月初,婴儿能碰触到红色立方体,但却不能"抓握"

续表

发展阶段	特点	具体表现
第五阶段	手臂圈	被称为"原始抓握"，发生在5个月末，婴儿用手臂圈住立方体，然后再在另一只手或者胸部的支撑帮助下使立方体离开支持表面
第六阶段	仿抓握	约6个月大的婴儿已经有真正意义上的抓握动作，能够弯曲手指"包住"立方体，然后用手指的力量稳稳地抓住立方体
第七阶段	抓握	出现在婴儿约7个月大时，婴儿在抓握时其拇指保持与其他四指平行，同时用力"抓"立方体
第八阶段	对指	婴儿表现出初步的"对指"能力，即抓握过程中拇指与其他四指相对
第九阶段	手指间的协调	出现在婴儿8个月大时。抓握过程中，婴儿的手在立方体一侧放下，拇指接触立方体的一个平面，食指、中指接触与拇指所在立方体的平面平行的另一个平面，然后在3个手指的共同"努力"下抓起边长1立方英寸的红色正方体
第十阶段	手指对捏	发生在婴儿约8~9个月大时，抓握时拇指与食指相对，可用两个手指抓起立方体
第十一阶段	三指合作	13个月左右的婴儿可以拇指与食指、中指相对，用指尖抓起立方体

由此可知，婴儿从不成熟的抓握模式发展到成熟的"对指抓握"模式，要经过一个复杂的过程。因此，要了解婴儿是否会抓握，以什么样的方式来抓握，如何训练婴儿能够更好地抓握，在了解上述婴儿抓握发展阶段的基础上，通过如下观察记录表就可以分析婴儿的抓握动作发展现状（见表3-4-4）。

表3-4-4 婴儿抓握动作观察记录表

月龄：_____ 性别：_____ 出生日期：_____ 观察时间：_____

提供材料	成人放到手里才能抓握	自己主动用手抓握	抓握住多长时间
小摇铃			
小积木			
小饼干			
小黄豆			
小绿豆			

观察解析：

通过上述观察记录表，可以判定毛毛在2个月大和6个月大时，对于小摇铃的抓握反应是符合抓握动作发展的正常顺序。在3个月前，婴儿主要是一种无意的抓握反射动作，这种动作是与生俱来的，而3个月后开始了一种不随意的手的抚摸动作，经常无意地抚摸被褥、亲人或玩具。到第6个月左右，就开始发展起自主随意的抓握动作。家长可通过一些小方法帮助婴儿发展抓握能力。

训练策略：

（1）手指开闭训练。妈妈可以在婴儿吃饱喝足、心情愉快的时候，一边对婴儿说话或唱歌，一边轻轻地掰开婴儿的拇指，再将手指一根一根打开，轻柔地抚摸宝宝的手指，再一根一根合拢，如此反复进行。

（2）刺激抓握训练。为了刺激婴儿的抓握，妈妈可以把一个颜色鲜艳的玩具或物体放在婴儿能够抓到的地方，并且鼓励他去抓，不要把玩具放得太远了，以免他因抓不到

而感到沮丧、泄气。

（3）强化按摩训练。妈妈可以用按摩的方法强化婴儿的抓握能力，每天都可以给婴儿做手指按摩操。按摩的部位可以是手指的背部、腹部及两侧，但重点是指端，因为指尖上布满了感觉神经，是感觉最敏锐的部位，按摩指端更能刺激大脑皮层的发育。

三、婴儿"自理"动作发展观察的样例

观察案例：

快 3 岁的诺诺，每次吃饭时拿起勺子舀饭都会把食物撒一桌子，而有的同龄的小孩子独立进餐的能力则较好，基本不会再和之前自己吃饭的状态一样了，诺诺的妈妈十分着急，自己的女儿是动作发展缓慢了吗？

思考：

（1）诺诺的自理进餐动作是发育迟缓了吗？

（2）如何能够让诺诺不再洒饭呢？

基本的生活自理能力是家庭和社会对婴儿提出的早期重要发展任务之一，包括穿衣、洗漱、进食等基本技能，其中穿衣、洗漱、进食等还包括了多种类型的动作。这些在成人看来很简单的生活自理行为，对处于发展早期的婴儿而言，却要付出极大努力、达到一定发展水平后才能学会。例如，穿衣技能，只有当动作技能的控制协调能力发展到一定水平后，婴儿才能使身体各部分进入相对应的衣服空间里去。婴儿要把一只手伸到袖子的尽头或者把一条腿伸到裤管里都不是简单的任务，需要视动整合能力和灵活的双手活动进行协助。不同自理动作的发展对个体能力的要求是不一样的，因此其发展过程也各有差异。各种生活自理动作技能的典型出现时间表见表 3-4-5。

表 3-4-5 婴儿生活自理动作技能的典型出现时间表

动作技能名称	获得时间/月	动作技能名称	获得时间/月
稳稳地拿住水杯	21	穿鞋	36
穿上衣和外套	24	解开够得到的纽扣	36
拿稳勺子不打翻	24	扣上纽扣	36
在帮助下穿衣服	32	独立进餐、几乎不洒食物	36

由此可知，婴儿生活自理动作技能是随着精细动作技能逐渐发展而慢慢完善和形成的。因此，要了解婴儿是否自理动作滞后，如何训练孩子能够更好地形成自理技能，在了解上述婴儿生活自理动作技能的典型出现时间的基础上，通过如下观察记录表就可以分析宝宝的进食动作发展现状（见表 3-4-6）。

表 3-4-6 婴儿进食自理动作观察记录表

月龄：_____　　性别：_____　　出生日期：_____　　观察时间：_____

观察维度	观察记录
不能拿稳勺子	
拿稳勺子不打翻	

续表

观察维度	观察记录
能够独立进餐	
几乎不洒食物	
能够使用筷子	

观察解析:

通过上述观察记录表，可以判定诺诺比邻居家小朋友自理吃饭技能要差，同时根据3岁时的标准来看其自理进食技能确实有所滞后。因为，婴儿2岁时能够运用整个手和手臂的运动，表现出"手掌向上的抓握动作"，即手部主动去抓握勺子，能够拿稳勺子而不打翻；而大约在3岁时，则随着手眼协调动作的发展，婴儿"手掌向上抓握"的动作逐渐被"手掌向下抓握"的动作所取代，对于勺子等把握尺度更加灵活，能够独立地进餐，并顺利地将勺子放入自己的口中。因此，家长应该用科学的标准来衡量和评价孩子的动作发展状态，可通过一些小方法帮助婴儿掌握和发展生活自理技能。

训练策略:

（1）一般婴儿在9个月时，就会开始对汤匙产生兴趣，甚至会伸手想要抢妈妈手中的汤匙。此时妈妈就应该让婴儿自己试着使用，以免错过最佳培训期。一开始，妈妈可以从旁协助，如果婴儿不小心将汤匙摔在地上，妈妈也要有耐心地引导，千万不可以严厉地指责他，以免排斥学习。

（2）婴儿10个月以后，妈妈就可以准备底部宽广的轻质碗让宝宝试着使用。因为婴儿的力气较小，所以装在碗里的东西不要超过三分之一；婴儿可能不懂一口一口地喝，妈妈也可以从旁协助，调整每一次的进食量。2岁以后，妈妈就可以让婴儿学习一手托住碗，一手拿汤匙吃饭了。这时，妈妈可以给婴儿一个轻而坚固、不易滑动且适合手形的碗，并先示范一次拿碗的姿势给婴儿看，再让婴儿模仿，比如将拇指腹压在碗的边缘，小指以外的三根手指放在碗底边缘等简单动作。

（3）筷子的使用较为困难，属于精细动作，建议妈妈等婴儿2岁以后再尝试练习。婴儿要用小儿专门用的筷子，比较短而轻，容易掌握。妈妈可以手把手地告诉婴儿拿筷子的姿势，并以虎口开合练习夹的动作。婴儿学习使用筷子的过程会持续到6岁，所以妈妈完全没必要太过苛责。

0～3岁婴幼儿动作能力发展的表现如表3-4-7所示。

表3-4-7　0～3岁婴幼儿动作能力发展的表现[①]

月龄	动作能力发展的表现
1	1. 俯卧抬头，下巴离床3～5秒；2. 扶腋下站在硬板床上伸腿迈步；3. 手握笔杆10秒以上
2	1. 俯卧抬头，下巴离床；2. 竖抱头直立不用扶持；3. 扶腋下在硬板床上自己迈步；4. 仰卧伸手到眼前观看；5. 紧握物品1分钟
3	1. 由俯卧转为侧卧；2. 用手支撑抬起半胸；3. 眼跟手动；4. 变换系铃的一侧肢体，使铃声作响

① 婴幼儿潜能开发中心. 0～3岁教育大纲. http://wenku.baidu.com/view/5e89430002020740be1e9ba9.html.

续表

月龄	动作能力发展的表现
4	1．俯卧能用手撑胸；2．仰卧会抬腿踢打吊球；3．仰卧时双手被拉可坐起，头伸直；4．用手拍击吊在胸前的物体
5	1．从俯卧翻到仰卧或从仰卧翻到俯卧；2．扶腋下蹦跳双腿能短时伸直负重；3．靠垫扶坐头能伸直；4．仰卧双手被拉先坐起，然后双腿伸直站起来；5．单手够取吊球；6．仰卧时自由抬腿，手能抓足
6	1．俯卧时上身弓起腹部贴床，能在床上转360度；2．两手各拿一物并握住；3．握物时能转手
7	1．能连续翻身，使身体移动够物；2．能坐稳片刻，大人放手后会自己用手在前面支撑；3．双手各握一物对敲；4．会拨弄小球并一把抓住
8	1．俯卧能自己坐起；2．用毛巾吊起腹部后可以用手、膝爬行；3．用食指抠洞，转盘，按键，探入瓶中取物；4．独立弄响玩具
9	1．学会手膝爬行；2．会扶物站立，横行跨步；3．会揭纸或布巾找到玩具；4．会用食拇指按动多种电器开关
10	1．能手足快速爬行；2．扶站时能蹲下捡物；3．大人牵着手会迈步走；4．会用拇指和食指配合捏取细小颗粒；5．1分钟内放3个以上小球入瓶中
11	1．自己扶着床、沙发等能来回走；2．能用手足爬上被垛或台阶；3．能把杯盖放正；4．能用手指解开纸包取食物；5．能用食指从大瓶中抠取糖果
12	1．不扶物站稳片刻；2．自己独走一两步；3．能正确地盖上大小瓶盖；4．会用蜡笔在纸上涂出痕迹；5．1分钟将6个以上的小丸投入瓶中
13	1．加强手技巧能力的训练，如搭积木、套环、翻书页；2．用棍子够取远处的玩具；3．通过矮滑梯，学会自己上矮台阶；4．坚持让宝宝独走，学会向前起后，锻炼孩子拉着玩具向后退
14	1．练习按大小次序为圆圈套入套塔；2．学两块积木的堆搭；3．学习有效地利用工具，如用棍子取物；4．学习上高取物，学下楼梯，学玩地上滚球
15	1．能独自走稳；2．扶栏上、下滑梯；3．用3块以上的积木搭高楼；4．看书会翻页；5．用棍子够取远处的玩具
16	1．锻炼婴儿跳跃；2．从高处跳下和平地牵跳；3．叠套碗，锻炼婴儿的手、眼、脑的协调能力及独自操作的专注能力
17	1．学会向一定的目标抛球和踢球，便于和对面的人互相练习和游戏；2．学搭积木——高楼和桥；3．学穿绳子——将鞋带慢慢穿入洞内，培养手眼协调能力
18	1．跑步时能扶人或扶物停止；2．独立站立踢球；3．准确地将3个形块放入三形板的相应穴内
19	1．婴儿走稳之后可以练习倒退走，倒退时全靠身体自身的本体感觉，不用眼睛作指导学走脚印；2．培养正确的步态中间隔开15cm，每步距离12cm，让婴儿踩着脚印走，学搭桥；3．学穿珠
20	1．婴儿从快走练习小跑甚至快跑，训练动作协调能力；2．练习在离地3cm的窄道上身体保持平衡向前走；3．熟练后练习双手拿玩具或头上顶书，为以后练走平衡木做准备
21	脱去已脱了一只袖的上衣，倒退走5步以上，穿上一两颗珠子
22	1．练习双足离地跳；2．练习手的画写技巧；3．按一定次序安装玩具，培养手、眼、脑的协调能力
23	1．交替足上、下楼梯，练习上、下楼梯时保持身体平衡；2．会独立吃饭，学拿筷子，锻炼手的精细技巧
24	1．单脚独立片刻；2．用足尖走一小段路；3．扶栏双足交替上台阶，再双足踏一台阶，慢慢下，牵着大人的手，从一台阶跳下；4．用笔在纸上涂画不规则的线和圈，将瓶中的水倒入碗内有少许洒漏
25	1．练习奔跑，增强肌肉张力；2．用积木可以搭出不同的花样，练习手的技巧
26	此阶段可教婴儿骑小三轮车，开始可教他双足用力蹬，如力量不够，可稍加帮助，以后锻炼独自骑，同时也培养了婴儿眼、手及全身动作的协调能力
27	1．练习跳跃，在无任何帮助的情况下学会用全身的力量使双腿离开地面，向前方跳跃，练习弹跳能力；2．练习用筷子夹物的能力，培养用手技巧及手眼协调能力
28	练习用足尖走路，加强小腿肌肉和肌腱的锻炼，为足弓形成打基础，在离地15cm的窄木上练走，使身体保持平衡

月龄	动作能力发展的表现
29	1. 练习单足站稳，初步要扶持，逐步使体重完全由单足支持而站稳，从一台阶上跳下；2. 能接住反跳的球
30	模仿捏面团，做条球、盘子、碗等；将打开搅乱的 6 个大小不同的瓶子盖上瓶盖，捡面团入瓶，每分钟捡 15～20 颗
31	简单折纸，正方形→长方形→小正方形→三角形→小三角形，举手过肩抛球 1m，原地站定向前跳
32	1. 原地站定向前跳比 31 个月时远；2. 举手过肩抛球 2m
33	双足交替独立上、下楼，单足站立 5 秒钟，会剥蛋壳，自己整理玩具
34	1. 单脚连续跳；2. 用笔添上未画完的人所缺少的部分，画圆形、三角形、正方形（两个直角）
35	1. 会拿剪刀但剪不好，画圆形、三角形、正方形（两个直角以上）；2. 跳高投篮，练习跳高，练习瞄准
36	1. 单脚原地跳 2～4 下，会走平衡木，自己上去，自己下来；2. 用剪刀剪直线，会画封口的圆形和其他图形；3. 踮着脚尖或用脚跟走

第 四 章
婴儿感觉发展的观察与评估

【本章学习目标】

1. 掌握婴儿感觉发展的规律，为解释婴儿行为提供理论支撑。
2. 掌握婴儿感觉发展的评估方式，为科学保育和教育提供依据。
3. 了解婴儿感觉观察的价值与功能，为增强观察意识和培养观察习惯奠定基础。

【本章学习建议】

本章主要介绍了婴儿感觉的发展，学习时应关注周围婴儿的实际，以及相关的案例分析，带着问题入手，全面地将婴儿感觉观察的相关理论内化为自己的理解，在关键期对婴儿的感觉进行训练。

【案例分析】

浩浩快 3 岁了，一天，妈妈带浩浩出去逛街，在回家的路上，浩浩突然抓住妈妈的衣角，大叫起来："妈妈，有只小猫。"妈妈顺着浩浩指的方向看，果然看见一只小猫在垃圾桶附近，警觉地盯着浩浩看。妈妈夸奖说："浩浩眼睛真厉害，妈妈都没有发现呢。"浩浩拽着妈妈的手要走近去摸小猫，妈妈说："这只猫不是和隔壁王阿姨家的猫一样吗？有什么新奇好看的呀！"浩浩说："不一样，王阿姨家的猫个子要小些，毛的颜色也不同。"

以上案例中，浩浩的视力比妈妈好吗？浩浩怎么知道垃圾桶边的小猫和隔壁王阿姨家的猫不一样呢？因为孩子 3 岁时视力的发育已经接近成人。好奇心促使他在走路的过程中注意的范围更大。能区分这只猫与以前隔壁邻居家的猫的颜色和大小差异说明孩子的物体知觉和形状知觉发育良好。

第一节 | 婴儿感觉发展概述

一、感觉概述

（一）感觉的概念

感觉是客观刺激作用于感觉器官所产生的对事物个别属性的反映。具体而言，感觉是眼、耳、鼻、舌、皮肤、肌肉、关节等感觉器官通过脑的神经系统接受外部世界或者有机体内部刺激的反应，也是人最早发生和成熟的心理过程。

在学前儿童的认知结构中，感觉始终占据主导地位。感觉是一切比较复杂、高级的心理活动的基础，是人认识世界的开端，是一切认识的来源。对于婴儿来讲，感觉是他们认识世界的首要手段。但是，由于研究条件的限制，长期以来，人们对新生儿和婴儿感觉能力的认识是消极的，甚至认为3～4个月的婴儿都是看不清任何东西的"小瞎子"，听不到任何声音的"小聋子"。随着新的研究方法和手段的进步，许多研究发现，新生儿和婴儿的感知能力并非如传统观念所论述。

（二）感觉的种类

感觉可以分为外部感觉和内部感觉两大类。外部感觉是个体对外部刺激的觉察，主要包括视觉、听觉、嗅觉、味觉、皮肤觉。内部感觉是个体对内部刺激的觉察，主要包括机体觉、平衡觉和运动觉。由于内部感觉不易观察，所以我们主要讨论对婴儿而言容易观察与评估的外部感觉。

1. 视觉

视觉是人类最重要的一种感觉，它主要是由光刺激作用于人眼所产生的。在人类获得的外界信息中，有80%来自视觉。人类对颜色的视觉具有色调、明度、饱和度3种特性。

2. 听觉

听觉是个体对声音刺激的觉察。听觉是人类仅次于视觉的一种重要的感觉。人类的听觉具有音调、音响、音色3种特性。这些特性主要是由声波的物理特性决定的。

3. 嗅觉

嗅觉是由挥发性物质的分子作用于嗅觉器官的感受细胞而引起的一种感觉，作为嗅觉感受器的嗅细胞位于鼻腔上部两侧的黏膜中。据估计，人的嗅觉细胞约有1000万个，德国牧羊犬有22 400万个嗅觉细胞。

4. 味觉

味觉是刺激作用于味觉感受器而引起的一种感觉。味觉感受器是分布在舌头上的味蕾。人的基本味觉有酸、甜、苦、咸4种，其敏感部位分别在舌的两侧、舌尖、舌根、舌面。味觉常常和嗅觉相互配合，相互影响。

5. 皮肤觉

皮肤觉是刺激作用于皮肤引起的各种各样的感觉。皮肤觉的基本形态有四种：触觉、冷觉、温觉、痛觉。皮肤觉感受器在皮肤上呈点状分布，称触点、冷点、温点、痛点。身体的部位不同，各种点的分布及其数目也不同。

二、感觉的发展

（一）视觉的发展

新生儿的视觉系统（包括眼睛和视神经系统）还没有完全发展和成熟，他们的视觉功能不能同婴儿后期相比。但需要说明的是，他们能看得到东西，只是他们所看到的东西比较模糊，视神经和其他皮层细胞等一切传送信息的通路需要几年才能发育到成人水平（Banks & Bennett，1988）[1]。不过，婴儿视力功能中有一些的发展是很快的，比如视敏度、颜色辨别，这些功能在很多方面已接近成人。随着年龄的增长，视觉系统的生理机能逐步成熟，视觉系统更加接近成人的发展水平。

1. 视觉集中的发展

视觉集中是指通过两眼肌肉的协调，能够把视线集中在适当的位置观察物体。由于新生儿的眼肌不能很好地协调运动，出生后 2～3 周内，表现为一只眼睛偏右，一只眼睛偏左，或者两眼对合在一起。遇到光线，眼睛就会眯成一条缝或完全闭合。所以，不能把这段时期的婴儿长期放在光源的同一侧，以免眼肌的平衡失调，造成斜视。出生后 3 周的婴儿能将视线集中在物体上；出生 2 个月的婴儿能够追随在水平方向上移动的物体；3 个月时能追随物体做圆周运动。随后，视觉集中的时间和距离逐渐增加，3～5 周的婴儿能够对 1～1.5m 处的物体注视 5 秒，3 个月时就能对 4～7m 的物体注视 7～10 分钟。半岁大的婴儿能够注视距离较远的物体，此时他们对周围环境的观察更具主动性。

2. 视敏度的发展

视敏度是指精确地辨别物体在形体上的最小差异的能力，俗称"视力"。通常人们认为小孩的"眼尖"，而他们的视敏度却比正常成人低。新生儿的视敏度在 20/200 到 20/600 的范围内（Courage & Adams，1990；Held，1993）[1]，只有正常成人视敏度的十分之一。6 个月时，婴儿的视敏度已发展到大约 20/70，1 岁时与成人相当接近。儿童视敏度发展最快的时期是在 7 岁左右，学龄中期增长速度又有些加快。由于学龄期阅读量的增加，眼睛疲劳容易让儿童的视敏度下降。

3. 颜色视觉

婴儿对颜色的辨别能力发展得相当快，以至于有人认为颜色视觉是儿童早期心理结构中的重要成分。新生儿能够区分红与白，对其他颜色的辨别缺乏足够的证据。出生后 2 个月，婴儿能够区分那些视觉正常的成人所能区分的大部分颜色。4 个月时，即使在光照条件差异很大的情况下，婴儿仍能正确地识别颜色。所以 4～5 个月以后，婴儿的颜色视觉的基本功能已接近成人水平[1]。学前期的儿童对红、黄、绿三种颜色的辨别正确率最高，对其他颜色的辨认能力随年龄增长逐步提高。学前期儿童一般能很好地辨别各种主要颜色，也能知道各种色调的细微差别（比如红和紫、青和蓝）。颜色辨别困难已不再是视觉系统的感知问题，而是颜色的表征是否成熟的问题。婴儿对颜色的反应虽

① 李红. 幼儿心理学. 北京：人民教育出版社，2007.

然和成人一样，但却表现出对某些颜色的偏爱，他们偏爱的颜色依次为红、黄、绿、橙、蓝等，这就是我们经常要用红色的玩具来逗引婴幼儿的原因。

（二）婴儿听觉的发展

新生儿已能对某些声音产生反应，但明显的听觉集中在 3 个月时才能明显表现出来，即能感受不同方位发出的声音，并能把头转向声源。3~4 个月的婴儿已能对音乐表现出愉快的情绪，对强烈的声音表示不安，还能对成人（特别是母亲）的声音进行分辨。听觉的发展主要包括听觉的发生、声音强度的辨别和声音定位。

1. 听觉的发生

多种研究表明，婴儿在出生前就有了听觉能力。正常产期的胎儿，怀孕第 20 周就已具备这种能力，他们对声音可能产生生理变化和身体反应。到第 28 周时，胎儿对靠近母亲腹部的声响出现紧闭眼睑的反应。研究发现，如果不能以这种方式作出反应的胎儿，在出生后可能出现听觉障碍。

新生儿的听觉阈限在最好的情况下要比成人高出 10~20 分贝，最差的时候要高出 40~50 分贝。所以婴儿的听觉阈限不容易测量。但随着他们的成长，其听觉敏感性越来越接近成人，对高频声音的听觉接近最佳水平的时间要早于对低频声音的听觉，6 个月时他们对高频声音的敏感已经接近成人水平。4~7 岁的儿童对纯音的听觉阈限要比成人高 2~7 分贝。对声音敏感性的增长要一直持续到 10 岁左右。

2. 听觉辨别

有研究表明，婴儿早期能够在一定程度上对声强进行辨别。6 个月大的婴儿能够对近前的声音转移到约 90 厘米以外觉察。1 岁的婴儿能够辨别出非常微小的声强变化。频率方面，5~8 个月的婴儿能够区分以 2%增加或减弱的音频变化，而成人只能够辨别 1%的音频变化。新生儿能辨别持续时间不同的声音，即便声音具有相同的频率和强度，他们也能辨别出那些声音到达最大强度的过程差异。

3. 听觉定位

新生儿表现出一种原始的定位能力，他们能把耳朵正确地转向声源方向。然而在 2~3 个月之间，这种反应几乎消失，只有 4 个月后才再次出现。一般 6 个月的婴儿的听觉定位能力才能达到视觉定位能力的同等水平。这种现象被认为是行为系统发展的"U"形过程，这是由在个体不同的发展时间内支配其声音定位的生理基础不同所造成的。有专家认为，开始的声音定位是婴儿皮层下的反射性事件，和条件反射相类似；当年龄增长后，大约 2~3 个月大时，定位行为更多的是一种皮层事件；直到 4 个月大的时候，由皮层部位所支配的声音定位才能准确，这样的定位就更精确。由此可知，随着生理的成熟，婴儿的定位能力更加精确。

（三）婴儿肤觉（触觉）的发展

触觉是婴儿认识世界的重要手段，婴儿出生以后，最先出现的是肤觉（包括触觉、痛觉、温觉和冷觉）、嗅觉和味觉。因为这些感觉是自我保护和认识世界的基础，对维持婴儿的生命具有直接的生物学意义。新生儿明显地表现出对触摸的敏感，他们表现的第一个感觉现象就是通过触摸去反应。触觉的敏感性在他们出生的开始几天内就快速增长。他们的手掌（抓握反射）、脚掌（巴宾斯基反射）和唇部（吸吮反射）相当敏锐，大多数对早期婴儿的研究都集中在这些简单的条件反射上。婴儿触觉特别敏感的部位有嘴唇、手掌、脚掌、前额、眼帘等。

1. 口腔的触觉

口腔触觉出现较早，婴儿对物体的触觉探索最初是通过口腔的活动进行的，后来才是手的触觉探索。婴儿最初的吸吮反射和觅食反射是先天带来的无条件反射，但是新生儿和婴儿的口腔触觉探索还可以通过学习、训练而得到发展，并且对获取外界信息起重要作用。在 1 岁期间，婴儿的口腔触觉都是一种探索手段。

2. 手的触觉

婴儿的触觉探索主要是通过手来进行的。手的触觉探索活动的产生和发展经历以下几个阶段：

（1）手的本能性触觉反应，抓握反射就是手的触觉表现。该反射表现为当触及新生儿手掌时，立即被紧紧地抓住不放。如果让新生儿两只小手握紧一根棍棒，他甚至可以使整个身体悬挂片刻。在出生后第 5 周达到最强的程度，3～4 个月时消失。

（2）视触觉的协调。视触协调主要表现为眼手探索活动的协调。眼手协调活动是婴儿认知发展过程中的重要里程碑，也是手的真正的探索活动的开始。其出生后 5 个月左右，眼手协调动作出现的主要标志是伸手能抓到东西。产生这种动作所要求的知觉条件有 3：第一，知觉到物体的位置——主要是视觉；第二，知觉到手的位置——主要是动觉；第三，视觉指导手的触觉活动。

（3）积极主动的触觉探索。7 个月左右，婴儿表现出积极主动的触觉探索，如用手挤、抓、转、拖、扔等，这些动作应发生在眼手协调动作产生之后。

婴儿通过触觉对外界的积极感知帮助他们形成触知觉。8 个月以后，触觉在探索中已经起到明显的作用，婴儿 1 岁时已经能够只用手的摸索认识规则物体。这种触觉能力随着年龄的增长会稳步提高，他们越来越熟练地用手指探索物体、认识物体。

（四）婴儿味觉的发展

婴儿从出生起就对味觉敏感。研究人员发现，出生两个小时的婴儿甚至也能对不同的味道表现出不同的反应。儿童的味蕾比成人的发达，对于各种味道的辨别要灵敏许多。新生儿已能辨别甜、咸、苦、酸等不同味道，并且对甜的喜爱胜过咸。婴儿味觉辨别力发展得相当快，1 岁时就能精确地区别同一味道的不同浓度。

（五）婴儿嗅觉的发展

哺乳动物在没有睁开眼睛的时候靠气味同母亲产生联系，所以嗅觉在婴儿的感知觉中相当重要，婴儿对气味的辨认能够帮助他们辨认母亲。胎儿从第五个月就有嗅觉了，新生儿对臭味会产生痛苦的表情[1]。婴儿具有辨别多种气味和适应气味的能力。4个月时已能比较稳定地区别两种不同的气味。儿童对气味的感受性在6岁时已发展得很好，再继续改善直到中年。

三、婴儿感觉发展的规律

感觉是婴儿认知活动的基础，通过感觉，婴儿可以了解客观事物的各种属性，包括形状、颜色、大小、质地、气味等。感觉还可以帮助他们保护自己，当他们看到、听到、闻到或触到威胁时，他们就可以采取措施来应对。一个健康的新生儿出生伊始就拥有了健康的感觉器官，只是他们的各种感觉能力呈现着从单独走向联合、从不分化走向分化、从无意走向有意的发展趋势。

（一）从单独走向联合

婴儿出生后，最早出现的是肤觉（包括触觉、痛觉、冷觉、温觉）、味觉和嗅觉。新生儿的触觉已高度发达，特别敏感的是嘴唇、手掌、脚掌、前额和眼帘等部位。然而其视觉发展往往比较缓慢，新生儿对距离他们的脸大约20cm的东西看得最清楚，看到的事物往往只偏重于其某一方面，如他看到一个红色的物体，闻到一阵香味，但并不一定能判断出那香味是这个红色物体发出的。随着年龄的增长，婴儿的感觉逐渐联合起来，开始能从整体上来感知事物的性质，逐渐能够将视觉、听觉、嗅觉、味觉和触觉相结合，如能够转头向着声音发出的方向寻找。

（二）从不分化走向分化

出生后的头3个月里，婴儿感觉能力已经具备，但是各项感觉能力都处在一种笼统的状态下，如他们看物体的清晰度很低，只能分清楚彩色和非彩色，但不能判断是什么颜色。随着年龄的增长，其感觉能力的精确性越来越高，如到了3岁时，他们已经可以较准确地定位物体，能够识别蓝、绿、红、黄4种颜色。因此，婴儿期的孩子的感觉能力是在向着不断细化、精确化方向发展的。

（三）从无意走向有意

新生儿的感觉是受环境刺激而引起的，如在房间里制造一个大的响动，他会猛然间惊醒或出现身体的抽搐；当你将脸移动到婴儿面前进行一些挑逗时，他会出现微笑的表情。可是这些反应是被动选择的结果，随着感觉能力的发展，他们会选择自己喜欢的事物，如他头部一侧响起铃声，他会把头转向声源；母亲在旁边讲话他会主动转动头部看向妈妈等。

---

① 周念丽. 0～3岁儿童观察与评估. 上海：华东师范大学出版社，2013：3.

【知识链接】

"感觉剥夺"实验

1954年，加拿大麦克吉尔大学的心理学家进行了首例"感觉剥夺"实验：实验中给被试者戴上半透明的护目镜，使其难以产生视觉；用空气调节器发出的单调声音限制其听觉；手臂戴上纸筒套袖和手套，腿脚用夹板固定，限制其触觉（见图4-1-1）。被试者单独待在实验室里，几小时后开始感到恐慌，进而产生幻觉……在实验室连续待了三四天后，被试者会产生许多病理心理现象：出现错觉、幻觉；注意力涣散，思维迟钝；紧张、焦虑、恐惧等，实验后需数日方能恢复正常。

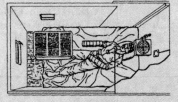

图 4-1-1　感觉剥夺实验模拟图

第二节 | 婴儿感觉发展的观察要点

一、婴儿视觉的观察

（一）婴儿视觉发展的特征

（1）婴儿出生后就有看的能力，1个月后，就能注视或跟踪移动的物体或光点。新生儿喜欢看轮廓鲜明和深浅颜色对比强烈的图形，喜欢看红色的物品，更喜欢看人的笑脸。

（2）新生儿容易注视距离20cm左右处的物体。这是因为2个月以前的婴儿不能根据物体远近随意调节眼球晶状体。因此，婴儿最佳的注视距离是15～25cm。

（3）婴儿第4个月时已经接近成人的视觉适应能力，眼球晶状体能随物体远近而相应调节和变化，同时开始注意远距离的物体，如大型电动玩具、电视机、汽车及行人等。

（4）婴儿半岁左右时其视敏度已达到成人正常水平，不仅能看见远处的较大物体，而且也能看见眼前的较小物品，如积木、围棋子、豆粒等。同时还能用视线追逐运动的物体，如滚动的小皮球、跳动的乒乓球、跑动的小狗等。

（5）婴儿半岁以后，视敏度就完全成熟了，在视觉中枢神经的指挥下，对看到的任何物体，无论大小都能作出灵敏的视觉反应。

婴儿期的孩子视觉发展非常迅速，间隔一个月都会有十分明显的变化，因此，可从以下月龄段来分析其发展（见表4-2-1）。

表 4-2-1　婴儿视觉发展特征表[①]

月龄段	主要特征	视觉发展的表现
0~3	初步的视觉集中；能初步分辨出彩色和非彩色；物体知觉、图案知觉萌芽	1 个月时，可以看到模糊的影像，瞳孔对光有反应，会眨眼，视力范围可达 20~25cm，视野只有 45°左右。 2 个月时，视网膜上的视锥细胞已经能够分辨色彩，但还不能真正识别各种颜色，视觉对比敏感度较弱，喜欢鲜艳的色彩和强烈的黑白对比；在 1.5~2 个月时，可以追视物体及光源。 3 个月时，具有注视和两眼固视的能力，不过无法持久；能区别面孔，只能辨别出图形的一个方面
4~6	视觉集中继续发展；开始识别基本色彩；拥有"追视""定视"能力；深度知觉产生	4 个月时，眼睛运动更加自如，视野可达 180°，已经可以比较顺利地捕捉视野范围内的移动物体，拥有了"追视"的能力；可以展现出对某种颜色的偏爱，已经可以分辨出属于同一种颜色、但深浅不同的两种色彩。 5 个月时，视觉进步很快，视网膜发育更加成熟，能由近看远，再由远看近，并且开始建立立体感；会以视线寻找声音来源，或追踪移动物体，能够转动身体，伸手去捕捉眼睛看到的感兴趣的物体；可以渐渐盯住某一物看几秒钟，拥有了"定视"的能力。 6 个月时，远距离知觉开始发展，能够注意远处活动的事物，可以用目测估计距离
7~9	视觉集中稳定；视敏度与颜色视觉继续提高；物体知觉、图案知觉、深度知觉继续发展	7 个月左右，婴儿可以目不转睛地注视某个物体表面上的碎屑或其他特别小的东西，能看清 3~3.5m 内的物体和活动。 8 个月时，能够识别相近颜色，可以感知由运动着的灯组成的图案，深度视觉阈限为 26cm。 9 个月左右，能够辨别物体大小、形状及移动的速度，可以看到小物体，区分简单的几何图形，模仿面部表情
10~12	主动搜寻视觉刺激物；视敏度和颜色视觉继续提高；物体知觉、图案知觉、深度知觉继续发展	能看清较远的物体，对物体细节表现出兴趣；对物体的形状、结构、颜色认知更全面；可以通过残缺的图形识别全图，对空间认识更多，能区别简单的几何图形
13~18	视觉功能基本完善；颜色视觉进入识别阶段；物体知觉、图形知觉逐渐成熟	婴儿视力平均为 0.2，能够看清近距离事物的细节；开始能完成颜色配对任务；可以感知物体的距离、大小、形状，能够将看到的东西进行整合，可以把不同形状的积木插到不同的插孔中
19~24	视敏度接近成人水平；形状知觉显著提高；图案知觉继续发展	能用动作表示认识的颜色，并说出红、黄、蓝三原色的名称；可以认识三角形、正方形等；喜欢更复杂的图案
25~30	视力接近成人水平；颜色视觉更加出色；图案知觉继续发展	视力可以达到 0.4，能看见细小的东西，如爬行的小虫，远距离视觉发展，能注视 3m 远的小玩具，可以判断事物的远近，且视线能跟上快速移动的东西；可以指出喜爱的颜色，视觉记忆能力增强
31~36	视力达到成人水平；图形知觉显著发展	视力已经达到 0.5，基本达到成人水平；可以分辨几何图形，并自己画圆圈、椭圆、长方形、三角形、梯形、菱形等形状

（二）婴儿视觉发展的观察要点及方法

根据上述婴儿视觉在不同月龄阶段的主要特征和表现，以下通过行为检核的方式来呈现婴儿的视觉发展观察要点（见表 4-2-2）。

---

① 周念丽. 0~3 岁儿童观察与评估. 上海：华东师范大学出版社，2013.

表 4-2-2 婴儿视觉发展观察评估表

姓名：_____ 性别：_____ 出生日期：_____ 观察时间：_____

月龄段	观察评估项目	是	否
0～3	距离 20cm，能集中注意眼前的物体 5 秒		
	喜欢颜色鲜艳的玩具		
	喜欢看自己手中抓住的玩具		
4～6	用彩色摇铃在眼前晃动，可以跟着玩具走向转动身体		
	可以注视较远的物体		
	会试图用手抓想要的物体		
7～9	可以长时间地看玩具表面的细小装饰画		
	妈妈在 3m 远的地方他也能看到，并有寻找妈妈的反应		
	会往一个很深的盒子里看里面是什么		
10～12	给儿童看两张有区别的图片，能够识别图片差异		
	可以看懂简单的图片		
	看到小动物的全貌后知道那是什么		
13～18	能够看到小玩具上的花纹		
	可以准确地拿到自己想要的东西		
	可以把不同形状的积木插到不同的插孔中		
19～24	能关注图画中的细节		
	能根据指示拿出相应颜色的卡片		
	能准确说出红、黄、蓝		
	能进行三角形和正方形的匹配		
25～30	可以指认照片中熟识的人		
	可以将同类物体归类		
	能区分物体的大小		
	喜欢看有故事情节的图画书		
31～36	双眼视力达到 0.5		
	画图至少用两种颜色		
	认识 3 种或 3 种以上的颜色		
	认识圆形，会模仿画圆形		
	可以从一堆东西中挑出最大的		

（三）视觉发展的训练方法

从婴儿视觉发展的特征来看，半岁以前是视力发展的关键期，这个时期婴儿的视力发展是最迅速的，半岁以后就达到了成人的正常水平。因此，对婴儿视觉能力发展的训练主要是从出生到 6～7 个月期间进行，其方法如下：

1. 看移动的玩具

用一个鲜艳的玩具或者一个红色的小球，在距离婴儿眼睛约 20cm 处慢慢移动，首先引起他的注意，然后再将物品移向一侧，接着移向另一侧。

2. 笑脸说话

和婴儿面对面笑着说话，当他注意了成人的笑脸后，慢慢移动头的位置，吸引婴儿的视线追随大人头脸移动的方向。

3. 看摆动的玩具

在婴儿床头上方轮换吊挂布娃娃、铃铛、彩色球等，使之来回摆动，吸引婴儿看和听的兴趣。

4. 看抖动的玩具

在婴儿小床上方 20~30cm 处悬挂他喜欢的玩具（最好是带有声响的），在婴儿面前抖动，以引起他的注意和兴趣。当婴儿注视后，可将玩具作水平或垂直方向移动，促使婴儿的视线随玩具移动。

5. 视觉转移

先用一个玩具给婴儿看，引起他的注意，然后换一个玩具给婴儿看，训练婴儿的视线从一个物体转移到另一个物体。

6. 看鲜艳的图画

3 个月的婴儿已经能够竖起直抱了，每天可以让婴儿看色彩鲜艳的图画。因婴儿视觉通路不成熟，每幅画最好只有一个主题，如一个动物或一个人的头像等。将这些图画挂在墙上，每次挂 3~4 幅，一边看一边说图画的名称。每天重复 1~2 次。

7. 看父母的照片

把父母的大型彩色照片拿给婴儿看，边看边对婴儿说："这是爸爸，这是妈妈。"抓住婴儿的手去摸一摸，用婴儿喜欢的人的照片来训练他的视线集中能力。

8. 追光点

婴儿 4、5 个月时，可以在晚上将房间灯光搞暗一点，将婴儿抱在身上，大人拿手电筒，让光点在墙上移动，引导婴儿去看移动的光点。当婴儿注意到了光点以后，可以将光点作上下、左右及圆周运动，以吸引婴儿快速地去追看。

9. 看较小的物品

5 个月左右的婴儿其视觉能力得到了充分发展，除了让他注意看大的物品外，还要让他注意看较小的物品，如围棋子、黄豆、纽扣等。要注意防止较小的物品被宝宝抓入口中。

10. 看动态物体

半岁左右的婴儿，其视敏度已经十分发达了，要让他多看一些动态的景物，以促进视觉的迅速发展。如让婴儿看看初升的太阳、皎洁的月亮、奔跑的小狗、游动的金鱼、飞翔的小鸟、飞舞的蝴蝶、奔驰的汽车等，这对婴儿视觉追随能力的锻炼极为有利。婴儿看到什么，就应该说出这个事物的名称，使视觉和听觉达到共同训练的目的。

【知识链接】

如何及时发现宝宝的弱视

弱视是指眼睛无器质性病变，但戴上合适的眼镜后视力也不能矫正到 0.8 以上。弱视不仅视力低下，还会进一步影响眼的生长发育，它是儿童眼部发育不良的最常见的表现，据有关资料统计，弱视的患病率达 2%～4%。

值得庆幸的是儿童时期的弱视是可逆的，只要能早发现，早治疗，是完全可能治愈的，当然如不及早诊治，随着年龄的增大，弱视的治疗难度会越来越大，一般认为 12～16 岁后，弱视几乎难以矫治，甚至成为终生残缺。以下教爸爸妈妈们 3 个方法以便及早发现弱视宝宝。

1. 视力表检查法

一般的孩子尤其是上幼儿园的孩子，到 3 岁时经过简单的视力教认，多数都会认视力表，父母可以购买一张标准视力表，挂在家里光线充足的墙上，在 5m 远处让孩子识别。用这个方法检查最好不要低于 4 岁。

爱心提醒：检查时一定要分别遮眼检查，不可让孩子双眼同时看，防止单眼弱视被漏检，反复认真检查几次后，若发现一眼视力低于 0.8，则需带孩子到医院作进一步确诊。

2. 找异常行为

父母也可以用一些简易的方法寻找孩子患弱视的苗头，具体方法如下：

（1）将比较醒目的物品放在孩子眼前，观察他是否能及时发现。

（2）观察孩子双眼、单眼注视时的情况，注意他看电视的时候是否喜欢凑得很近。

（3）观察孩子看东西时有没有异常的头位，比如是否喜欢抬头、低头看。

（4）观察孩子看物体的时候，能否稳定地注视。如果孩子的眼球来回转动或者震颤，则有弱视的可能。

（5）孩子走路常常跌倒，老拿不到东西，也可能是弱视致使他找不准物体的距离感。

3. 遮盖试验法

对于不愿配合检查视力的孩子，可通过遮盖试验来大致了解双眼视力情况，具体方法为：有意遮盖一只眼睛，让孩子单眼注视物体，若孩子表现很安静，而遮盖另一眼时，却撕抓遮盖物，那就提示未遮盖的一只眼视力很差，应尽早到医院检查。

二、婴儿听觉发展与观察

【案例链接】

> 科学家做过这样一个实验：在新生儿觉醒状态，头向正前方，用一个小塑料盒，内装少量黄豆，在距小婴儿左或右耳旁 10～15cm 处轻轻摇动，发出很柔和的"咯咯"声，小婴儿会变得警觉起来，先转动眼，接着会把头转向声音发出的方向，有时他还要用眼睛寻找小方盒，好像在想，是这个小方盒在发出好听的声音吗？如果换一个方向，他还会有同样的表现。这样连续多次向声源准确地转头，说明新生儿是有听觉的。而且，如果声音过强，小婴儿会表示厌烦，头不但不转向声源，而且会转向相反的方向，甚至用哭来表示拒绝这种噪声干扰。

这个实验说明，新生儿一出生即有声音的定向能力，他不但听而且看声源物，说明眼和耳两种感受器官内部由神经系统连接起来了，这种连接使新生儿能尽可能完整地感受外来的刺激，更好地适应环境。

（一）不同月龄段婴儿听觉发展的特征

听觉是声波作用于听觉器官，使其感受细胞处于兴奋状态并引起听神经的冲动，从而传入信息，经各级听觉中枢分析后引起的震声感。听觉是仅次于视觉的重要感觉通道，它在人的生活中起着重大的作用，它不仅为人们交流知识、沟通感情所必需，而且使人们感知环境，产生安全感。听觉是宝宝出生时的本能，但是其听觉灵敏度、听觉定位等能力的发展是逐步完善的过程，其不同月龄段的发展特征如下（见表 4-2-3）。

表 4-2-3　婴儿听觉发展特征表

月龄段	主要特征	听觉发展的表现
0～3	听觉阈限较高； 听觉定位能力"U"形发展； 可判断语言和非语言	对较弱的声音不敏感，对较高的声音反应比较敏锐。 新生儿出生后 5 分钟就表现出听觉定位能力，但 2～3 个月时这一能力却消失殆尽，直到 4～5 个月时才再次出现。 出生后 12 小时的新生儿就能区别与语言有关的输入和其他非语言的听觉输入
4～6	听觉阈限下降； 声音定位能力大幅度提高； 对愉快的优美音乐较为敏感； 听到自己的名字有反应	4 个月大时，能在黑暗中准确地朝向发声物体；6 个月大时，他们开始对声音的远近作出判断。 6 个月大时，能够辨别出音乐中不同的旋律、音色和音高，并初步具备协调听觉与身体运动的能力。 4～5 个月时可以判断妈妈叫的是他的名字还是别人的名字，听到自己的名字后会做出反应
7～9	听觉阈限继续降低； 听觉定位更加精确； 能辨别他人说话的语气	8 个月左右，儿童表现出音高差异的感受能力，低频声音对他们能起到安抚作用。 8 个月时，能够识别相近颜色，可以感知由运动着的灯组成的图案，深度视觉阈限为 26cm。 7～9 个月，儿童开始通过说话人的语调来辨别说话人的语气，可以辨别高兴、愤怒等不同语调
10～12	辨别微小声强能力增强； 听觉定位能力继续发展； 对乐音的持续关注	能辨别出两种微小旋律，可以直接定位两侧的声源，能够较长时间注意聆听一段音乐，开始理解说话人的具体意思，特别是一些指令性的话语

续表

月龄段	主要特征	听觉发展的表现
13～18	听觉定位能力发展完善；听觉系统基本完善；对于音乐感受力更强	可以定位不同方向的声源，能够主动聆听周围自己感兴趣的声音，显示出伴随音乐节拍的身体动作和"舞蹈"动作
19～24	能听懂简单的指令；喜欢听有意义的语言；能跟随音乐节奏做出相应的身体动作	喜欢敲打锅碗瓢盆，能持续听音乐2～5分钟，并能随着音乐节奏摆动身体
25～30	听觉发育已接近稳定水平	开始能听懂并遵循家长的简短指令，会使用"你""我"等代名词，可将2～3个词连成一句话
31～36	语言听觉能力继续发展	能使用复数名词，能理解简单的问题和答案，能较为流利地背诵儿歌

（二）婴儿听觉发展的观察要点及方法

根据上述婴儿听觉在不同月龄阶段的主要特征和表现，以下通过行为检核的方式来呈现婴儿听觉发展的观察要点（见表4-2-4）。

表4-2-4 婴儿听觉发展观察评估表[①]

姓名：_____   性别：_____   出生日期：_____   观察时间：_____

月龄段	观察评估项目	是	否
0～3	对妈妈的声音反应敏感		
	能随着声音转动头部		
4～6	对细微的声音有反应		
	听到声音会找声源		
	能集中注意听喜欢听的声音		
7～9	将闹钟放到柜子里也能找到		
	会用眼睛追视发出声音的物体		
10～12	对低频声音很敏感		
	听欢快的音乐会跟着晃动身体		
	能听懂大人说的简单的话		
13～18	能够听到小鸟鸣叫等细微的声音		
	听到音乐能够有节奏地摆动身体		
	喜欢敲敲打打，听自己创造出来的声音		
19～24	喜欢敲打锅碗瓢盆		
	能听2～5分钟音乐		
	根据音乐节奏摆动身体		
25～30	可以遵从连续的两个指示，如"先……再……"		
	喜欢听故事		
	能跟着音乐哼唱		
31～36	能使用复数名词		
	能理解简单的问题和答案		
	能较为流利地背诵儿歌		

---

① 周念丽. 0～3岁儿童观察与评估. 上海：华东师范大学出版社，2013.

（三）婴儿听觉发展训练方法

1. 呼唤婴儿的名字

分别在婴儿头的两侧亲切地呼唤他的名字，使婴儿听到大人的声音后出现注意的神情。家里人都可以来呼唤婴儿的名字，使他慢慢熟悉全家人的声音。

2. 听柔和的声音

将大豆或小石头装入塑料瓶子内，分别在婴儿耳边（距离 10cm 左右）摇出柔和的声音，让他注意声响。一天进行几次即可。

3. 听铃鼓声

用铃鼓在婴儿耳边轻轻摇动，当他听到清脆而柔和的铃鼓声时，会表现出惊喜、快乐的神情。

4. 听高雅的音乐

让婴儿听一点舒缓、优美的高雅音乐，每天 2 次左右，每次 5～10 分钟。也可以让婴儿继续听胎教音乐，这样他会感到亲切和安逸。这些音乐不需刻意要求婴儿去听，只需把它当做一个背景音乐，在婴儿吃、玩、睡时，放一放即可，他的大脑会不知不觉地留下许许多多的美妙旋律。要让婴儿长期坚持听美妙高雅的音乐。

5. 弹响指

将婴儿仰卧在床上，大人先逗引婴儿玩一玩，然后用拇指和中指在他的面前弹出几个响指。用清脆、响亮的弹指声，来吸引婴儿的注意力。当婴儿注意了以后，可以站在婴儿的侧身，用同样的方法去吸引他，促使婴儿的视线随着响声而移动。

6. 听移动音乐

准备一个小型录音机，播放欢快的儿童歌曲，先让婴儿用手摸一摸录音机，然后把放着歌曲的录音机在婴儿前面左右移动，也可以作上下移动，这样可以促进婴儿视觉和听觉以及头部运动能力的同步发展。

7. 听钟表声音

可以将钟表贴近婴儿的耳朵，让他听听表针走动的微弱声音，以训练婴儿对细微声音的分辨能力。还可以让婴儿听一听清脆的闹钟声。

8. 寻找声音

将一个婴儿熟悉的发声玩具藏在他身上的衣服内，或者藏在枕头下和被子里，让婴儿听到玩具的声音，并去寻找它。

9. 摇铃铛

用铃铛或手鼓在婴儿头上、背后、脚下等部位发出声音，让婴儿去寻找声音和物品。

10. 玩声响玩具

当婴儿会用手抓握物品时，可以多给他一些能出声音的玩具，如摇铃、手鼓等，让他自己摇动或对撞。

11. 倾听大自然的声音

从婴儿可以到户外活动时开始，就要尽可能让他倾听大自然的各种声音，如风声、雨声、流水声、浪击声、鸟叫声、蝉鸣声等，这些自然界的原态声音能使宝宝耳聪目明、心旷神怡。

【知识链接】

婴儿中耳炎判断小常识

急性中耳炎不像感冒发烧，一下子就能看出来。宝宝还小，不会说，加上急性中耳炎来得又比较"隐蔽"，不容易被察觉。怎么观察宝宝是不是得了急性中耳炎呢？

中耳炎是由于耳咽管（连通中耳腔和鼻腔后壁）功能不良或阻塞引起继发性细菌感染所造成的。如果得不到及时治疗，会引起听力障碍，甚至造成语言发展迟缓和学习能力差。如果出现以下这些表现，宝宝可能患上急性中耳炎了：

1. 发烧

发烧是急性中耳炎的代表症状。宝宝连续 3 天发烧 37.5℃以上，吃了药烧却持续不退时，就要警惕宝宝有患中耳炎的可能，要尽早去耳鼻喉科检查。

2. 挠耳朵

孩子在 2 岁以前是说不清自己什么地方疼的，不过，他会用行动告诉你。如果他不断地摸耳朵、挠耳朵、揪耳朵，要想到他是不是患了中耳炎。

3. 左右摇头

左右摇头也是患中耳炎的重要特征。因为耳朵里不舒服，宝宝会试图通过摇头来减轻症状。所以，如发现宝宝躁动不安、摇头，要想到他耳朵可能不舒服。

4. 哭闹

孩子突然变得烦躁，不停地哭，而且夜里也因为疼痛而睡不好觉，这时要立即带他去看医生。

5. 耳朵积水

急性中耳炎发作时，中耳内会积水，鼓膜肿胀。鼓膜穿孔时，就会有黄色的分泌物流出。孩子耳朵周围如果出现干皮，就要注意了。

6. 听力不好

鼓膜里有渗出液会导致听力下降。如果发现宝宝对你的召唤反应迟钝，叫他几遍也不理睬，要赶快带他去耳鼻喉科检查。

三、婴儿触觉、嗅味觉的发展与观察

【知识链接】

触觉缺失危害多

近年来，国内外科学家大量研究发现，正常经产道分娩的宝宝其身体、胸腹、头部有节奏地被挤压，给宝宝生命中带来最重要的第一次触觉、前庭和本体感觉体验和学习。而剖宫产的宝宝由于在出生时没有经过产道挤压，缺乏生命中最重要的第一次触觉体验与学习，从而导致触觉缺失。这种体验的缺乏和触觉缺失容易让宝宝产生情绪敏感、多动好动、注意力不集中、动作不够协调等问题，也就是人们常说的"感觉统合失调"以及"儿童多动症"，不仅会影响宝宝的智商发育，更会严重影响宝宝的情商发育。

【实验链接】

亲子嗅觉小实验

经验观察和医学研究证明，正常情况下，新生儿出生后第 6 天就能通过嗅觉准确辨别妈妈的气味了。把妈妈的奶垫和其他妈妈的奶垫（或者牛乳奶垫）分别放在宝宝头部两侧。宝宝总是会把头转向妈妈的奶垫一边。更换两种奶垫的位置，宝宝仍然会追随妈妈的奶垫。这就说明，新生儿具有惊人的嗅觉能力和分辨力。新生儿还有敏锐的味觉。新生儿喜欢甜的食品，当给糖水时，吸吮力增强；当给苦水、咸水、淡水时，吸吮力减弱，甚至不吸。

从上述两则链接可以看到，新生儿在出生后或在出生前就具有了一定的触觉、嗅觉和味觉。触觉是人体发展最早、最基本的感觉，也是人体分布最广、最复杂的感觉系统。触觉是新生宝宝认识世界的主要方式，透过多元的触觉探索，它不仅有助于促进动作及认知发展，而且会影响孩子的非智力因素发展。味觉和嗅觉是我们的身体内部与外界环境沟通的两个重要的通道，对于孩子的健康成长和环境认知也起着重要的作用，因此，良好的触觉、嗅觉和味觉刺激是婴儿成长不可或缺的要素。

（一）不同月龄段婴儿触觉、嗅觉和味觉的发展特征

触觉是体表的机械接触（接触刺激）的感觉，是由压力与牵引力作用于触感受器而引起的。触觉主要是分布于全身皮肤上的神经细胞接受来自外界的温度、湿度、疼痛、压力、振动等方面的感觉。触觉是人类最早出现的感觉之一，胎儿在妈妈肚子里就已经有触觉了。当妈妈抚摸肚子时，胎儿就可以感觉得到。在婴儿出生后，其触觉发展会逐渐扩展。在 0～2 个月大时，其触觉发展主要以反射动作为主，这些反应都是为了觅食或自我保护。等到 3～5 个月大时，婴儿可以将反射动作加以整合，利用嘴巴与手去探索，并感受到各种触觉的不同，开始懂得做简单的辨别。等到 6～9 个月大时，婴儿的触觉发展已经遍及全身，会用身体各个部位去感受刺激、探索环境。等到 10 个月大之

后，婴儿的触觉定位越来越清晰，开始分辨出所接触的不同材质。可见，触觉在婴儿的发展过程中是逐步完善的过程。

嗅觉是指气味在人的鼻腔内对嗅觉器官化学感受系统的刺激而产生的一种感觉；味觉是指食物在人的口腔内对味觉器官化学感受系统的刺激而产生的一种感觉。嗅觉和味觉是我们的身体内部与外界环境沟通的两个出入口，它们不仅使我们对不同的食物作出不同的反应，而且它们还担负着一定的警戒任务。新生儿的嗅觉和味觉都已经有了相当的发展，婴儿在出生最初几天就存在味觉的性别差异，女婴比男婴更喜欢甜味。一周后能区别母乳的香味，对刺激性气味表示厌恶，味觉发育成熟较早，偏爱甜味；2个月时可区分五味（酸、甜、苦、辣、咸），对刺激的气味会产生排斥反应；3个月时嗅觉和味觉继续发展，能辨别不同味道，并表示自己的好恶，遇到不喜欢的味道会退缩、回避；4~5个月时喜欢尝试，想把所有东西放到嘴里，借由舌头学习与物品间的关系，对食物的微小改变已很敏感；6~9个月时味觉处于极为发达的状态，6个月之后最为发达，过了婴儿期会慢慢衰退；9~12个月这个阶段会表现出对甜味和盐味的爱好，分辨气味的能力也进一步提升。可见，婴儿的嗅觉和味觉在不同月龄段发展特征有所区别，表现方式也各有不同（见表4-2-5）。

表4-2-5 婴儿触觉、嗅觉和味觉发展特征表

月龄段	触觉发展的表现	嗅觉和味觉发展的表现
0~3	敏锐的触觉：新生儿出生时就具有敏锐的触觉，对抚摸、温度和疼痛等刺激非常敏感	最发达的味觉：新生儿一出生就表现出味觉偏好，喜欢甜味；出生6天后，可以辨识母亲的体味
4~6	触觉种类增多：开始对物体的质地、硬度等产生认识，口腔探索活动增加	味觉发生变化：4个月时开始喜欢咸味；嗅觉更加灵敏，能辨别出更多气味
7~9	具备触觉定位能力：当物体刺激皮肤时，手可准确地抚摸被刺激的地方；触觉更加灵敏：喜欢不断重复抚摸手中的物体表面	味觉偏好体现：不喜欢的食物就会紧闭双唇
10~12	触觉辨识能力快速发展：喜欢把玩玩具，能将触摸印象和视觉影像配对	味觉呈现下降趋势，嗅觉基本发展到成人水平
13~18	触觉感受能力基本达到成人正常水平	味觉偏好表现明显，对外界气味有不同的情绪反馈

（二）婴儿触觉、嗅觉和味觉发展的观察要点及方法

根据上述婴儿触觉、嗅觉和味觉在不同月龄阶段的主要表现，以下通过行为检核的方式来呈现婴儿的触觉、嗅味觉发展的观察要点（见表4-2-6和表4-2-7）。

表4-2-6 婴儿触觉发展观察评估表[①]

姓名：_____ 性别：_____ 出生日期：_____ 观察时间：_____

月龄段	观察评估项目	是	否
0~3	尿布湿了会哭		
	奶粉冲太热拒绝入口		
4~6	喜欢摸、抓、咬各种东西		
	触摸不同的物体有不同的反应		

---

① 周念丽. 0~3岁儿童观察与评估. 上海：华东师范大学出版社，2013.

续表

月龄段	观察评估项目	是	否
7～9	喜欢摸物体表面		
	被拥抱、抚触时表现出愉悦		
10～12	触摸不同粗糙程度的物品时有不同反应		
	喜欢触摸球等类似物品，并在身体上按摩		
13～18	喜欢玩水所带来的触觉体验		
	喜欢玩沙		
19～24	能够区别软和硬的物质		
	能分出冷水和温水		
	喜欢毛茸茸的玩具		

表 4-2-7　婴儿嗅味觉发展观察评估表[①]

姓名：_____　　　性别：_____　　　出生日期：_____　　　观察时间：_____

月龄段	观察评估项目	是	否
0～3	喜欢喝糖水		
	喜欢闻香味		
	闻到臭气会皱眉头		
4～6	开始接受咸的食物		
	当吃到味道怪的食物时会吐出来		
7～9	会用力去咬香的固体食物		
	拒绝酸的食物		
	喜欢闻某种特定气味		
10～12	对一些难闻的味道表现出厌恶		
	不喜欢吃苦的东西		
13～18	尝到甜味和酸味时能用不同表情来表达		
	喜欢闻花香的味道		

（三）触觉发展的训练

1. 1 岁之前：抚触婴儿

触觉系统比其他感觉神经系统发展要早，当婴儿还在妈妈肚子里孕育时，他的触觉就已经发展得不错了。2 个月大时，胎儿的唇部出现了最原始的感觉细胞——末梢神经小体；7 个月时，他就会吸吮拇指。这时，妈妈就要赶紧行动起来，多抚摸胎宝宝。

1）爱的安抚

从怀孕 2 个月开始，妈妈就可以对腹中的胎儿进行"爱的安抚"了。孕妈妈坐在摇椅上轻轻晃动，让胎儿充分享受被羊水包裹的惬意。怀孕第 4 个月，这时胎盘

---

① 周念丽. 0～3 岁儿童观察与评估. 上海：华东师范大学出版社，2013.

已经形成，妈妈可以放松地躺在床上，用手从下腹部起，以画圆的方式抚揉到胸部下方，用同样的方式反复数次，可以在腹部涂些橄榄油或葡萄籽油以增加按摩效果。7个月以后，准妈妈们可以一边抚摸腹部，一边和宝宝说话，猜测触摸到的胎儿的身体部位。

2）让宝宝对你产生信任感

0~1岁的婴儿正处在信任与不信任对峙的心理危机期，父母如果能够经常拥抱、抚摸、按摩、亲吻孩子，不仅能够促进婴儿感觉皮质区的良好发展，使其能够较早地分辨出自己身体的各部位并提高指尖的感受辨识能力，而且还能让婴儿对你产生信任感，有助于良好亲子关系的建立。家长要记住：在这个时期，父母的爱抚是宝宝紧张、无助时最好的抚慰剂。你可以利用换尿布、喂奶、洗澡的机会，轻轻拍、抚摸或是拥抱婴儿。如果能固定地为婴儿按摩，则更能促进婴儿的健康成长。

3）吮吸奶嘴和手指以锻炼触觉

奶嘴可以满足婴儿持续的触觉需求，反复吸吮的动作又能够促进口部肌肉的健全发展，这对婴儿以后的进食及发音都有莫大的帮助。细心的妈妈还会发现：每次当婴儿拿着奶嘴往嘴巴里塞的时候，他并不是靠眼睛来做引导的，而是依靠触觉，他拿着奶嘴在嘴边打转转，试了一次又一次，最后终于准确地塞进嘴里。如果能让婴儿经常练习拿奶嘴放入口中的动作，不仅能促进其触觉的敏锐度，而且还可以提高其动作的协调能力。

2. 1~3岁：尝试各式各样的环境和物品

1岁以后的婴儿学会了行走，由于站立而使双手得到"解放"，从而能够从事更多的手工活动。这时的婴儿好奇心强，已有了初步的自我意识，对外部世界充满着求知的欲望，因此，家长就要为孩子营造感觉刺激丰富的生活环境，提供机会让他们广泛地接触外面的世界。

1）为婴儿提供各种操作性玩具

七巧板、积木等都是不错的选择，让婴儿通过插、串、旋转、拆卸等不同的动作，逐步摸索出用哪只手更自如，用哪只手配合更好。在接触各种各样的玩具的过程中，孩子能够体验到不同玩具的不同特性，并且尝试着通过手部与眼部的合作，提高婴儿手眼的协调能力。

2）让全身都能获得触觉刺激

妈妈要知道：除了让婴儿的双手能受到触觉刺激以外，身体的其他部位也应获得触觉刺激。为此，妈妈就可以让婴儿在棉被上来回翻滚，或是把毛毯当作披风将全身裹起来玩，这样就可以满足宝宝整个身体对触觉感受的需求了。

3）帮助婴儿好睡眠

柔软的玩具可以使孩子神经放松，产生舒适的感觉。当婴儿情绪激动、难以入眠时，可以让他抱着柔软的娃娃入睡。妈妈还可以和婴儿做一些小游戏帮助婴儿入睡，例如，在灯光柔暗的卧室里，让婴儿躺在舒适的毛毯上，用清洁脸部专用的软刷由上而下地刷孩子的四肢及腹部，每处刷10下，然后让婴儿翻过身成趴状，以同样的方式再刷10下，不知不觉中，婴儿就会进入梦乡。

第三节 婴儿感觉发展的观察与评估举样

一、0～3 岁婴儿视觉发展的研究方法

（一）视觉集中

新生儿对亮度差别是敏感的，并且辨别力发展迅速。但在出生后 2～3 周内，两眼运动仍不协调。视觉集中在 2 个月时才明显地出现。视线首先集中在活动或鲜明发亮的物体上，逐渐还能随光亮的刺激物移动。4 个月时视觉调节已非常有效，其注视时间和距离不断延长，视觉集中也逐渐由被动转变为主动。目前研究方法主要包括视觉偏爱法、视动眼球震颤法、视觉诱发电位测量法。

（二）视觉敏度

视敏度是衡量视觉发展及眼睛优劣的指标；是区分视觉目标的形状和微小细节的能力；也是人眼分辨物体的最小维度。目前研究婴儿视敏度的方法有 3 种：视觉偏爱法、视动眼球震颤法、视觉诱发电位测量法。

（三）颜色视觉

所有婴儿出生时就具备辨别各种颜色的能力，这种能力是内在固有的。一般认为，新生儿从 3～4 个月起就能分辨彩色和非彩色，4～8 个月的婴儿最喜欢波长较长的暖色调，红颜色特别能引起儿童的兴奋。婴儿不太容易把现成的颜色匹配到已有的颜色概念上。目前测定婴儿辨别颜色的方法有：视觉偏爱法、记录脑电活动、去习惯化、配色法。

【知识链接】

视觉偏好

在婴儿研究中，最有效的行为度量是他们的注视行为。在范兹的"偏好方法（preference method）"中，实验者同时呈现两个图案，并测量婴儿注视每个图案的时间。如果婴儿对某一对象的注视时间长于对另一对象的注视，则说明婴儿对这一对象表现出了"偏好"。出现这一"偏好"说明：婴儿的知觉系统能够对这两个刺激做出区分，也可以判断婴儿倾向于注意什么。

研究发现，甚至新生儿也表现出了某种知觉偏好：偏好相对新颖、清晰、复杂、对称、和谐的刺激。

　　婴儿觉得新异、复杂或惊奇的事物随着他们认知系统的变化而变化。婴儿从出生起似乎便有了某种对视觉刺激的主动需求。

　　原因一，可能是视觉皮层的正常发展必须要有相应的视觉刺激输入。婴儿运用视觉能力的先天倾向具有高度的适应性。

　　原因二，可能在于婴儿所倾向于注意的环境信息正是那些对他们的发展而言最重要的刺激，如母亲的面孔等。

二、视觉发展的观察与评估

　　观察目标：观察婴儿视线的距离和视觉的广度。

　　观察准备：将 10 个月大的婴儿带到一个他不太熟悉的地方，并且此环境中有较多的人或者物体，如公园或者商场。

　　观察方法：由主要抚养人如爸爸或者妈妈抱着婴儿，观察者站在1m 开外进行观察。选择时间抽样法，观察并记录好婴儿的表情和视线，做好观察记录（见表 4-3-1）。

表 4-3-1　观察记录案例：婴儿视线和表情观察记录表

姓名：_____　　性别：_____　　出生日期：_____　　观察时间：_____

时间	视觉集中	方向或事物	表　情
9:10	没有	转头	中性
9:20	有一小会儿	红色物体	微笑
9:30			
9:40			
9:50			

　　观察分析：对照 10 个月的婴儿视觉发展的表现，对该婴儿的视觉发展情况进行评估分析。

第 五 章
婴儿认知发展的观察与评估

【本章学习目标】

1. 能正确认识注意、记忆和思维发展对于婴儿成长的重要性。
2. 结合实例，能正确分析婴儿注意、记忆和思维发展的一般规律和特征。
3. 能正确理解观察与评估婴儿认知发展的不同方法，并能在生活实际中运用。
4. 初步具备测评婴儿认知发展的能力。

【本章学习建议】

通过本章学习，要对婴儿的认知发展过程以及如何观察婴儿的认知发展有一个完整的认识。建议通过仔细研读，了解当前研究婴儿认知发展的观察成果。通过案例讨论，掌握正确观察和评估婴儿认知发展的方法。结合视频资料或文字资料，观察、评估婴儿认知发展的程度。

【案例分析】

研究者让一名4个月大的女婴同时观看两部影片，两个放映屏幕并排放在婴儿面前。影片甲中，一位妇女正在玩藏猫猫游戏，她先用手遮住自己的脸，再把手拿开，同时说："宝贝，藏猫猫!"如此不断地重复。影片乙中，有一只手用鼓槌有节奏地击鼓。之后，实验者或者只播放影片甲的"宝贝，藏猫猫!"的语音，或者只播放影片乙中击鼓的声音，但是两种声音不会同时出现。

研究发现，这个4个月大的婴儿始终都能知道哪个声音是和哪个影片相匹配的。她通过注视更多的与声音相匹配的影片来证明自己具有这一能力。

研究者发现，几乎所有4个月大的婴儿都具有上述能力。研究者继续测试了24个婴儿，有23个婴儿都能更长时间地注视与声音相匹配的影片。显然，这说明婴儿在出生后不久就能对图像和声音进行有意义的联结。

这个程序简单的实验提出了这样的问题：如果婴儿在其出生后不久就能整合图像和声音信息，他们是如何整合的？研究结果告诉我们，婴儿所具有的认知能力已经远远超出了我们原先的预期。0~3岁是婴儿认知发展的黄金时期，如何正确观察和评估婴儿的认知发展水平，将直接影响教育对策的适用性和有效性，进而影响婴儿一生的发展。

第一节　婴儿认知发展概述

一、什么是婴儿的认知发展

（一）什么是认知

认知是一项复杂的心理活动或心理过程。一般与情感、意志相对。心理学家认为，人脑接受外界输入的信息，通过注意、感觉、知觉、记忆、想象、思维等认知因素的处理，将信息转换成内在的心理活动，从而实现对个体行为的控制和调节。这个过程就是认知或认知过程。简单来说，认知就是个体对客观世界的认识活动。认知是人基本的心理过程，是个体认识客观世界，获得各种各样的知识的基础，我们基本的日常活动都离不开认知。

在认知所包括的诸多心理因素中，感知和表象等是感性认识的心理因素，通过感性认识获得了事物的初步印象；而对事物的本质及规律性的认识是通过思维实现的。记忆是日常生活经验的积累，没有记忆就不可能发展儿童的思维、情感、意志，个体也不会成长；注意是记忆的前提，无法集中注意就不可能产生记忆。心理学家们尽管对认知的结构有不同的看法，但大都同意，思维是认知的核心，记忆是认知的储备，注意是认知的途径。正如我们要认知一个苹果，只有注意到才有可能去记住，而记下了才可能被加工，加工了才能被个体真正接受[1]。

（二）什么是认知发展

认知发展就是感知、注意、记忆、思维、推理、语言等内在心理过程的渐进变化。个体的认知发展水平是个体的动作发展、社会性发展以及情绪发展等方面的基础，它制约着这些发展的速度和程度。心理学家研究发现，个体的认知发展存在着较明显的个体差异。环境和教育在认知发展中起着决定性的作用。观察和评估婴儿的认知发展水平，了解婴儿认知发展的规律，将有助于教育工作者更好地制定教育对策，进而科学地促进婴儿的认知发展，实现其良性、高效的发展。

（三）婴儿认知发展的特点

婴儿的认知是在其出生以后开始发生和发展的。新生儿一出生就具有一些与生俱来的反射活动，如吸吮反射、觅食反射等，新生儿以他们先天具有的活动本领与周围的客观环境进行交往，在交往过程中逐渐形成一种内部的认知结构。这是一种整体的有组织的活动系统，它凝聚着婴儿已有的活动经验，并随着婴儿经验的继续积累而逐步完善。婴儿接受新的信息时，就将它纳入这个已有的认知系统进行加工，同时也适当改变已有

---

① 周念丽. 0~3 岁儿童观察与评估. 上海：华东师范大学出版社，2013：83.

的系统以适应新情境，进而发展其自身的认知结构。婴儿期的认知发展遵循着由近及远、由点到面、由表及里、由浅入深的趋势。

（1）由近及远。婴儿还不知道客观事物存在之前，认知的范围仅限于自己。随后在2岁左右时才逐步承认客观事物也和自己一样存在，此时，婴儿认知范围继续扩大，但还只能凭自己的经验去认识事物，有时用自己的看法代替他人的看法。

（2）由点到面。婴儿往往先是专注于事物的某一部分而忽视其他部分，以偏概全。譬如，在比较两个等匀速运动的模型汽车的速度时，4～7岁的儿童只会单纯注意汽车运动的时间或空间，8岁以后才兼注意这两者。6岁以下的儿童，在时间上也只注意当前，到了7岁以后，才考虑到以前和以后的事物变化。

（3）由表及里。从反映的内容来说，婴儿最初只是认识事物的表面现象、外部联系，以后随着年龄的增长，才认识事物的内在联系、本质属性；婴儿认知的发展是从认识当前事物到反映未来事物。这一发展过程可以叫做由表及里的过程。

（4）由浅入深。婴儿认识一个事物并不是一蹴而就的。从最初的认识到比较完全的认识，要经历一个由浅入深的阶段。例如，婴儿数概念的形成，要依次经历4个阶段：口头数数阶段、给物数数阶段、按数取物阶段、数概念的掌握阶段。而数的概念形成之后还在发展，即使到小学以后，数的概念的发展也仍在继续进行。

二、婴儿认知发展的观察

在婴儿认知发展中，注意、记忆和思维3个方面起着举足轻重的作用。注意是个体一切认知活动的起始阶段；良好和持久的注意是婴儿学习的前提，是其获取知识和发展智力的起点，也是其探索外部世界、获取信息的必备条件。记忆使日常生活经验得以积累，并最终促成婴儿思维、情感、意志等的发展。可以说，记忆的早期发展是婴儿心理发展的重要基础和保证；思维是所有认知过程的升华，它促进婴儿能够升级和加工他所积累的经验和信息，更加清楚地认识世界。

（一）婴儿注意发展的观察

注意是心理活动对一定对象的指向和集中，是伴随着感知觉、记忆、思维、想象等心理过程的一种共同的心理特征。注意并不是一个对立的心理过程，因为它本身并没有反映的内容，我们常说"注意听"是听觉对声音的指向与集中，"注意看"是视觉对事物的指向与集中。注意是心理过程的一种特征，但这种特征构成了心理过程的动力特征，也让注意成为了人类心理活动的开端。

心理学家将注意分为有意注意和无意注意。无意注意是指没有预定的目的，也不需要意志努力的注意，如婴儿正在吮吸，突然停止吮吸，指向刺激发生的方向。有意注意是有目的的、需要意志控制的注意。它服从于一定的活动任务，并受人的意识的自觉调节和支配。总的来说，0～3的婴儿由于大脑发育不完善，神经系统的兴奋和抑制过程发展不平衡，无意注意占绝对优势，有意注意开始萌芽，但极不稳定。

【案例链接】

注意的出现

这是第 25 天，接近傍晚时分，这个婴儿非常健康且满足地躺在祖母的膝盖上，靠近炉火，用专注的表情注视着祖母的脸。我来了，在旁边坐下，伏在婴儿身上，所以我的脸肯定在她的视线的直接范围之内。就在这时，她的目光转向我的脸，用同样专注的表情注视着，甚至通过眉毛和嘴唇的些许紧张表现出努力的迹象。然后，她的目光又转向祖母的脸，又再一次回到我的脸上，如此重复几次。最后一次，她好像看到了我的肩膀，灯发出的一束强光照射在上面，她不仅移动了目光，用力扭过头去想看得更清楚，并且盯着看了一段时间，脸上出现了新的表情——"一种朦胧且基本的渴望"，我在笔记本上这样写道。她不再紧盯着，但的确是在看。

（资料来源：施燕，韩春红. 学前儿童行为观察. 上海：华东师范大学出版社，2011.）

1. 新生儿的注意发展

研究表明，新生儿有一种先天的定向反射，大的声音会使他们暂停吸吮以及手脚的动作；明亮的物体会引起视线的片刻停留。这种定向反射主要是由外界事物的特点所引起的，被称为无意注意的最初形态。随着新生儿清醒时间的延长，研究者发现他们并不是完全消极被动地等待外界刺激的作用，而是刺激的主动探索者。清醒时，他们总是睁大眼睛到处搜索，并对不同的刺激做出不同的选择性反应。

范兹等用视觉偏爱法进行新生儿的注意研究。所谓视觉偏好法就是指新生儿对某些感觉信息比较喜爱，注意它们的时间比较长。他们发现新生儿的注意具有如下特点：

（1）新生儿对成形的图形比对不成形的杂乱的刺激点或线条注视的时间更长。

（2）对简单明了的图形更加偏爱。

（3）对人脸的注意多于对其他事物的注意。

这表明新生儿已经对刺激物表现出了一定的选择性反应，也就是说，选择性注意开始萌芽了。

2. 1 岁前婴儿的注意发展

随着婴儿活动能力的增长、生活范围的扩大，婴儿开始对周围很多事物感兴趣，婴儿的注意有了进一步的发展。人们总结出 1～3 个月婴儿注意的规律和特点：

（1）偏好复杂的刺激物多于简单的刺激物。

（2）偏好曲线多于直线。

（3）偏好不规则的图形多于规则的图形。

（4）偏好轮廓密度大的图形多于密度小的图形。

（5）偏好具有同一中心的刺激物多于无同一中心的刺激物。

（6）偏好对称的刺激物多于不对称的刺激物[1]。

---

① 张永红. 学前儿童发展心理学. 北京：高等教育出版社，2011.

3～6 个月的婴儿对外界事物的探索活动更加主动积极。其视觉注意能力在原有基础上进一步发展，平均注意时间缩短、探索活动更加主动积极，偏爱更加复杂和有意义的视觉对象，可看见和可操作的物体更能引起他们持久的注意和兴趣。6 个月以后，婴儿的睡眠时间减少，坐、爬行、站立等动作的发展扩大了婴儿信息的获取范围，这时的注意不再像以前那样只表现在视觉等方面，而是以更广泛和更复杂的形式表现在吸吮、抓握和运动等日常感知活动中。这时的注意越来越受知识和经验的支配，比如婴儿对母亲特别注意①。

3. 1～3 岁婴儿注意的发展

1 岁以后，言语的产生与发展、客体永久性概念的建立使婴儿的注意活动进入了更高的层次。这时期婴儿注意活动的一个明显特点是，当他听到成人说出某个物体的名称时，便会相应地注意那个物体，而不管其物理性质如何，是否是新异刺激，是否能满足其机体的需要。由于言语的作用和成人的要求，婴儿的注意也开始能服从成人提出的活动任务，因而也出现了有意注意。只是处于萌芽阶段的有意注意极不稳定。这一阶段，婴儿注意的发展具有如下几个特点：

1）注意的发展开始受表象的影响

1.5～2 岁婴儿的表象开始产生。从此，婴儿的注意开始受表象的直接影响。当眼前的事物和已有表象或事实与期待之间出现矛盾或较大差距时，婴儿会产生最大的注意。有研究指出，虽然 1 岁以后婴儿的注意一般不再表现出心率减速的变化，然而在一个对 2 岁婴儿的实验中，半数以上的被试在看见幻灯片中表情狰狞的头像时，都表现出明显的心率减速，产生了最集中的注意。

2）语言的发展开始制约注意的发展

语言的发展不仅影响注意的时间，也开始影响注意的内容和引起注意的方式。如婴儿听到父母说："宝贝，看玩具熊"，他就会将注意转向玩具熊。1 岁半以后，婴儿开始对图片、儿歌、故事、电视等产生浓厚的兴趣，这为婴儿的记忆和学习获得提供了广阔的认知世界。

3）注意的时间和范围开始增加

1 岁前婴儿注意的时间很短，注意的事物不多。但 2 岁以后，婴儿在活动中注意的时间逐渐延长，注意的范围越来越广。2.5～3 岁，婴儿注意集中的时间进一步延长，最多能集中注意 20～30 分钟，而且注意到的事物更多。婴儿通过自言自语将注意集中在他正在进行的活动上。注意和认知过程相结合，使婴儿获得了更多的知识。

（二）婴儿记忆发展的观察

严格说来，记忆不是一个瞬间的过程，而是一个从"记"到"忆"的过程，具体包括识记、保持和回忆。识记就是对信息进行处理、转换、编码的过程；保持就是把处理过的信息以一定的方式储存在头脑中的过程；回忆就是提取信息的过程。回忆包括再认

① 林崇德. 发展心理学. 北京：人民教育出版社，2009.

和再现。识记和保持是回忆的前提，回忆是识记和保持的结果。记忆是婴儿经验积累和心理发展的重要前提，正因为记忆在婴儿心理发展中的重要作用，心理学家对婴儿记忆发展的研究始终充满浓厚的兴趣。记忆研究一直是认知心理学的核心内容之一。

【案例链接】

记忆实验

让一个 2～3 个月的婴儿仰卧在小床上，小床上方悬挂一个会活动的玩具，另外用一根长绳子，一头与玩具相连，另一头系在婴儿的脚上（见图 5-1-1）。研究者教婴儿用脚一蹬，玩具就会动起来。这对于婴儿来说是十分有趣的事情，婴儿很快就学会了。这时，研究者把绳子撤走。过了一周以后，再用同样的方法用绳子把脚和玩具连起来，只要一连上，不用教，婴儿就立即用脚使劲地踢起来。这表明婴儿记住了这一动作。过了两周以后，只要研究者稍加提示，婴儿仍能记住这一动作。

图 5-1-1　记忆实验

1. 新生儿记忆的表现

长期以来，人们认为记忆的发生应当在新生儿期。研究者采用习惯化、条件反射和重学节省等判别指标研究证实：婴儿最早在出生后几小时内便产生了记忆。但有研究者发现，假如把胎儿的母亲心跳的声音记录下来，经过扩大，在出生不久的婴儿大哭时播放，婴儿就会停止哭闹，变得安静。研究者认为，这是因为婴儿感到自己又回到了熟悉的胎内环境。因此提出，胎儿在妊娠末期（妊娠 8 个月左右）就已有了听觉记忆，出生后有再认表现。对其他动物的比较心理学研究也为这一结论提供了有力的佐证。因此，目前多数人认为，婴儿记忆发生的时间在妊娠末期，而不是在出生后不久[①]。

新生儿记忆的表现之一是对条件刺激物形成某种稳定的行为反应（即建立条件反射）。比如，新生儿在被抱成通常的哺乳姿势时，会呈现出寻找、张嘴、吮吸等一系列反应。这种情况表明，新生儿已经"记住"了喂奶的"信号"——姿势。这种条件反射被称为自然条件反射，一般发生在出生后 10 天左右。研究者还发现人工条件反射的建立可早于自然条件反射。有实验表明，出生 1～3 天的新生儿即可以形成由于出现铃声而把头向右转的人工条件反射。因此有早教专家建议，晚上妈妈哄新生儿睡觉时应坚持伴随着关灯，久而久之，关灯本身就会提醒婴儿睡觉，进而唤起婴儿的睡意。

新生儿记忆的另一表现是对熟悉的事物（刺激物）产生习惯化。许多研究表明，即

---

① 林崇德. 发展心理学. 北京：人民教育出版社，2009：391.

使刚出生几天的婴儿，也能对多次出现的熟悉的图形产生习惯化。习惯化研究结果表明，约3个月的婴儿能记住一个视觉刺激长达24小时；快到周岁时，可长达数天，对某些有意义的刺激（如人脸照片）能长达数周。

2. 婴儿记忆的发展

随着大脑各部分的迅速发育，大脑功能的渐趋成熟，婴儿记忆的发展也表现出由低级水平向较高级水平发展的趋势。具体表现如下：

1）无意识记占优势，有意识记开始出现并发展

无意识记是指没有目的，不需要意志努力的识记。有意识记是指有目的、有意识，需要意志努力的识记。婴儿的记忆带有很大的无意性，他们所获得的许多经验都是通过无意识记得来的。有研究者做了如下实验：让婴儿在实验者离开的一段时间里帮助实验者记住哪一个杯子里藏有玩具小狗，实验者布置完任务后借故离开实验室。结果发现，3岁的婴儿想出一个办法来记，他们不停地看着那只杯子，并用手摸杯子；而2岁的婴儿则东张西望，不会有意识记。并且有实验表明，婴儿期记忆的效果是无意识记优于有意识记。到了小学阶段，有意识记才赶上无意识记。

2）记忆保持时间随年龄增长不断延长

由于不同的研究者采用了不同的研究方法、不同的研究材料来探究婴儿记忆保持的时间，导致婴儿记忆能保持多长时间的研究结论有所出入，但我们仍能从中窥探出一些共同点。如1岁左右的婴儿能够回忆几天或者十几天前的事情，2岁左右的婴儿记忆可以保持几个星期，3岁左右的婴儿记忆可以保持几个月。

3）记忆的能力不断增强

研究发现，婴儿最初的记忆是高度依赖情境的。随着婴儿自己支配身体运动的能力增强，婴儿的记忆逐渐摆脱对情境的依赖，能比较灵活地应用所记住的反应，并推广到相关的新情境。此外，2岁以前的婴儿所记住的往往是那些外部特征突出的事物及带有情绪色彩的事情、动作等。2岁以后，随着语言能力和认知能力的提高，婴儿的词语记忆开始逐步增多，能记住一些简单的歌谣、故事。

【知识链接】

婴儿期的记忆缺失

儿童心理学的经典困惑之一便是婴儿期记忆缺失现象。大量的研究发现婴儿有记忆能力，但为什么成人不能回忆起自己在婴儿期发生的事件呢？最早对此作出解释的是弗洛伊德。他认为婴儿期的记忆都受到了潜意识的压抑。更多的科学家认为，成人之所以不能记住发生在两三岁以前的事情，是因为个体在婴儿期对信息进行编码的方式与成人对信息的提取方式不相匹配而造成的。持这种观点的人认为，个体对事情的记忆程度主要取决于信息在被存入与在被提取时所用的编码方式的一致程度。婴儿采用非言语的编码方式，而幼儿和成人采用言语编码方式。还有人认为，这是因为婴儿的大脑皮层的额叶尚未发育成熟。大脑额叶对记忆的影响很大，而大

脑额叶的成熟要到学龄初期才能完成。但这一假设不能解释：幼儿期的大脑额叶也未成熟，为什么不会造成幼儿期记忆的缺失？此外，还有人从早期记忆中缺乏自我的介入，早期婴儿缺乏分享和复述记忆的社会支持系统等方面来解释婴儿记忆的缺失现象。

目前，对于婴儿期的记忆缺失现象尚没有更好的一致认同的解释，尚需要更好的实验设计或研究方法的参与。

（三）婴儿思维发展的观察

在日常生活中，每当遇到问题，人们往往会说："让我想一想""请你考虑考虑"等。这里的"想""考虑"就是思维。心理学家将思维与感觉、知觉进行对比后提出思维是人脑对客观事物概括的、间接的反映。思维是在感觉、知觉、记忆等过程的基础上产生的，但又比这些过程更复杂的认知过程。通过思维，人们既可以思考具体事物（如周末如何度假，或者如何打赢一盘电脑游戏等），也可以用更抽象的方式思考（如我是谁等）；既可以回顾过去，也可以展望未来；既可以思索现实，也可以驰骋想象。因而，思维大大地扩展了人们对事物认识的广度和深度。所以心理学家认为，思维是高级的认知过程，是智力的核心。

观察、记录、解读婴儿的思维发展一直是研究者关注的领域。20世纪认知研究的一个重要结论就是，婴儿是积极的思维者和学习者。婴儿不是一块白板，他们不是消极、不加选择地复制环境呈现给他们的东西。他们的认知结构和认知策略使他们选择那些对自己有意义的东西。思维的主动性使得他们在很大程度上是自己认知发展的操纵者。婴儿思维发展的动力主要来自他们自身。

1. 思维的发生

当婴儿能对成人用手指向他想要的东西，或指出他想去的地方时，就表示他的思维开始萌芽了。因为这类动作包含了婴儿对一系列关系的认识和分析：自己的目的是拿到物体或出去玩耍，而自己的力量达不到目的，成人有能力而且会帮助自己。但真正的思维应包含概括性、间接性和解决问题等判断指标。

一个物体放在毯子上婴儿够不着的地方。开始，他试图直接够取这个物体，几次尝试均未成功。一个偶然的拉动毯子的动作，使儿童观察到毯子的运动与物体运动之间的关系，于是开始有意识地拽拉毯子，直到拿到物体。这里，儿童不仅通过实际的尝试解决了问题，而且多少积累了一些经验。以后，当他再遇到够取放在桌子中间的玩具之类的问题时，尝试的次数便会减少。甚至可能迅速地将拉毯子以取物的经验迁移过来去拉台布，或者自己选取一个中介物（如棍子）为工具来达到目的。这类解决问题的动作的出现，标志着个体思维的发生。1.5~2岁是婴儿思维的发生时期[①]。

思维的发生意味着儿童的认知过程完全形成。思维的发生使婴儿认识事物、接受信

---

① 陈帼眉，冯晓霞，等. 学前儿童发展心理学. 北京：北京师范大学出版社：152.

息的能力迅速提高。

2. 婴儿思维发展的特点

1）以直观行动思维为主

直观行动思维又称为操作思维，是以实际操作解决直观、具体问题的思维。它与形象思维和抽象思维一起构成思维过程的三阶段。婴儿的思维离开具体的实际行动无法进行，每一步都和实际分不开，常常是在行动中感知、解决问题。比如，婴儿作画常常事先没有目的，即先做后想，或边做边想；婴儿只能抱着玩具娃娃才会玩"扮家家"的游戏，玩具娃娃不见了，游戏也就停止了。到幼儿期，儿童在解决问题的过程中有些行为就逐渐压缩和省略，行动逐渐概括化。

2）思维的内容和方式逐渐复杂化

由于依靠直接感知和实际行动进行，最初的思维对象仅仅局限于直接感知和相互作用的事物。因此思维的内容是表面的、片面的，从婴儿自身出发，所反映材料的组织程度很低，零碎无系统。随着思维活动的内化，思维开始在头脑内部进行，思维的内容逐渐间接化、复杂化。

3）语言在思维中的作用逐渐增强

0~1 岁是婴儿言语发展的准备期，1~3 岁是婴儿言语真正形成的时期。言语技能的掌握使婴儿的思维产生了突飞猛进的增长。在婴儿最初的思维中，语言只是行动的总结，往往在行动之后。随着年龄的变化，语言开始介入到行为过程中，并对行为的开展有推进作用。只是此时的思维发展仍然离不开直观形象，直观和行动在思维中还有相当大的比重。从发展的角度来看，动作和语言对思维的作用随着年龄的增长逐渐发生着变化。变化的规律是：动作在其中的作用由大变小，言语的作用则是由小变大。

三、观察婴儿的认知发展应注意的事项

观察的客观性是一切婴儿认知发展研究的最基本要求。可是，由于受到客观因素（如观察条件的复杂性、观察工具的准确性）、主观因素（如观察者的知识背景、观察者的观察方法）等多方面因素的制约，观察要真实地反映婴儿的认知发展特点并不是我们常想象的那般简单，需要注意一些问题。

（一）尽可能减少观察活动对婴儿的影响

在观察中，当观察者是一个陌生人时，观察活动本身往往会对婴儿产生一定影响，使得婴儿自觉不自觉地产生某些反应性心理或行为，从而产生种种反应性观察误差。因此，观察者要了解自然状态下的婴儿认知发展的状况，就必须善于控制自己的观察活动，或者与婴儿建立良好的关系，尽量减少或消除对婴儿的影响。

（二）注意观察与分析相结合

观察是要一边观察一边思考，抛开先入为主的观念，按照婴儿行为的本来面目进行反省，不漏掉细节，不急于下肯定性的结论。根据当时的具体情况，灵活地调整关注点，把注意力集中到能获得有价值的材料的重要因素上，不要为无关、次要的因素所纠缠，这样才能提高观察效率。但是，由于背景知识、经验的局限，观察者往往不能对现象进行客观的评判，那么就尽可能全面客观地记录下所观察到的现象。有时观察者不仅要记录幼儿行为本身，而且要记录行为的前因后果和环境条件。

【案例链接】

你能看出这个 2 岁的儿童正在做"数学题"吗？

扎伊达坐在沙盒里，拿起 4 件东西：一把汤勺大小的小铲子、一把半个杯子大小的中号铲子、一把大约两个杯子大小的大铲子和一个非常大的水桶。她把水桶放在两腿中间，把小铲子里装满沙。然后，她把沙倒进中号铲子里。她扔掉小铲子，捡起大铲子。然后，她把沙从中号铲子倒进大铲子里，最后倒进水桶里。她扔掉大铲子，捡起小铲子，开始重复这一过程。她继续这个过程直到桶满为止。她把水桶翻转过来，把沙倒出来。她站起来，在沙堆上跺了跺脚，走开了。

（三）及时做好记录

在观察过程中，对于诸多外来的信息，观察者如果光凭头脑来记忆，而不借助于其他手段，那么所观察到的信息日后就可能被淡忘，甚至完全消失。俗话说："好记性不如烂笔头"，这一道理在观察活动中同样适用。在观察过程中认真做好记录是非常重要的，这是科学观察与日常无目的观察的一个最重要的区别。

观察记录可以有两种方式：一种是当场记录，一种是事后记录。从准确性考虑，记录工作最好在观察的同时进行。这种记录丢失的信息少，许多细节的记录在当时认为意义不大，但在后来的分析中常常起重要的作用。观察记录的主要形式有笔记、照相、录像等，笔记是主要形式。为了做好现场的记录，还可以事先根据观察目的做好观察记录表。

另外一个记录的方法是一边观察一边用录音笔录下自己的口述，待观察结束后，再根据录音整理成文字资料。这是一个既能详细记录，又不会使眼睛忙不过来的好办法。

（四）多人或多次观察

婴儿心理行为不稳定，行为表现常带有偶然性。同时，在解读这些行为记录的时候，难免会受到一些偏见的影响。比如说，用成人的方式去理解婴儿的行为；或者观察记录者是婴儿的亲人，在面对自己的孩子时会不自觉地多记录孩子积极的一面。为避免受上述因素的影响，对婴儿的认知观察可进行多人或多组的同时观察。以便能相互印证，在一定程度上减少误差。

（五）保持中立原则

观察的目的在于获得有意义的经验事实，这要求观察者按照一定的方式将模糊的、杂乱的、无序的感觉材料组织起来。观察者的经验、知识背景等因素深深影响着对婴儿的观察结果。情感因素也可能影响对观察结果的客观陈述。如婴儿无意间的笑容在父母或陌生人眼里可能有不同的含义。从科学研究的角度来说，观察者必须有一个实事求是的科学态度，被观察的婴儿是什么情况就观察什么情况，记载什么情况，绝不能按照个人的好恶去任意增减或歪曲客观事实。只有严格保持态度的中立，才能保证观察收集资料的客观真实性。

【知识链接】

你知道观察法中这些神奇的仪器吗？

目光跟踪检测器：如可视照相机等。这些仪器主要用来测量婴儿是如何注意事物以及注意事物的时间长度的。研究者可以用所获得的信息评价不同年龄段婴儿注意的偏好程度。

瞳孔测量器：用来测量婴儿的瞳孔直径。婴儿按照要求观看屏幕或图片上的事物，屏幕上画面的清晰度以屏幕与婴儿眼睛的长度往往是一个常数。因此，婴儿瞳孔尺度的变化可以解释为由于屏幕画面或图片的刺激而引起的头脑积极活动的结果。据此，研究者可以判断婴儿的认知程度。

皮肤电阻测量器：这种仪器是用来测量人皮肤的电阻。研究者在婴儿身上装上能够监测身体电阻的电击棒，然后让婴儿观看视频、图案等刺激物。皮肤电阻测量器的理论依据是：人的生理变化会随着心理变化而相应发生改变。比如，随着人们情感的变化，汗流量会增加，从而增加了皮肤的电阻变化。从皮肤电阻的强弱，研究者可以推测婴儿对图案等刺激物的熟悉程度，进而判断婴儿的认知发展程度。

第二节 | 婴儿认知发展的评估标准

一、婴儿注意的发展测评

【案例链接】

每次到了吃饭时间，小真的妈妈总是头疼，因为每餐必上演的剧目就是喊着小真："你快一点吃行不行，再慢吞吞地吃就不让你看电视了。" 3 岁的小真就是一个这样的电视儿童，电视一开就看个没完，不给她看就会换来一阵大哭大闹，所以该吃的饭总要拖上一个多钟头才吃得完。小真平时玩玩具的习惯也很差，都没有办法持久地玩，喜欢这边玩玩、那边摸摸，爸爸用心买回来的益智玩具更是没办法玩出个所以然，但是，只要一看电视就不一样了，可以坐在那里很久都不吵不闹。小真妈妈对此相当苦恼，一直在想是不是小时候让小真看太多电视导致了这样的后果。

平日工作忙碌的他们，常常就放着让小真自己看电视，反正电视一开，小孩就神奇地不吵不闹。直到小真开始会说话，也比较听得懂话之后，小真妈妈才觉得应该开始买一些童书培养阅读习惯，却发现小真无法专心的情况非常严重，甚至没有办法乖乖看书，只愿意随便翻翻图片，然后又吵着要看卡通……

这个案例说明，3岁左右的婴儿已经具备了一定的注意力集中能力，但是她对于注意对象具有较强的选择偏好，喜欢选择那些形象生动鲜明的事物。当然看动画对于孩子来说并不是有利的注意对象，需要家长给以正确的引导和纠正。

（一）不同月龄段婴儿注意发展的特征

有研究表明：新生儿已经具备了注意的能力，这个能力基本上是先天的、无条件定向反射。注意力是学习的窗口，在人们的生活、学习和工作过程中，起着非常重要的作用。因此，了解婴儿注意发展的特点，对于照料和培养婴儿的良好习惯有着至关重要的作用。不同月龄段婴儿的注意发展特征见表5-2-1。

表5-2-1　婴儿注意发展特征表

月龄段	主要特征	注意发展表现
0～3	只有无意注意； 听觉注意强于视觉注意； 注意时间短	环境中具有强烈特征的物体才能被婴儿注意，如陌生或色彩鲜艳、可转动的物体等； 对声音刺激的反应明显强于图像刺激； 注意时间一般为几秒钟
4～6	注意范围有所扩大； 偏爱复杂的视觉对象； 出现对刺激的习惯化	喜欢注视母亲以及喜欢的食物或玩具等； 较多注视数量多而小的物体，对更复杂、更细致的物体保持更长的注意时间； 看到色彩鲜艳的图像时，能比较安静地注视片刻
7～9	注意对象和注意选择性范围扩展； 自身经验在注意中起到一定作用	开始对周围色彩鲜明、能响、能活动的东西产生较为稳定的注意； 选择性注意越来越受到知识和经验的支配； 对新异事物的兴趣增加，产生探索性行为和注意
10～12	注意时间变长	能注视某一东西超过10秒
13～18	注意时间更持久；对词意产生注意； 开始对图书、图片、儿歌、故事等产生兴趣	注视时间可以超过15秒； 当听到某个物品的名称时，会去注意那个物品； 对感兴趣的事物能够集中注意5～8分钟
19～24	注意开始受表象影响； 集中注意时间延长至8～10分钟； 有意注意有所发展	能安静地听成人讲5～8分钟的故事； 对三角形、圆形等简单的图片感兴趣； 逐渐能按照成人提出的要求完成一定简单的任务
25～30	有意注意成为主导； 集中注意10～12分钟	会留心别人的谈话； 不仅注意周围不变的事物，而且对事物的变化也很敏感； 集中注意达到10～12分钟
31～36	有意注意进一步发展； 注意时间延长至20～30分钟； 注意转移和分配能力提高	对自己感兴趣的事物可以保持一会儿注意； 可以主动地把注意从一个对象转移到另一个对象上

（二）婴儿注意发展的观察要点及方法

根据上述婴儿注意在不同月龄阶段的主要特征和表现，下表通过行为检核的方式来呈现婴儿注意发展的观察要点（见表 5-2-2）。

表 5-2-2　婴儿注意发展观察评估表[1]

姓名：_____　　　　性别：_____　　　　出生日期：_____　　　　观察时间：_____

月龄段	观察评估项目	是	否
0~3	当有发亮的或鲜艳的东西出现时，会发出声音或睁眼注视		
	偏好对称的物体超过不对称的物体		
	在清醒状态时可对周围环境中的巨响、强光等刺激有反应		
4~6	比较集中地注意人的脸和声音		
	看到鲜艳的图像时，能比较安静地注视片刻		
	喜欢注视母亲或喜欢的玩具		
7~9	开始对周围色彩鲜明、发响、能活动的东西产生较稳定的注意		
	看到吸引他的东西，以各种可能的移动方式到达目的地		
	随着大人的视线或手势而注意某人或某物		
10~12	能注视某一东西超过 10 秒		
	当大人边说边指某事物时会注意地看		
13~18	对有兴趣的电视内容能连续观看 8 分钟左右		
	对有兴趣的书、画报等能独自翻阅 5 分钟左右		
19~24	能安静地听成人讲 5~8 分钟简短的故事		
	对三角形、圆形等简单的图片感兴趣		
	逐渐能按照成人提出的要求完成一定简单的任务		
25~30	会留心别人的谈话		
	不仅注意周围不变的事物，而且对事物的变化也很敏感		
	集中注意达到 10~12 分钟		
31~36	能集中 15~20 分钟的时间来做一件自己感兴趣的事情		
	当成人要求他去做一件事情时，可保持几分钟，一会儿就转移		

二、婴儿记忆的发展测评

【案例链接】

　　我丈夫上班时打来电话，我让他和罗博说话，罗博很惊讶地看了一会儿，然后就转身向门望去。罗博想起当父亲不在家而又能听到父亲的声音是在父亲刚回家时。现在他听到了父亲的声音，根据以前的经验他认为父亲一定回来了，所以他就向门的方向望去[2]。

　　这是一个母亲对她 7 个月大的婴儿所做的日记。显然，7 个月大的罗博已经对父亲回家时的情景有所记忆了。在整个婴儿期，记忆能力发生着各种变化，变得越来越趋向完善。

---

① 周念丽. 0~3 岁儿童观察与评估. 上海：华东师范大学出版社，2013.
② 劳拉·E. 贝克. 儿童发展. 吴颖，吴荣先，等译. 南京：江苏教育出版社，2002：46.

（一）不同月龄段婴儿记忆发展的特征

英国哲学家培根曾说："一切知识的获得都是记忆，记忆是一切智力活动的基础。"当然，这样的说法可能存在偏颇，但也充分地反映了记忆在人类学习和生活中的重要的作用。因此，了解婴儿记忆发展的特点，对于婴儿其他认知能力的发展有着至关重要的作用。不同月龄段婴儿的记忆发展特征见表 5-2-3。

表 5-2-3　婴儿记忆发展特征表

月龄段	主要特征	记忆发展表现
0～3	无意识记为主；短时记忆为主；运动记忆为主	记忆随意性很大，感兴趣的、印象鲜明的事物才会激发其记忆；记忆时间短，基本属于本能反应；以各种动作、姿势、习惯记忆为主
4～6	长时记忆能力发展；视觉记忆有了抗干扰能力	开始认生，只愿意亲近与自己常接触的人；对母亲高兴时的脸和不高兴时的脸有不同的反应
7～9	长时记忆保持时间延长；搜寻物体的能力增强；出现大量模仿动作	能记住离开一星期左右的熟人；能记住物体藏匿的地点；会出现一些模仿成人的动作
10～12	出现面部表情模仿；知道常用物品摆放的位置及基本功用；能看到物体藏的位置后找到该物体	可以模仿身边熟人的面部表情；当饿了就会看奶瓶，当想玩时就会指妈妈每次带他出去带的包包等；能找到藏在自己身边的东西
13～18	开始出现初步的回忆能力；再认保持时间延长至十几天；可记住大部分自己常用物品的名称	喜欢藏东西，也喜欢帮成人找东西；能记住自己用的东西；模仿不在当时场景中看到的行为
19～24	稳定的延迟模仿能力；形象记忆出现	能模仿成人的声音；直接对事物的形状、大小、体积等具体形象记忆
25～30	有意识记萌芽；再认能力进一步发展	能够记住成人的一些简单委托，并付诸行动；可以记住一些歌谣、故事等；能够再认相隔几十天或几个月的事物
31～36	再认能力显著提高；再现能力开始发展	能认出 1 个月前见过的小朋友；能认出几天前看过的图片；可以简单哼唱几天前教过的歌曲

（二）婴儿记忆发展的观察要点及方法

根据上述婴儿记忆在不同月龄阶段的主要特征和表现，可通过行为检核的方式来呈现婴儿记忆发展的观察要点（见表 5-2-4）。

表 5-2-4　婴儿记忆发展观察评估表[①]

姓名：_____　性别：_____　出生日期：_____　观察时间：_____

月龄段	观察评估项目	是	否
0～3	吮吸母乳的婴儿，只要抱成固定的姿势，就会寻找奶头		
	当婴儿注意的物体从视野中消失时，他能用眼睛去寻找		

① 周念丽. 0～3 岁儿童观察与评估. 上海：华东师范大学出版社，2013.

月龄段	观察评估项目	是	否
4~6	开始认生，只愿意亲近与自己经常接触的人		
	已能记住经常抚爱自己的人，能把他们与陌生人区别开		
	对妈妈高兴时的脸和不高兴时的脸有不同的反应		
7~9	能记住妈妈的模样，见到妈妈时表现欢乐，甚至发出笑声		
	能记住离开一个星期左右的熟人		
	出现模仿动作		
10~12	知道常用物品摆放的地方		
	能找到藏在自己身边的东西		
	会指认熟悉人的五官		
	有丰富的表情模仿行为		
13~18	能记住自己用的东西		
	在照片中能辨认家庭成员		
	模仿不在当时场景看到的行为		
19~24	能模仿成人的声音		
	容易记住那些使他愉快、悲伤的事物		
25~30	能记住简单的儿歌		
	父母离开几个月后再回来时，能够再认		
31~36	能认出1个月前见过的小朋友		
	能认出几天前看过的图片		
	可以简单哼唱几天前教过的歌曲		

三、婴儿思维的发展测评

【案例链接】

在劳伦特出生7个月零28天的时候，我把一个小铃铛放在垫子后面。虽然这个铃铛很小，只要劳伦特能看到它，他就会试着去抓它。但是如果铃铛从视线中完全消失了，他就不再寻找了。

后来，我用手做遮挡物继续这个实验。正当劳伦特要伸长胳膊抓铃铛的时候，我用手挡住小铃铛，当时我的手五指张开，距离劳伦特15cm远时，劳伦特会立刻把胳膊缩回去，仿佛铃铛不再存在了一样。然后我晃动手，劳伦特聚精会神地看着，他非常惊讶于再次听到小铃铛的声音，但他没有尝试着去抓它。我拿开手，他看到了铃铛，又伸手去抓。但我通过变换手的位置来遮住小铃铛的时候，他又把手缩回去了。

这是皮亚杰对其子劳伦特的观察。如何解释劳伦特奇怪的行为？皮亚杰提出一个很大胆的解释：劳伦特不去寻找铃铛是因为他不知道铃铛还存在着。换句话说，他没有去寻找是因为他还没有能力对铃铛的存在形成心理表征。婴儿的思维似乎是"不见就忘"这句话最有力的提醒。

（一）不同月龄段婴儿思维发展的特征

思维是人类认识事物进而发现其本质规律的基础，思维能力是人的智力的核心因素。因此，了解婴儿的思维发展特点，对于婴儿整体认知能力的发展有着至关重要的作用。不同月龄段婴儿的思维发展特征见表5-2-5。

表5-2-5　婴儿思维发展特征表

月龄段	主要特征	发展表现
0～3	处于前思维阶段	没有获得真正意义上的思维
4～6	知觉性分类建立；自我中心特征明显；无整体目标	采用吮吸、抓握来认识各种材料； 会被临时出现的事物吸引注意
7～9	出现解决问题的简单策略；没有客体永久性概念	在一个地方找到东西后，东西被转移仍然坚持在一个地方找； 当一个玩具被其他东西遮盖住后，就认为玩具已经不在了
10～12	建立起客体永久性概念；能利用工具解决问题；出现试误行为	当一个玩具被其他东西遮盖住后，还会继续寻找； 可以通过拉动被单等方式拿到玩具； 通过尝试拿到不能够到的玩具
13～18	出现简单的概括行为；表现出初步的想象力	可以根据事物最鲜明、最突出的外部特征来进行概括； 会给布娃娃穿衣服、喂东西等
19～24	能够借助表象进行思考	能够知道物体的大小； 可以认识3种以上的颜色
25～30	开始出现初步的分类能力	可根据事物的具体特性进行分类，把同样颜色和形状的物体放在一起
31～36	出现初步的求知欲；分类和概括能力有所提高	出现"十万个为什么"的情形； 出现根据物品功能分类的现象

（二）婴儿思维发展的观察要点及方法

根据上述婴儿思维在不同月龄阶段的主要特征和表现，可通过行为检核的方式来呈现婴儿思维发展的观察要点（见表5-2-6）。

表5-2-6　婴儿思维发展观察评估表[①]

姓名：_____　　　性别：_____　　　出生日期：_____　　　观察时间：_____

月龄段	观察评估项目	是	否
0～3	可以建立简单的动作与结果的联系		

[①] 周念丽. 0～3岁儿童观察与评估. 上海：华东师范大学出版社，2013.

月龄段	观察评估项目	是	否
4～6	可以区别不同性别的脸		
7～9	会认为东西只在一个地方		
	东西被挡住就不再看		
	可从照片中认出妈妈		
10～12	喜欢将东西丢在地上，观察它到哪里去了，反复如此		
	可以把容器里的东西晃动出来		
	将系有绳子的玩具藏在手帕下，会拉绳子让玩具露出来		
	可以区别镜子里的其他儿童和自己		
	当听到大人说"不"之类的话时会停止其行为		
	能领悟一些简单的动作或手势而有所反应		
13～18	开始对数字感兴趣		
	假扮喂食的动作		
	能叠 2～4 块积木成塔		
	会故意敲打桌面引起响声		
	能指认 4 种动物的图片		
	会玩口哨、鼓等音乐玩具		
19～24	能叠 5～7 块积木成塔		
	了解位置关系——上下、左右		
	认识生活中常见的物体		
	认识 5～6 种以上的颜色		
	将圆形、三角形、正方形积木放入所属积木盒中		
25～30	能以游戏的方式来模仿成人的活动，假装某一社会角色		
	能叠 8～10 块积木成塔		
	能穿没有鞋带的鞋子		
	能区分物体的大小		
	在成人的帮助下，可以将常见两类物品进行分类		
	会简单的平面拼图		
	会和其他小朋友玩装扮游戏		
31～36	对周围事物好动、好问		
	会区分三角形、圆形、正方形等图形		
	懂得日用品的用途，能将吃的、穿的、用的东西区分开		
	知道 1～5 的实际意义		

续表

月龄段	观察评估项目	是	否
31～36	开始有想象的表现		
	会看图画书		
	可以在一堆东西中挑出最大的		
	幼儿之间开始对话		

第三节　婴儿认知发展观察与评估的常用方法

　　一个世纪以前，人们还认为婴儿的认知是一片白纸。近年来，得益于研究技术上的进步，以及研究者设计出的一些异乎寻常的精妙方法，对婴儿的认知发展的研究取得了令人瞩目的成果。研究者判断婴儿是否具有各项认知能力，以及认知能力的发展程度的常用方法有如下几种：观察法、实验法与谈话法。

一、观察法

　　观察法在儿童研究中具有悠久的历史，具有重要的作用。早期有关儿童心理发展的研究大多采用这种方法。由于婴儿在言语发展等方面还不够成熟，在观察过程中婴儿往往表现自然行为等原因，观察法成为婴儿心理发展研究最基本的方法。随着研究方法的丰富和完善，研究者逐渐发展出了不同的观察策略和观察手段。在婴儿认知发展的观察上，主要有如下几种。

（一）日记法

　　最早出现的观察形式是父母观察子女所做的日记记录。早在 1789 年，一个名叫提得曼的德国医生用日记的方式详细地将自己儿子 2 岁半前的所有行为进行观测和记录，并以书的形式出版了《儿童心理发展的观察》。这部书为婴幼儿的动作发展研究起了良好的开端。随后，达尔文也用类似的方式对自己的孩子进行了很长时间的观测记录，并在第二年将观察记录整理编写成《一个婴儿的传略》。达尔文的观察记录与提得曼的不同之处在于达尔文开始试图去寻找婴儿行为背后的原因。1882 年，普莱尔出版了《儿童心理》一书。该书奠定了普莱尔作为现代儿童心理学之父的地位。该书是由他对儿子 1～4 岁心理发展的观察日记整理而成。普莱尔较之前学者更进一步的是他开始使用一些科学的实验方法来进行儿童的行为观察。我国著名儿童心理学家陈鹤琴率先在我国采用观察日记法详细记录其长子陈一鸣的成长，整理编写了《一个儿童发展的顺序》。

　　日记式的观察记录可以为我们提供详尽的第一手系统资料，有助于了解观察行为随着时间流逝的发展情形，甚至可以提供观察行为在发展过程中的任何变化细节，有助于了解婴儿认知发展的复杂程度。但观察结果的普遍性受到一定程度的限制；同时日记法往往需要观察者拥有相当程度的耐力以及敏锐度。

（二）轶事记录法

轶事记录法关注的是婴儿情境中重要或突发行为的表现，这些行为表现可能与后续某些重要的结果有所关联。由于描述的是特定行为的表现，不需要对婴儿所有行为进行详细记录，故称为轶事记录法。观察者只要认为重要的或觉得有趣的婴儿行为，都可以随时随地记录下来。记录的时间通常是在行为的事后。

轶事记录法先对所要观察的行为要界定清楚，例如，观察前先界定清楚哪些行为属于婴儿"探索"行为，观察者随时等待婴儿，只要所判断的观察行为一出现，即开始记录，一直到行为结束为止，因此记录的内容以事件为主，详细忠实地记录该事件。它所关心的是事件本身的特征，而不是在预定时间内发生了多少次。轶事记录所得数据不像日记法那么详细丰富，但它往往能掌握重点，记录到精要的细节。轶事记录法对观察者的敏锐度要求较高，因为它需要观察者对婴儿的所有行为进行区别鉴定并进行准确的记录。如皮亚杰关于婴儿建立客体永久性的概念的行为观察。

（三）时间取样法

时间取样法是在预先设定的时间范围内观察并记录特定的行为表现的方法。这种方法适合观察发生频率较高的行为。该方法在 20 世纪 20 年代中期由欧森发明的，用于研究儿童在教室中表现出的习惯性紧张。在实际应用上，时间取样法是一种有效率且省时的观察与记录方法。它能在短时间内搜集到大量的数据，但无法得知观察时间内影响幼儿行为的原因。在婴儿的认知发展上，时间取样法常用于收集婴儿的注意行为（如转头、注视等）在设定时间范围内的频次。

（四）典型行为描述法

所谓典型行为描述，是观察者针对观察对象持续出现的行为，尽可能充分地描述发生的行为样貌、发生时的情境背景，以及行为发生时的所有参与人员等。典型行为描述主要针对发生在自然情境中的行为，观察者要避免干扰婴儿，充分地描述观察行为及其所有的背景因素，以利于后续对行为的解释与分析。

（五）评定量表法

评定量表是对一特定范围内的婴儿的行为进行一定数量化的区分，以用来记录观察行为的一种方法。例如，评定量表中将婴儿的好奇行为从"常常"到"从不"或从"非常好"到"有待加强"分成 3 个、5 个或 7 个等级，再由观察者依平时对婴儿的印象或当场对婴儿进行观察作判断性的评量。

在实际应用上，设计与使用的便利性是评定量表最大的优势，观察者只需最小程度的训练便能具体实施，且同时可以记录多种观察行为的表现，特别适用于评定观察行为在一定时间内出现的稳定性，因而此法在早教机构中使用较多。但也因观察者对评量项目的定义，常受限于主观的判断，再加上常常仅凭印象而非当场观察来进行，容易造成评量的偏差。

【名家名言】

　　唯有通过观察与分析，才能真正了解孩子的内在需要和个别差异，以决定如何协调环境，并采取应有的态度来配合幼儿成长的需要。

——蒙台梭利

二、实验法

实验法是指在控制的条件下系统地操纵某些变量，来研究这些变量对其他变量所产生的影响，从而探讨婴儿心理发展的原因和规律的研究方法。实验法是揭示变量间的因果关系的一种方法，实验结论可以由不同的实验者进行验证。

实验法可分为实验室实验和现场实验。实验室实验是在严密控制实验条件下借助于一定的仪器所进行的实验。例如，对婴儿图形记忆能力的研究可以采用实验室实验法，实验指标为再认率。在研究中，研究者先让 2～3 岁的儿童在电脑上看 15 分钟的图片，然后在电脑上依次呈现图片（其中一部分是看过的，一部分是没看过的），每张呈现 5 秒钟，若幼儿认为看过就按 Y 键，若认为没看过就按 N 键（在实验前要让幼儿熟悉按键）。实验结束后，我们就可以根据电脑记录的数据进行统计分析，从而得出 4～5 岁儿童图形记忆能力的水平和特点。

现场实验是在实际生活情境中对实验条件做适当控制所进行的实验。例如，研究游戏对婴儿情绪发展的影响就可以采用现场实验法。在实验前，先对实验组和对照组婴儿的情绪表达与控制能力进行测评。然后在接下来的两周中，控制组婴儿进行正常的幼儿园教育，而对实验组除了进行正常教育外，每天还要进行 1～2 小时的游戏活动。两周后，再对两组婴儿进行情绪表达和控制能力的测评，并比较两组婴儿的差异，从而得出游戏对婴儿情绪发展的影响。目前观察和评估婴儿认知发展的实验法常用如下 3 种。

（一）习惯化法

一般来说，新异的刺激能够引起婴儿行为反应的变化，这些变化包括婴儿头和眼的运动，呼吸和心率的变化等。当给婴儿反复呈现同一刺激若干次后，婴儿就不再注意该刺激，或者其注视时间明显变短，乃至消失。这表明婴儿对该刺激在注意一段时间后已不愿再注意了，这种现象称为习惯化。当习惯化出现之后，如果将原来的刺激变换为另一个新异的刺激，则其注视时间又会立即回到最初水平，即重新又引起婴儿的注意，这一过程称为去习惯化。因此，习惯化法实际上包括两个程序，一是习惯化，一是去习惯化。这是人类反射学习的最简单、最基本的形式。

习惯化法是研究婴儿认知过程中最常用的研究方法。采用习惯化法既可以有效研究婴儿的图形知觉、深度知觉等各方面的感知觉能力，同时又可以研究婴儿的注意特点以及保持、再认等记忆能力。例如，向婴儿反复地呈现一定结构的图形或一定色调的颜色块，时间久了婴儿就不会再注视它了，即出现习惯化。此时，改换呈现另一图形或颜色块，如果婴儿对新刺激重新表现出注视，则表明他具备了对该图形或色块的感知分辨能力；如果婴儿对新呈现的刺激并不注视，则表明他并不能分辨前后两种图形或颜色块间的差别，不能将其感知为两个不同图形或颜色块，所以不具备这一程度的感知觉分辨能力[①]。

【知识链接】

婴儿的注意

在一个新异刺激出现的最初阶段，婴儿表现出高度的注意，随着刺激的反复呈现，婴儿的注意开始下降，当刺激更换后，婴儿又重新表现出高度的注意。

（二）偏爱法

偏爱法是一种比较简单的实验程序。通过在婴儿面前同时呈现两个或多个物体或图形，考察婴儿对这两个或多个物体或图形的不同的注视时间（次数、每次长短），用来判断婴儿对某些物体的偏好。该方法还可同时分析婴儿的注意，对物体及其形状、颜色的区分，以及对形状、颜色的喜好、视敏度的发展等。

这种方法因主要运用于视觉通道，又常被称为"视觉偏好"。近年来，研究者突破这一定势发展了新的研究变式，将偏爱法用在听觉和触觉、味觉、嗅觉等通道上，并用此考察婴儿知觉的多通道问题。例如，在婴儿前面同时并列地放映两个电影，其中只有一个电影是有配音的。结果表明，4个月的婴儿明显地偏好带有声音的电影，他们对有声电影给予了更多的朝向和倾听，注意专注程度更高，注视时间更长。

偏爱法为研究婴儿的基本认知过程提供了十分有用的手段，但有些问题是偏爱法难以解决的。比如有研究者发现，7个月的婴儿对于十字形和圆圈形没有明显的偏爱差异，他们对于两种形状都注视了大致相同的时间。这样一个"无偏爱"的结果是采用偏爱法的程序难以解释的。婴儿不能区分被测试的两种图形，也可能意味着婴儿对两种图形同样有兴趣（或都没有兴趣），这需要结合习惯化法来进行研究。

（三）条件反射法

婴儿对条件刺激物形成某种稳定的行为反应，即建立了条件反射。如果一个条件反射能够建立，那么婴儿起码应具备对条件刺激进行再认的能力。而在研究中，研究者往往在婴儿形成了某个条件反射后，间隔一段时间再次呈现这一条件刺激，以观察条件反射是否再次发生。生活中人们为婴儿建立良好习惯，鼓励婴儿从事某种活动时，也常用此法。如放轻柔的音乐帮助婴儿建立睡眠规律等。

研究者曾用这种反应方式与习惯化方法结合起来考察婴儿对声音的辨别。具体的方法是，将空奶嘴与压力传感器相连，以便记录婴儿吸吮的强度和频率。当强度、频率达

---

① 郭力平. 学前儿童心理发展研究方法. 上海：上海教育出版社，2002：177.

到一定水平时，给婴儿音乐以强化。婴儿为了保持能够听到音乐就不断使劲吸吮奶嘴。但因总是吸不到奶，便可能产生厌烦情绪，吸吮的强度和频率下降，即出现习惯化。此时，再给以新的刺激（另一种声音），如果婴儿能区分这两种声音，那么他就会产生去习惯化行为，又开始用劲吸吮奶嘴。研究者还常使用这种方法考察婴儿对声音、图形及图形清晰度的辨别。例如，只有婴儿保持一定吸吮频率、强度时，才使所呈现的图形清晰或呈现一定的图形、声音，否则图形不清晰或呈现不喜欢的图形、声音。

三、访谈法

访谈法是以提问方式对婴儿心理发展进行有计划的、系统的间接考察，并对所收集的资料进行理论分析或统计分析的一种方法。根据研究的需要，可以对稍大点的婴儿进行直接访谈，也可以对熟悉婴儿的人（如父母、教师等）进行间接访谈。

在与婴幼儿的谈话过程中应注意：研究者事前要熟悉婴幼儿，并与其建立亲密关系，谈话应在愉快、信任的气氛中进行，使婴幼儿乐意回答研究者的问题；提出的问题一定要明确，婴儿易于理解和回答，问题数量不宜太多，以免引起婴儿疲劳和厌烦；谈话内容应及时记录，也可使用录音或摄像设备，便于以后的资料整理与核实。

皮亚杰开创的临床谈话法就属于访谈法的范畴，它是皮亚杰研究儿童认知能力的最重要的方法。临床谈话法中，他将对儿童的观察与儿童摆弄、操作实物（如玩具、积木等）、谈话结合，取得了很好的研究效果。例如，在考察幼儿的思维是否具有可逆性时，皮亚杰问一个 3 岁男孩："你有兄弟吗？"答："有。"问："他叫什么名字？"答："吉姆。"问："吉姆有兄弟吗？"答："没有。"这说明该儿童思维具有不可逆性。临床谈话法的实质在于灵活性，即研究者可以根据对儿童的观察，自由改变预定的程序，从而灵活运用各种未经预先规定的方法，来探究儿童的反应。对于有经验的研究者，临床谈话法是在新的研究领域中探讨所要研究的现象与问题的一种十分有效的发现式方法与过程，也是一种优秀的诊断技术。它可以准确地了解某个婴儿的概念和想法，如守恒概念、关系概念、分类概念等；通过高度标准化的研究过程反而很难获得同样的结果。临床谈话法的使用范围也非常广。

【知识链接】

关于临床谈话法的论述

我们认为，在儿童心理学领域使用临床法，正如心理病理学一样，初学者需要至少一年的日常实践才能度过杂乱摸索的阶段。在对孩子提问时，不能说得太多，也不能含有暗示，这是很难做到的。尤其困难的是，要在预先考虑好的系统观念与由于缺乏具体假设而致的杂乱无章之间，找出一条中庸之道。一个优秀的研究者必须具备两种似不相容的品质：他必须知道怎样观察，也就是说，让儿童自由自在地讲话，使他们无所顾忌，毫不犹疑；同时，他又必须善于时刻警觉地捕捉有关的要素，在他的头脑里必须时时刻刻存在着所要探讨的某种假设或某种理论，不管它们是对的还是错的。鉴于临床法运用时的诸多困难，新手应受到一定的训练。

第四节 婴儿认知发展的观察与评估举样

案例一：

劳伦特（1岁4个月零5天）坐在桌边，我把一个面包罐放在他面前手拿不到的地方。在他右边我还放了一根长25cm的小棒。起初劳伦特没注意到旁边这个工具，就伸出手想去抓面包，然后他停了下来。接着我把小棒放在他和面包之间；小棒没有碰到面包，然后暗示了一个不可否认的视觉建议。劳伦特看看面包，他没有动，又很快看了下小棒，然后突然抓住小棒，朝面包那边伸过去。但是他把小棒伸向面包中间的部位而不是靠他近的那一头，因此无法得到它。劳伦特把小棒放下，再次把手向面包伸过去。然后，他在这个动作上没花多少时间，就又把小棒捡了起来，这次他把小棒伸向了面包的一头（是偶然的，还是有意识的？），想把面包拨过来。他先是很简单地用小棒碰了下面包，好像这样一来面包就会移动似的，不过至多过了一两秒钟，他开始专心地拨动面包了。他先把它移到右边，然后毫无困难地拨到了身边。以后约两次也产生了同样结果[①]。

评价：从上述观察记录中，我们发现劳伦特不仅通过尝试把已经学会的身体动作组合起来，而且还通过内部心理组合来获得达到目的的新手段。

案例二：

劳伦特（3个月29天）抓起一把他首次看到的铁勺；他看了一会儿后便用右手握着刀挥舞起来，挥动中勺子碰巧擦到了摇篮上的柳条发出声音。后来劳伦特还使劲舞动胳膊，显然想再弄出刚才听到的声音，不过他不知道要听到声音必须要使勺子碰到柳条，结果他只能偶然才能碰出一点儿声音。

在劳伦特4个月零3天时，同样的反应，不过当裁纸刀碰巧擦到摇篮上的柳条时，他注意地看着。4个月零5天时，仍然发生同样的反应，但反应在减少盲目性上有了小小的进步。直到4个月零6天时，这一活动变得有目的、有意识了。劳伦特将裁纸刀一拿到手里就毫不犹豫地去摩擦摇篮上的柳条。后来，他又用他的娃娃、拨浪鼓做同样的动作。

评价：在这一观察记录中，我们看到了目的性活动的发端，劳伦特开始有意识、有组织地对他周围的世界造成小小的影响。在这一早期阶段，皮亚杰认为动作就是思维。

案例三：

杰奎琳（7个月28天）企图抓住被子上的一只玩具小鸭子。她几乎就要抓住它了。这时，她摇晃了几下，鸭子滑到她身旁，非常靠近她的手，但在床单的一个折叠处的后面。杰奎琳本一直用眼睛追随小鸭子的运动，甚至把手伸出来准备去抓，然而，这时她看到小鸭子不见了——什么也没了。虽然其实鸭子落下的地方很近，也很容易去抓，但她没有到床单的褶皱处后面去找（她只机械地把床单扭作一团，根本没有找）。然而，她好奇地再一次像抓鸭子时似地搅动床单，同时注意着被子面上。

---

① [美]R. S. Siegler. 儿童思维发展. 刘电芝，等译. 4版. 北京：世界图书出版公司，2006.

然后，我把鸭子取出来，三次放到接近她的小手处，每一次她都想抓住它，但每当她快要抓到时，我都把鸭子抢过来，当着她的面明显地放到床单下面去。杰奎琳立刻缩回手，放弃追求。第二次和第三次时，我想指导她从床单下取出鸭子，但她只是抖了抖床单，而不去掀起它。

　　杰奎琳（10 个月 18 天）坐在床垫上，没有任何东西可打扰她或分散她的注意（床上一无所有）。我把她手中的玩具鹦鹉拿过来，连续两次放在她左边的床垫下边 A 处。每次，她都立刻开始寻找玩具，并从床垫下把它抓出来。然后，我当着她的面，慢慢地把鹦鹉拿出来，放在她右边的床垫下 B 处。杰奎琳十分专注地注视我的动作，但当玩具在 B 处消失时，她却转过身去，到左边以前曾藏过玩具的 A 处去找。

　　然后，我又连续 4 次把玩具直接藏到 B 处（而不再先藏在 A 处）。杰奎琳每次都注意地看，然而每次，她还是企图到 A 处去找回玩具。她把床垫掀起来仔细观看，可最后两次，她渐渐失去了寻找的兴趣。

　　评价：从上述典型行为观察记录中，我们可以清晰地看到杰奎琳关于客体永久性概念的建立过程。

　　案例四：

　　对这个婴儿的个案观察历时 9 个月，他在母亲怀孕 32 周时早产出生。

　　婴儿姓名：Mark

　　环境：家中

　　第一次观察

　　时间：1993 年 10 月 1 日

　　开始时间：上午 10:30

　　结束时间：上午 11:00

　　观察记录：

　　Mark 仰卧在他的小床上，双臂平摊开来，头在正中间。当把他竖直地抱起来放在护理垫上时，Mark 的头向后坠，需要支持。妇产科医生脱光 Mark 的衣服，称他的体重——3.6kg。医生让 Mark 俯卧着，Mark 转动头部看他的母亲。

　　Mark 开始哭，他妈妈把他翻过身来，一边给他穿衣服，一边和他说话。Mark 安静下来，专注地看母亲的脸。妈妈做了一个小试验——把舌头伸出来搅动，一会儿之后 Mark 重复了她的动作。

　　妈妈准备给 Mark 哺乳。当妈妈的乳房挨近时，Mark 转头迅速占据了奶头。他吮吸了 5 分钟，吸得很好。在吮吸过程中，他偶尔发出哼哼声，脚趾头惬意地蜷了起来。在结束喂奶时，Mark 专注于妈妈的脸，当妈妈对他说话时，他微笑。

　　评价：Mark 的体重相当于新生儿的平均体重。从妊娠期来说，Mark 是个新生儿，但他实际已经出生 8 周了。他被抱出小床时头颈部发育迟缓的表现也更近似于新生儿，而非 8 周的婴儿。其认知发展水平介于新生儿与 8 周婴儿之间。

　　第二次观察

　　时间：1994 年 2 月 7 日

开始时间：下午 2:15

结束时间：下午 2:50

观察记录：

Mark 正俯卧在护理垫上。当他听到厨房里传出为他准备食物的声音时，他用前臂支撑起上半身环视房间。妈妈走进房间，当她抱起 Mark 把他放在婴儿椅上时，他发出咯咯声。在母亲的扶持下，Mark 坐得相当端正。在享受母乳前，他吃下了蔬菜泥。

哺乳结束后，妈妈让 Mark 站在她的大腿上。Mark 用双腿支撑身体的重量，在母亲的腿上小小的弹跳了几下，而后依偎在母亲的胸口。几分钟后，Mark 开始扭动，于是妈妈让他再次俯卧在护理垫上，他用前臂撑起身子四处看，而后开始哭泣。妈妈让他翻身仰卧，并给了他一个摇铃。Mark 拿了几秒钟，摇铃就掉下来了。他再度哭起来，于是妈妈给他换了尿布，把他放上床让他睡觉。他继续"抱怨"了一会儿之后入睡了。

评价：Mark 在支持下能够坐稳，能够识别熟悉的声音并作出反应，但不能长时间握住摇铃，说明其认知发展有一点滞后。

第三次观察

时间：1994 年 5 月 5 日

开始时间：中午 12:30

结束时间：中午 12:50

观察记录：

Mark 刚从他上午的睡眠中醒来，他坐在小床中发出叫声。当妈妈走进房间时，他停止了大叫，伸出胳膊以便被抱出去。

妈妈把他放在护理垫上，拿走湿透的尿布。Mark 扭动着，翻过身来。妈妈重新让他仰躺着，给了他一只玩具鸭子。Mark 拿着看了一会儿，把他塞进嘴里。妈妈带他到楼下，让他坐在电视机前的地板上。Mark 坐得很稳，但随后他探身去拿玩具砖块时摔倒了，他哭了起来，以便得到帮助能再坐起来。

妈妈让他坐在高脚椅中，并给了他一片土司，Mark 拿起来开始往嘴里送。

评价：Mark 能自己坐起来寻求注意，能够翻身，能独坐较长时间，但伸手够玩具时失去了平衡。Mark 尚不能站立和爬行。说明 Mark 的认知发展情况略落后于同年龄儿童的水平。

第四次观察

时间：1994 年 8 月 6 日

开始时间：下午 2:30

结束时间：下午 3:00

观察记录：

Mark 坐在地板上，玩一个包起来的包裹。他努力地把包装纸拉掉，把纸片放在嘴里。妈妈叫他，于是他转身看着她，而后爬过去，用力拉着她的裙子站起身来。他扶着靠背长椅缓缓地向前走，抓起了一个皮球。当皮球滚下长椅，他没有急着去抓，而是伏回地板上后在皮球后面爬。

敲门声响起，Mark 转过身去看是谁来了。当他爸爸进门时，他发出喜悦的尖叫声，并伸出胳膊要抱抱。他在爸爸的怀中愉快地扑腾，并发出"da-da-da"的叫声。

妈妈走向门口并叫 Mark，Mark 停下了和爸爸的亲昵，转过头来看着她。

"你想喝饮料吗？"妈妈问。

"饮料。"Mark 回答。

妈妈走出房间，返回时带来用喂食杯装的一杯果汁。Mark 用两只手捧着杯子喝下了果汁。

评价：Mark 对自己的名字作出回应。会用杯子喂自己喝果汁。当东西掉落时，他会先看看它到哪里去了，再爬过去追。开始牙牙学语，并能说几个单词。Mark 的认知发展水平已经追上了同龄儿童的发展水平。

【拓展阅读】

婴儿注意集中时间记录表范例如表 5-4-1 所示，婴儿注意偏好客观记录表范例如表 5-4-2 所示。

表 5-4-1　婴儿注意集中时间记录表

项目	独自玩耍	有成人陪伴	平均时间
看电视			
看图书			
看图片			
玩玩具			
平均时间			

表 5-4-2　婴儿注意偏好客观记录表

观察对象	旧事物		新事物	
	注意时间	注意方式	注意时间	注意方式
颜色鲜艳	例：3 秒	例：看	例：7 秒	例：用手去够
颜色灰暗				
能发出响声				
不能发出响声				
能活动				
不能活动				

第 六 章
婴儿情绪发展的观察与评估

【本章学习目标】
1. 掌握婴儿情绪发展的类型和特点，为解释婴儿行为提供理论支撑。
2. 掌握婴儿情绪发展的观察与评估方法，为科学进行观察奠定基础。
3. 了解影响婴儿情绪发展的基本因素，为科学保育和教育提供依据。

【本章学习建议】
　　本章主要介绍了婴儿情绪的形成、发展、类型及其影响因素，同时全面阐述了婴儿情绪观察与评估的基本方法，学习时应关注周围婴儿的实际，以及相关的案例分析，带着问题入手，全面地将婴儿情绪观察的相关内容内化为自己的理解。

【案例分析】
　　华生以一名 9 个月大的婴儿艾尔伯特（Albert）为被试者。实验开始时，小艾尔伯特对巨大声响表现出本能的恐惧反应，而对于兔子、白鼠、狗和积木等并不害怕。实验过程中，研究者反复向艾尔伯特同时呈现白鼠和巨大声响。在白鼠与声音总共 7 次的配对呈现后，即使不出现声音时，艾尔伯特也对白鼠表现出极度的恐惧。随后研究者发现，小艾尔伯特对白鼠的恐惧泛化到了许多相似事物上：他开始对狗、白色皮毛大衣、棉花、华生头上的白发以及圣诞老人面具等毛茸茸的东西都感到恐惧。并且，在停止实验31天后，艾尔伯特的恐惧仍未消退。

　　上述实验显示，婴儿虽小，但已经具有了本能的恐惧情绪反应，在后续的一定条件反射程序作用下，他们也会习得恐惧情绪，并且具有跨情境的稳定性，这说明了习得的情绪具有持久性，会长久地影响到一个人的生活和成长。

第一节 | 婴儿情绪发展概述

一、情绪的含义、种类与功能

（一）情绪的含义

中国有俗语说"人非草木，孰能无情"。人们对于喜欢、哀伤、愤怒、恐惧、激动等情绪都有着切身的体验。因为这些体验都是由人们与客观事物相互作用的需要满足与否的感受状态发展而来，因此许多普通心理学研究或著作中把情绪定义为"人对客观事物的态度与体验"或"人对客观事物与其自身需要的关系的反映"。

近年来，情绪研究专家研究认为人的情绪不仅包含主观体验，还包含生理激起和外显表情，并且这3种成分不可分割。基于此，有学者把情绪定义为"一种由客观事物与人的需要相互作用而产生的包含体验、生理和表情的整合性心理过程"[1]。

【知识链接】

情绪和情感的联系与区别

情绪和情感指的是同一过程和同一现象，只是分别强调了同一心理现象的两个不同的方面。情绪代表着感情反应的过程，也就是脑的活动过程。从这一点来说，情绪这一概念既可以用于人类，也可用于动物。情感则常被用来描述具有深刻稳定的社会意义的感情，情感代表的是感情的内容，即感情的体验和感受；情绪代表的是感情的反应过程。情感通过情绪来表现，离开了情绪，情感也就无法表达了。和情绪相比，情感具有更大的稳定性、深刻性和持久性。

（资料来源：北京师范大学出版社. 心理学专业基础. 北京：北京师范大学出版社，2010：94.）

（二）情绪的种类

从生物进化的角度，可以把情绪分为两类：基本情绪或称原始情绪，以及复合情绪。基本情绪是人和其他动物共有的，包括4种基本形式：快乐、愤怒、悲哀和恐惧。复合情绪是在基本情绪的基础上组合、衍生而来，一般为人类特有，如厌恶、嫉妒、悔恨、羞耻、喜欢、怜悯等。

（三）情绪的功能

情绪虽然是人们的一种不学自能的心理过程，但也具有强大的心理和社会功能。目前心理学研究成果中关于情绪的功能概括起来有以下几种[2]：

1. 情绪的信号功能

情绪是人们社会交往中的一种心理表现形式。情绪的外部表现是表情，表情具有信号传递作用，属于一种非言语性交际。人们可以凭借一定的表情来传递情感信息和思想愿望。心理学家研究了英语使用者的交往现象后发现，在日常生活中，55%的信息是靠非言语表情传递的，38%的信息是靠言语表情传递的，只有7%的信息才是靠言语传递的。表情是比言语产生更早的心理现象，在婴儿不会说话之前，主要是靠表情来与他人交流的。表情比语言更具生动性、表现力、神秘性和敏感性。特别是在言语信息暧昧不

[1] 乔建中. 情绪研究：理论与方法. 南京：南京师范大学出版社，2003：9.
[2] 史忠植. 认知科学. 合肥：中国科学技术大学出版社，2008：424-425.

清时，表情往往具有补充作用，人们可以通过表情准确而微妙地表达自己的思想感情，也可以通过表情去辨认对方的态度和内心世界。

2. 情绪的健康功能

人对社会的适应是通过调节情绪来进行的，情绪调控的好坏会直接影响到身心健康。常听人们叹息"人生苦短"，在一般人的生活中，常是苦多于乐，在喜怒哀乐爱惧恨中，正面情绪占3/7，反面情绪占4/7。情绪对健康的影响是众所周知的。积极的情绪有助于身心健康，消极的情绪会引起人的各种疾病。我国古代医书《内经》中就有"怒伤肝，喜伤心，思伤脾，忧伤肺，恐伤肾"的记载。有许多疾病与人的情绪失调有关，如溃疡、偏头痛、高血压、哮喘、月经失调等。有些人患癌症也与长期心情压抑有关。一项长达30年的关于情绪与健康关系的追踪研究发现，年轻时性情压抑、焦虑和愤怒的人患结核病、心脏病和癌症的比例是性情温和的人的4倍。所以，积极而正常的情绪体验是保持心理平衡与身体健康的条件。

3. 情绪的激励功能

情绪能够以一种与生理性动机或社会性动机相同的方式激发和引导行为。有时我们会努力去做某件事，只因为这件事能够给我们带来愉快与喜悦。从情绪的动力性特征看，分为积极增力的情绪和消极减力的情绪。快乐、热爱、自信等积极增力的情绪会提高人们的活动能力，而恐惧、痛苦、自卑等消极减力的情绪则会降低人们活动的积极性。有些情绪同时兼具增力与减力两种动力性质，如悲痛可以使人消沉，也可以使人振奋。

4. 情绪的心理活动组织功能

情绪是心理活动的组织者，情绪对认知活动的作用，只用"驱动"来描述是不够的，情绪可以调节认知的加工过程和人的行为。情绪自身的操作可以影响知觉中对信息的选择，监视信息的流动，因此情绪可以驾驭行为，支配有机体同环境相协调，使有机体对环境信息做出最佳处理。同时，认知加工对信息的评价通过神经激活而诱导情绪。在这样的相互作用中，无论情绪或认知，作为心理的东西，都以其内容而起作用。所不同的是，认知是以外界情境事件本身的意义而起作用；而情绪则以情境事件对有机体的意义，通过体验快乐或悲伤、愤怒或恐惧而起作用。它们之间根本性质上的区别所导致的后果在于情绪具有动机的作用，能激活有机体的能量，从而制约认知和行动。就此而言，情绪似乎是脑内的一个监测系统，调节着其他的心理过程。

【知识链接】

健康的情绪[1]

一、诱因明确

情绪的发生与发展必须要有明确的原因，这是健康情绪的重要标志。无缘无故的喜，无缘无故的怒，以及莫名其妙的悲伤与恐惧等都是不健康的情绪。

---

[1] 中国医科大学医学心理学教研室. 医学心理学基础. 沈阳：中国医科大学心理学教研室. 1985：45-46.

二、反应适度

情绪的发生不仅要原因明确，而且要反应适度。所谓反应适度，就是刺激强弱与反应强弱成正比，即刺激强就反应强，刺激弱就反应弱，这是健康的情绪；反之，弱刺激反应强，强刺激却反应弱，这就是情绪不健康了。

三、稳定而又灵活

情绪一旦发生，开始反应比较强烈，而后随着时间的推移，反应渐渐减弱，这是健康的情绪。如果情绪发生之后，顿时减弱，变化莫测，即为情绪不稳；反之，如果情绪发生之后，减弱过缓，甚至情绪"固着"，则是情绪变化不灵活。这两种情绪都是不健康的。

四、情绪的自制性

健康的情绪是受自我调节和控制的，所以人们可以情绪转移，可以掩饰情绪，也可把消极情绪转化为积极情绪，还可以把激情转化为冷静等；不健康的情绪则不易调节和控制，一旦激情爆发，有如脱缰的野马，不可驾驭，如果是消极情绪还会酿成不良后果。

五、情绪的效能

情绪乃是人们适应环境的重要心理机能，健康的情绪可以使人达到良好的适应水平。为此，情绪的指向性应当是对人、对事、对自己都是有益的事物。比如说，激情爆发可以毁物伤人，这不能说是健康情绪，而激情发生，见义勇为，则为健康情绪。而且，情绪要产生积极的效能，达到良好的适应，就不能只停留在内心体验上，而应当变成积极的、增力的行为，向有益于身心健康的方向发展。

二、婴儿情绪的表现形态

如前所述，人的情绪有不同种类，基本的情绪有 4 种：快乐、愤怒、悲伤和恐惧。在婴儿阶段，这几种基本的情绪表现为笑、哭、恐惧和焦虑。

（一）笑

笑是最基本的积极情绪，也是婴儿与他人交往的基本手段。婴儿的笑是纯洁澄澈的。在婴儿的笑容面前，极少有人会无动于衷。笑，使婴儿和父母之间建立起了越来越深厚的感情联系。由笑而带来的愉快氛围又是有力促进婴儿身心健康成长的催化剂。

婴儿的笑比哭发生的要晚，是婴儿愉快情绪的表现。婴儿的笑有发生和发展的阶段，在不同的阶段里有不同的表现形态。

1. 自发性的笑

从出生到第五周，婴儿的笑属于一种生理表现，这种笑的发生和体外的事情基本上毫无关联，完全是内源性的，因此被称为自发性的笑。不少父母都曾留意过刚出生时的宝宝，可能会发现安睡中的宝宝突然会表现出一种仅仅动嘴的"嘴的微笑"。出生一周左右，有时候新生儿在清醒时，也会本能地嫣然一笑，这种笑最初也是生理性的，是反射性微笑。

2. 诱发性的笑

诱发性的笑一般发生在 5 周以后，它与自发性的笑不同，是由外界刺激引起的，分为反射性微笑和社会性微笑。

（1）反射性的诱发笑。反射性的诱发笑又称为无选择的社会性微笑。这种笑一般出现在出生后第 5～15 周之间。这一时期成人会发现，婴儿睡着时，成人温柔的抚摸会诱发他甜甜地笑；或者婴儿清醒时，成人逗引也会诱发其微笑的反应。这一时期婴儿的笑不选择对象，因此又称为无选择的反射性诱发笑。

（2）社会性的诱发笑。从第 15 周尤其是 17 周开始，婴儿的微笑有了进一步的发展，开始对不同的人有不同的微笑。和婴儿朝夕相处、日夜辛劳的人们此时会无比欣慰地看到，比起那些和婴儿不太熟识的人来说，自己得到的微笑更多、更美。婴儿在熟悉的人面前展现的是无拘无束的笑，特别对母亲笑得最欢，而在陌生人面前，婴儿则显示出一种带有警惕性的注意，笑得越来越少，也越来越拘谨。因此这种笑是有选择性的，又称为有选择的社会性微笑。

（二）哭

哭是婴儿最先有的情绪表现方式，也是婴儿最拿手的沟通手段，是不愉快情绪的表达。据研究，婴儿的哭一般可以分为下面几种情况[①]：

1. 饥饿的哭

婴儿饥饿的哭是有节奏的，通常伴有闭眼、号叫、双脚乱蹬的动作。这种哭从婴儿出生就开始了，并且在第一个月内有一半的哭是由饥饿或干渴引起的，这种情况在婴儿半岁以内一直比较突出。父母等养育者听到这种哭声应马上给婴儿喂食。

2. 疼痛的哭

婴儿疼痛的哭的最显著特征是很突然，事先既没有呜咽，也没有缓慢的哭泣。通常他是先拉直嗓门连续大哭数秒，接着是平静地呼气、再吸气、又呼气。这种形式的哭也是一出生就有了。养育者听到这种哭声应当充满怜爱地去抚慰婴儿。

3. 发怒的哭

发怒的哭也是婴儿初生时就具有的。由于发怒时吸气过于用力，哭声往往显得失真。比如，刚生下来的婴儿如果被包裹得过紧而使活动受到限制的话，他会激怒地哭起来。

4. 惊恐的哭

惊恐的哭是由于婴儿受到惊吓、产生恐惧导致的反应。这种哭也在婴儿初生时就有了。婴儿惊恐的哭声强烈、刺耳，还伴有间隔时间较短的号叫，让人一听就知道婴儿受

① 林崇德. 中国独生子女教育百科. 杭州：浙江人民出版社，1999：385-386.

到惊吓了。比如，在婴儿安静地睡觉时，突然出现的高声会使他受惊而大哭。养育者听到这种哭声应立刻采取措施进行安抚。

5. 不满意的哭

不满意的哭或不称心的哭，这种哭声的特点是婴儿在无声中开始哭泣，而且哭得悲悲切切、持续不断。在这种情况下，养育者需要细心观察，弄清婴儿哭的具体诱因。

6. 招引成人的哭

招引成人的哭声通常从婴儿出生第三周开始，这种哭声的特点是先是长时间"哼哼唧唧"，声调低沉单调、断断续续；如果一直未能得到成人关注，婴儿就会开始大哭起来。

（三）恐惧

恐惧是一种消极情绪。在各种各样的情绪中，恐惧是最有压抑作用的，因而对婴儿的身心健康也最有害。在恐惧情绪的笼罩下，婴儿会感到极度的紧张，产生逃避和退缩行为。过度恐惧还会使婴儿出现肌肉紧张，导致身体僵化、动作笨拙甚至呆板不动。恐惧还能使婴儿对事物的认识活动受到抑制。不过，同前面提到的"哭"一样，恐惧除了具有消极作用外，对于婴儿适应生存也有其特殊的意义。当危险事物来临时，恐惧可以作为警戒信号促使婴儿躲避灾难，呼唤亲人的帮助，及时得到亲人的安慰。从出生开始，婴儿的恐惧发展经历如下几个阶段：

1. 本能的恐惧

婴儿天生就有作出恐惧反应的能力。初生的婴儿在听到巨大声响、从高处掉下来、疼痛等情况下，都会表现出恐惧情绪来，这是不学而能的。看到婴儿出现恐惧的表情，父母总会加以安慰并迅速去除那些会引发恐惧的东西。

2. 与知觉和经验相联系的恐惧

大约从婴儿 4 个月开始，出现了与知觉发展和经验相联系的恐惧。被针扎过、被小狗咬过等不愉快的经历会给婴儿留下恐惧的经验，使他再看到同样事物时产生恐惧反应。比如，多次打防疫针而疼痛的经验会使婴儿从最初开始的不知针为何物时的无所谓变得见针就怕。

3. 对陌生人的恐惧

在婴儿 5～6 个月时，已经能够比较好地分清熟人和陌生人，于是出现了对陌生人的恐惧，也就是人们常说的"怕生"。父母会发现，当陌生人走过来时，刚才还好好的婴儿立刻换上了警觉的表情，并且明显地不愿意和陌生人接近。这种情况常使父母在亲朋好友面前显得脸上无光，在对大人表示歉意的同时，无可奈何地对婴儿表示出自己的不满。父母还会发现，这个阶段的婴儿惧怕的东西越来越多了，不仅害怕陌生的人，还害怕陌生的东西，害怕生活中出现的新情况。

4. 预测性恐惧

预测性恐惧或称"想象性恐惧"。怕黑、怕想象中的一些动物，如天黑时怕大灰狼、毛猴子到来等，属于这种情况。通常在 1 岁以内的婴儿身上还见不到这种恐惧。到 1.5～2 岁时，随着想象能力和预测、推理能力的发展，婴儿具备了产生预测性恐惧的条件。如果父母或其他家人教育不当，经常使用黑暗和某些动物、魔鬼等东西来吓唬婴儿的话，更是极易产生这种恐惧，使孩子越发变得胆小。

（四）焦虑

焦虑也是一种消极的情绪状态，婴儿的焦虑往往与所处环境的无助状态相联系。通常表现为分离焦虑和陌生人焦虑。

1. 分离焦虑

分离焦虑是婴儿与其依恋对象分离时产生的一种消极的情绪体验。有分离焦虑的孩子通常有几点表现：黏人、看不到父母就哭、尤其喜欢爸爸或妈妈、害怕陌生人、夜晚醒来会因为妈妈不在而哭闹、很喜欢被抱在怀中。

分离焦虑与孩子的不安全感有关，不同的养育环境和文化使孩子出现分离焦虑的情绪有早有晚，一般是出生后的 5～7 个月之间产生。长时间分离焦虑得不到缓解会导致婴儿抵抗力下降、心理怯弱等身心问题，因此养育者应积极应对。

2. 陌生人焦虑

出生六七个月左右，婴儿开始"怕生"，事实上就是一种陌生人焦虑。它是指婴儿在出生后 6～8 个月时，对陌生人有一种恐惧。当陌生人接近他时，最初的反应是好奇、注意陌生人的面孔，观看 15～30 秒，婴儿知觉到这面孔是不熟悉的面孔时，开始显现出紧张、排斥、恐惧、退缩、逃避、哭泣的行为反应。

三、婴儿情绪发展的影响因素

婴儿的情绪对婴儿生理健康、心理发展、人际关系、个性形成等各方面都有着极其重要的作用。因此，如何促进婴儿情绪的健康发展，对个体生活、生长有着非常意义。在促进婴儿情绪健康发展、培养良性情绪发生和调控机制过程中，养育者需要首先了解和把握的是影响婴儿情绪发展的因素。

影响婴儿情绪发展的因素可以分为内部影响因素和外部影响因素。内部影响因素包括婴儿的天性或气质以及在情绪调节过程中产生并起支持作用的神经生理系统；外部因素包括抚养者塑造婴儿的情绪反应并使其社会化的方式，以及婴儿和抚养者在重要的互动过程中发展出来的联系[1]。

（一）婴儿情绪发展的内部影响因素

1. 婴儿的天性或气质

关于婴儿天性和气质对婴儿情绪发展的影响是已经被研究证明了的。情绪理论研究

---

[1] [美] 詹姆斯·格罗斯. 情绪调节手册. 桑标，马伟娜，邓欣媚，等译. 上海：上海人民出版社，2011：221.

学者罗斯巴特（Rothbart et al.，2000）[①]认为新生儿最初的反应是以其对不同强度感官刺激的生理和行为反应为特征的。这种反应在婴儿出生时就已经出现，并表现出相对的稳定性。此外，婴儿最初会在视听阈以及对能够引发消极情绪的刺激反应水平上有所不同。这种最初的情绪反应（以对负性情绪的声音和面部表情指示为特征）被认为是表现了普遍的痛苦感。因此，这种反应既不复杂，也不属于随后出现的情绪反应的范畴。它只能作为婴儿随后表现出的更加熟练、区分度更高的"恐惧""生气"或"悲伤"等情绪的初级形式。然而，婴儿是否会变得痛苦还要取决于外在因素，因为外在事件（如很大的声响）也会影响其对此类刺激的最初行为反应（如转向或离开）。行为反应的早期形式会成为婴儿行为技能的一部分，并会影响其在特定情境中需要的调节反应的水平和类型。

2. 婴儿个体的生物性支持系统

情绪理论领域的相关研究提出婴儿个体生物性支持系统的成熟为婴儿期日益熟练的情绪和行为调节提供了基础。行为学和生理学对婴儿的研究也清楚地表明，对生理唤醒的控制最后会整合到注意集中和分散过程中，这也是情绪调节以及随后出现的行为调节的中心机制。

总之，婴儿早期机能的内在因素在奠定个体情绪后期发展中起到了非常重要的作用，或者可能起到限制作用。

（二）婴儿情绪发展的外部影响因素

这里重点介绍影响婴儿情绪发展的外部因素，因为情绪调节过程的关键性发展以及早期情绪发展过程中出现的有效生理调节机制和注意调节机制都明显发生在人际关系情境中。并且这也是养育者可以并应该了解和掌握的知识与技能。许多研究都有这样一个重要的假设：父母的照顾会促进或阻碍婴幼儿情绪的发展，从而使其情绪调节机能出现个体差异[①]。我们这里介绍婴儿情绪发展中两个重要的维度：抚养行为和依恋关系。

1. 抚养行为

在婴儿期，婴儿出现成功的调节行为更多地依赖于抚养者的支持和灵活的反应。如果抚养者能够正确解读婴儿发出的信号，并以减小痛苦或增加积极互动为目标做出回应，那么婴儿便可以将这些经验整合到即将产生的行为技能中。也就是说，随着时间的推移，在情绪情境中与父母的互动使婴儿认识到想要减少情绪唤醒，使用特定策略会比其他策略更有效。例如，如果父母能够一再成功地转移孩子对某个所欲但不可得的物体（如电话）的注意指向，那么他们同时也潜移默化地教会了孩子将来面对同样的情境时可以自发地改变指向。此外，非支持性的抚养类型可能会影响婴儿情绪调节的模式，会阻碍婴儿获得一系列技能和能力，而这些技能和能力是未来发展中面对挑战时所必需的。例如，父母仅仅移开婴儿想要的物品并走开，在这种情境下如果婴儿只会选择哭泣，那么在强调更多独立性的幼儿园班级中，他们可能不会以建设性的方式来应对简单的情境。

① ［美］詹姆斯·格罗斯. 情绪调节手册. 桑标，等译. 上海：上海人民出版社，2011：222.

【知识链接】

抚养行为与儿童情绪发展

在生命早期，抚养者的触觉刺激似乎对婴儿调节系统的发展有直接的影响。例如，皮肤之间的接触或"袋鼠式"护理会提高早产儿调节生理过程的能力（如调整睡眠类型、体温、呼吸等），并在此后与其父母形成更为良好的依恋关系。有关这种影响的一种解释认为，皮肤之间的接触会提高早产儿神经系统的机能。

此外，实证研究表明，在整个婴儿期，从婴儿出生后 2～6 个月开始，母亲对婴儿的触摸和情感就会逐渐减少。母亲只有分散注意并提高音量，抱起/摇摆和说话一起使用才能减少婴儿的抑郁情绪。其他研究也表明，除非在呈现静止面孔（一种普通的应激实验范式）的同时由母亲对其进行抚摸，否则 3 个月的婴儿不会产生反应。但 6 个月的婴儿无论是否对其进行抚摸，都会对静止的面孔做出反应。这一结果与科普观点是一致的。后者认为当婴儿的生物系统逐渐成熟时，抚养者对儿童的外在调节将会逐渐减少，而这种调节形式在其发展早期显然相当重要。

（资料来源：[美]詹姆斯·格罗斯. 情绪调节手册. 上海：上海人民出版社，2011：226.）

2. 依恋关系

依恋理论的创始人鲍尔比（Bowlby）认为，到 1 岁末时，婴儿和抚养者之间的互动经历（包括婴儿在面对压力和外部威胁时的互动）将会产生依恋关系，这种关系可以使婴儿产生安全感，而且更为重要的是，它会显著影响婴儿随后对一系列发展性挑战的适应能力[①]。鲍尔比假设，早期亲子依恋对后期机能的影响机制包括与自己和他人期望有关的心理结构。鲍尔比所提出的"内部工作模型"涉及由不断重复的早期互动关系所组成的对自己和抚养者的认知表征。在调节情感反应的过程中，这种表征为婴幼儿对自己情绪反应的期待，以及抚养者干预的可能性和实施成功率奠定基础。因此，抚养者的悉心照顾将会形成安全型依恋关系和预期，这种预期就是情感需要或者可以由抚养者进行满足。

之后许多心理学家在研究中验证了鲍尔比的理论，证明了依恋关系对婴儿情绪发展的影响力：安全型依恋的婴儿更容易产生积极的情绪反应，不安全型依恋的婴儿则更容易产生消极的情绪反应。

【知识链接】

玛丽·安斯沃斯（Mary Ainsworth）的"陌生情境"实验

安斯沃斯最先对依恋过程进行自然观察研究，在对巴尔的摩的婴儿和母亲的纵向研究中，她主要关注母婴依恋存在的个体差异。安斯沃斯的理论认为，当所有的婴儿与其主要抚养者形成依恋时，依恋的质量会随着这种关系的变化而变化。为此，

---

① [美]詹姆斯·格罗斯. 情绪调节手册. 桑标，等译. 上海：上海人民出版社，2011：223.

她提出了考察婴儿对依恋关系做出的反应的实证性研究范式。在"陌生情境"的实验室程序中，她设计了一系列简单但压力逐渐增加的情境来激活婴儿的依恋系统。基于婴儿在陌生情境中的行为表现，尤其是那些能够反映出亲子双方应对压力的行为，她将婴儿描述为安全型和不安全型依恋，而不安全型依恋中又分为两类——抵抗型和回避型。她认为，安全型依恋的儿童在低压力情境中能够安逸地进行探索，并能进行积极的情绪分享；而在分离的高压力情境中，他们会寻找母亲，并且很容易被安慰。

相反，有些不安全型依恋的儿童具有较高的抑郁情绪，很难被安抚（也可以说表现出抗拒或矛盾），而有些在分离的高压力情境中会主动回避抚养者。重要的是，在安斯沃斯的研究中显示，母亲在婴儿出生后一年内对婴儿的抚养质量可以预测不同类型的依恋关系。安斯沃斯认为，母亲一直悉心而又反应积极的照顾能使婴儿学会对他人形成恰当的期待，也可以使婴儿体验到情绪唤醒水平的降低。因此，她的研究结果为鲍尔比的内部工作模型结构提供了实证支持，并支持了依恋与情绪过程之间存在一定联系的假设。

（资料来源：[美]詹姆斯·格罗斯. 情绪调节手册. 上海：上海人民出版社，2011：224.）

第二节　婴儿情绪发展的观察要点

一、婴儿情绪发展的特征

静态意义上讲，婴儿情绪的发展具有易变化、外显性、冲动性的特点。从个体发展的纵向来看，婴儿情绪的发展具有如下特征和趋势。

（一）不同月龄婴儿情绪发展的特征

婴儿出生已经具有了人类原始的几种情绪，如害怕、愤怒等。出生一段时间后，在后天养育环境中，婴儿的情绪开始不断分化。不同月龄段的婴儿情绪发展呈现不同的特征（见表6-2-1）。

表6-2-1　婴儿情绪发展特征表

月龄段	主要特征	情绪发展表现
0~3	恐惧的情绪表现； 非社会性微笑； 逐步出现其他复杂情绪	新生儿听到巨大的响声会出现惊跳反射； 对人脸表现出极大的热情，能够专心致志地注视人的面孔，然后突然开颜而笑； 3个月时逐渐出现好奇、愤怒、厌恶等情绪
4~6	逐渐分化出快乐情绪； 出现悲伤情绪； 出现好奇情绪	当婴儿听到平缓的声音时会睁大眼睛出现微笑； 如感到恐惧，会两臂一举，哇哇大哭； 看到新奇的东西时，会瞪着好奇的眼睛追视； 可以区分哭和笑两种不同的表情，更偏爱笑脸； 开始通过自己微笑或者叫声吸引他人的注意

续表

月龄段	主要特征	情绪发展表现
7～9	出现陌生人焦虑和分离焦虑； 出现嫉妒情绪； 主动向父母寻求安慰； 会闭眼或捂住双眼逃避	当与妈妈或其他亲人分开时，会表现出明显的不高兴； 能够用微笑来吸引妈妈的注意，无效后会用哭闹来向妈妈抗议； 当陌生人出现时，会尽量依偎在父母的身边来寻求安慰
10～12	依恋关系基本形成；对成人表情的理解能力进一步提高； 学会一些自我情绪调节方法	当婴儿看到爸爸妈妈时会主动伸出双臂拥抱大人； 当大人用言语赞美儿童"你真乖""你真棒"时，会很开心； 当感到紧张时会用吸吮手指等方式来缓解
13～18	恐惧感萌生； 依恋高峰； 会向陌生人微笑； 用动作表达自己的情绪； 自我意识增强	恐惧感产生的范围扩大，如看到小狗就吓得哇哇大哭； 对主要照养者表现出依恋的高峰； 在高兴时会拍手，会用摆手表示不开心； 在父母的鼓励下，会用微笑向陌生人打招呼； 看到成人扫地会上前帮忙
19～24	对父亲表现出喜爱； 幽默感、同情心发展； 能安慰别人	开始喜欢和爸爸一起玩； 可以用一些幽默手段来吸引成人的注意； 看到别人笑会笑，当父母生气时会讨好父母； 在别人悲伤哭泣时会去安慰
25～30	能够说出自己或别人的情感； 出现表达成功的喜悦； 进入反抗期	看到妈妈生气时，会安慰妈妈"不要生气"； 能够体验到自己成功完成一件事情的喜悦； 出现行为顽固倾向
31～36	自我意识表现明显； 情绪控制能力增强	出现不愿与其他儿童分享物品的现象； 当产生不良情绪时，会用适当的方式来发泄； 可以预测到自己的行为或者某些事情的发生将会对别人情绪的影响

（二）婴儿情绪发展的趋势

综观婴儿情绪发展的阶段特征，可以看出婴儿情绪发展具有这样的趋势：情绪的社会化、情绪的丰富化和深刻化、情绪的自我调节性[①]。

1. 婴儿情绪的社会化

婴儿情绪社会化的趋势体现在情绪活动中交往成分的增多、引起情绪反应的社会诱因不断增多以及婴儿情绪表达的社会化程度不断增强。社会性微笑、母婴依恋、陌生人焦虑、分离焦虑等是婴幼儿情绪社会化的核心内容。

2. 婴儿情绪的丰富化、深刻化

婴儿情绪的丰富化包括两方面的含义：一是情绪过程越来越分化。情绪的分化主要发生在 2 岁之前，婴儿陆续出现一些高级情感，如喜欢、讨厌等；二是情绪指向的事物不断增加，有些先前不会引起儿童情绪体验的事物，也开始引起了情绪体验。例如亲爱的情感，婴儿首先是对父母或经常照顾他的成人，然后对家中其他成员有了亲爱的情感。

---

① 文颐. 婴儿心理与教育. 北京：北京师范大学出版社，2013：177.

进了托儿所或幼儿园以后，先是对老师，然后对小朋友有了亲爱的情感。这种情感的范围也是逐渐扩大的。

婴儿情绪的深刻化是指它指向事物的性质的变化，从指向事物的表面到指向事物内在的特点。例如，被成人抱起来，婴儿和较小的幼儿感到亲切之情，较大的幼儿则会感到不好意思；年幼儿童对父母的依恋主要由于父母是满足他的基本生活需要的来源，年长儿童则包含了对父母的敬爱等情感。

3. 婴儿情绪的自我调节性

随着婴儿情绪分化和发展，自我意识体现得越来越明显，表现为冲动性情绪的逐渐减少、婴儿情绪的稳定性不断增强、婴儿内隐性情绪的逐渐显现。

二、婴儿情绪发展的观察要点及方法

心理学和医学领域关于情绪的测量方法有许多，但对于婴儿，尤其是正常婴儿，在日常生活中通常采取观察法来检核其情绪发展状况。

（一）婴儿情绪发展的观察要点

婴儿情绪发展的观察要点主要是依据婴儿情绪发展在每个阶段的特征（见表6-2-2）。

表6-2-2 婴儿情绪发展观察评估表[①]

姓名：_____ 性别：_____ 出生日期：_____ 观察时间：_____

月龄段	观察评估项目	是	否
0~3	躺在妈妈怀中，妈妈轻拍后能很快安静，并露出安静的神情		
	尿布湿了会哭泣		
	妈妈逗玩时会舞动手脚		
	当与成人的脸距离 20~25cm 时，会看着成人的脸，并对视		
4~6	当父母用玩具一起游戏时会自然发出声音或者表示高兴		
	很专注地玩玩具时，玩具突然被收走会伤心哭泣		
	当身边没有熟悉的照顾者时，陌生人靠近会紧张并哭起来		
	照顾者用微笑回应婴儿的表情或动作，会重复该表情或动作		
	成人拥抱或抚慰时，能立即止住因饥饿等引起的哭声		
7~9	被带到陌生的公共场所，如广场或超市等，会黏着大人		
	当完成爬行或挥手动作，受到大人肯定赞赏时会重复该动作		
	无聊时会主动玩玩具来自娱自乐		
	在陌生人面前会捂住自己的脸来掩饰害羞		
10~12	当看到爸爸妈妈时会主动伸出双臂拥抱大人		
	吃饱喝足后，大人给讲故事会依偎在父母旁边聆听		
	当大人用言语赞美婴儿"你真乖"时，会很开心		
	感到害怕某人或某物时，会把头扭向一边或者离开		

① 周念丽. 0~3岁儿童观察与评估. 上海：华东师范大学出版社，2013.

续表

月龄段	观察评估项目	是	否
13～18	与共同玩耍的伙伴离别时，会主动挥手表示再见		
	对自己害怕的物品或动物表现出恐惧		
	看到其他婴儿难过、哭泣时，也会跟着难过、哭泣		
	吃饭时，拒绝成人的喂养，愿意自己用手或勺子吃饭		
19～24	当大人用夸张的表情表达滑稽时，会开怀大笑		
	爸爸回家时，会主动迎接		
	当周围的大人开心地笑时，会跟着开心大笑		
	当有同伴伤心哭啼时，会通过言语或动作来安慰同伴		
25～30	不想做某事的时候会通过语言"不"来表达		
	当成功完成某项任务，如搭好积木时会表示特别兴奋		
	婴儿会坚持父母不容许他做的事情		
	婴儿发脾气家长采取不理会的态度时，能自己转移注意		
31～36	当妈妈夸奖其他小朋友时，会表现出生气		
	能正确说出自己在生气		
	会在生气的时候试图转移注意力或者把气愤发泄到物品上面		

（二）婴儿情绪发展的观察方法

婴儿情绪发展的观察方法主要有面部表情识别、行为观察。

1. 面部表情识别法

面部表情是察觉个体情绪的重要信息源。新生儿时期，婴儿已经开始表现出不同的情绪表情，在2～4个月时，这种表情就更显而易见了。研究发现，母亲已能很容易地区分婴儿在不同情景下（如与母亲玩耍、陌生人接近等）的各种面部表情。

简单的面部表情识别法是指成人直接观察婴儿的面部表情及其变化，这种观察一般用于基本的单纯情绪反应，如高兴、悲伤、恐惧等。

科学的面部表情识别需要严密的系列程序，这里进行简单介绍。

1）面部编码系统

目前，使用最为广泛的面部情绪编码系统是艾克曼和福利森开发的面部行为编码系统（facial action coding system，FACS）。FACS包括46个自动化的行为单元（action units，Aus），每一个行为单元对应一个具体的面部可见变化（见表6-2-3）。

表6-2-3　面部行为编码系统（FACS）的具体行为单位

AUS 编号	FACS 名称	肌肉
1	额眉心上抬	内侧额肌
2	额眉梢上抬	外侧额肌
4	额眉低垂	眉间降肌，降眉肌，外观眉肌

续表

AUS 编号	FACS 名称	肌肉
5	上眼睑上抬	提眼睑肌
6	面颊上抬	眼环肌
7	眼睑紧凑	眼环肌
9	鼻纵起	提唇肌，提鼻肌
10	上眼睑上抬	提唇肌
11	鼻唇褶加深	嘴小肌
12	口角后拉	口角迁缩肌
13	面颊鼓胀	口角上提肌
14	唇颊微凹（酒窝）	—
15	唇角下压	口角降肌
16	下唇下压	下唇降肌
17	下巴上抬	上提肌
18	口唇缩拢	上翻唇肌，内翻唇肌
20	口唇前伸	口角收缩肌
22	口唇呈筒形	口环肌
23	口唇紧闭	口环肌
24	口唇压紧	口环肌
25	两唇张开	唇压肌、额提肌放松
26	下颌下垂	咬肌、翼状肌放松
27	口前伸	翼状肌、二腹肌
28	口唇哑吸（吮吸）	口环肌

（资料来源：许远理，熊承清. 情绪心理学的理论与应用. 合肥：中国科学技术出版社，2011：40-41.）

表 6-2-3 系统描述了所有裸眼可观察的面部皮肤的运动。面部动作编码系统在制定过程中详细地研究了面部肌肉运动与面容变化的关系。在实际测量时，它以面容行为为单位，称为行为单位。一个具体的行为单位可以包括一块或几块肌肉组织。由于多数面容变化是几个行为单位叠加发生的，从而又可以把那些可以明显辨认的叠加的行为单位列成复合行为单位。面部动作编码系统共列出了 28 种具体行为单位和 19 种复合行为单位。可根据各个行为单位之间的主导或次要、竞争或对抗的关系规定这种情形下的测量规则和方法。

2）最大限度辨别面部肌肉运动编码系统（maximally discriminative facial movement coding system，MAX）

这一系统将人的面部划分为额-眉-鼻根区、眼-鼻-颊区和口-唇-下巴区 3 部分，并包括 29 个相对独立的外貌变化的运动单元。这些单位分别编号，通过对 3 个部分外貌变化的评分及综合，最大限度辨别面部肌肉运动编码系统可以辨别出由兴趣、愉快、惊奇、悲伤、愤怒、厌恶、轻蔑、惧怕和生理不适引起的痛苦等多种基本情绪。最大限度辨别面部肌肉运动编码系统的具体使用分为两步。第一步，评分者3次观看面部表情的录像（影），每次辨认面部一个部位的肌肉运动，并记下相应区域的面容变化及出现时间。例如，表 6-2-4 中的 25 号为额眉区的双眉下压、聚拢；33 号为眼鼻区的眼变窄；54 号为口唇区的口张大呈矩形。第二步，将记录下来的面容变化同可观察到的活动单位的组织相对照，辨别出独立的情绪或几种情绪的组合。例如，这 3 个区域的肌肉活动组合起来，就表示了愤怒的表情。

表 6-2-4　最大限度辨别面部肌肉行为编码系统（MAX）面部行为分区记录及编号

编号	眉	额	鼻根
No.20	上抬、弧状或不变	长横纹或增厚	变窄
No.21	一条眉比另一条眉抬高		
No.22	上抬聚拢	短横纹	变窄
No.23	内角上抬，内角下呈三角形	眉角上部额中心有皱纹	变窄
No.24	聚拢，眉间呈竖直纹		
No.25	下降、聚拢	眉间呈竖纹或突起	增宽

编号	眼	颊
No.30	上眼睑与眉之间皮肤拉紧，眼睛大而圆，上眼睑不抬高	
No.31	眼沟展宽，上眼睑上抬	
No.32	眉下降使眼变窄	
No.33	双眼斜视或变窄	
No.36	向下注视、斜视	上抬
No.37	紧闭	
No.39	向下注视，头后倒	上抬
No.42	鼻梁皱起（可作为 54 和 59B 的附加线索）	

编号	口-唇
No.50	张大、张凹
No.51	张大、放松
No.52	口角后收、微上抬
No.53	张开、紧张、口角向两侧平展
No.54	张开、呈矩形
No.55	张开、紧张
No.56	口角向下方外拉，不颊将下唇中部上抬

续表

编号	口-唇
No.59A＝51/66	张开、放松、舌前伸过齿
No.59B＝51/66	张开、呈矩形、舌前伸过齿
No.61	上唇向一方上抬
No.63	下唇下降、前伸
No.64	下唇内卷
No.65	口唇缩拢
No.66	舌前伸、过齿

（资料来源：许远理，熊承清. 情绪心理学的理论与应用. 合肥：中国科学技术出版社，2011：42-43.）

这两种面部表情识别系统对情绪的测试已被证明有较高的可靠性。

2. 行为观察法

除了面部表情、声音，婴儿的情绪也充分地体现在他们的行为当中。观察婴儿的行为来识别其情绪发展状态，包括观察婴儿表达控制自己的情绪、识别别人的情绪和与别人交流的情况等 3 个方面。具体观察过程可以参考下面一个婴幼儿行为观察示例。

【案例链接】

婴幼儿情绪观察示例[①]

1. 表达控制自己的情绪

观察方法：主要通过对婴幼儿日常行为的观察。

评价指标：

（1）婴幼儿平时情绪不稳定，经常激烈波动，离开父母时大哭大闹，常为一点小事发脾气。

（2）婴幼儿平时情绪较稳定，在特殊情况下（如与人争执时）有波动。

（3）婴幼儿平时情绪稳定，常保持轻松愉快的心情。

2. 识别情绪

观察方法：老师做出难过、生气、高兴的表情，让婴幼儿说出老师做这种表情时心里会怎样想，并说出在哪些情况下可能会有这种表情。

评价指标：

（1）婴幼儿基本能区分不同表情。

（2）婴幼儿能说出表达不同表情的词语。

（3）婴幼儿能说出不同表情代表的心理感受。

---

① 刘云艳. 幼儿园教学艺术. 重庆：西南师范大学出版社，2001：266.

3. 交流情感

观察方法：通过日常活动了解幼儿与别人交流情感的情况。

评价指标：

（1）基本不与别人交流情感，对别人的情绪反映不作反应。

（2）在高兴的时候能与老师或同伴交谈，说出自己的感受。

（3）经常与老师或同伴交谈，表达自己的感受，对别人的情绪能做出适当的反应。

【知识链接】

3 种儿童情绪测量方法[1]

1. 生理测量

一个人处在某种情绪状态下，可以表现出许多生理反应，这些生理变化可以作为情绪的客观指标。婴幼儿情绪测量的第一个方法就是记录生理功能的变化，如心率加速或减速，显示情感刺激时大脑活动的脑电图。与情绪相关的生理反应测量包括循环系统、呼吸变化、皮肤电反应、声音应激分析、神经内分泌测定等。

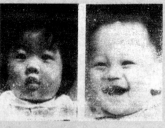

图 6-2-1　婴幼儿的 4 种基本表情[2]
（左上：兴趣；右上：高兴；
左下：悲伤；右下：愤怒）

2. 表情测量

婴幼儿情绪测量的第二种方法是详细分析儿童的面部表情和声音。情绪事件引起的面部表情变化是普遍的，而且伴随着大脑和自主神经系统的活动变化。儿童处于高兴、悲伤、愤怒或其他情绪状态时，眉毛、眼睛和嘴部肌肉都会产生细微的运动变化（见图 6-2-1）。儿童发声的频率、响度、持续时间和声音模式也是其情绪状态的指标。表情的现代测量技术主要是艾克曼和伊扎得等发展起来的。艾克曼等在总结过去面部表情评定工作的基础上，制定了一个最大可能区分面部运动的综合系统——面部动作编码系统（facial action coding system，FACS）。伊扎得发展了一套儿童面部表情变化的编码系统，并利用这套系统发现：儿童在 4 个月时出现了惊奇和悲伤的表情，5～7 个月时出现害怕或愤怒的表情，6～8 个月时出现害羞和羞愧的表情，到 2 岁时才会出现假装和内疚的表情。婴幼儿面部表情中，人们研究最多的是微笑，因为婴儿的微笑是最受欢迎的表情。

① 桑标. 当代儿童发展心理学. 上海：上海教育出版社，2003：289-291.
② 孟昭兰. 人类情绪. 上海：上海人民出版社. 1989：207-209.

3. 主观体验测量

第三种测量婴幼儿情绪的方法是主观体验测量，即评定儿童对自己或他人情绪的解释。主观体验测量运用标准化的量表来测量被试的情绪体验，要求被试者报告其直接感受的经验（如："告诉我，上星期你是怎样感到高兴的"），或者要求儿童完成命名、匹配或表现情绪性表情（如："告诉我图片上这个人感觉怎么样""请指出谁感到伤心"）。随着儿童的成熟，他们开始用成人教的概念来对情绪进行解释和命名。例如，假设两个孩子在争一个玩具，父母拿走了玩具，孩子们号啕大哭。一位家长可能告诉孩子们，他们因为生气而哭；另一位家长可能会说，孩子们因为害怕即将受到的惩罚而哭；第三位家长则可能告诉他们，孩子们因为羞愧而哭。儿童可能就从具体的情境和感受中学会了"生气""害怕"和"羞愧"等情绪标签。以后，他们在类似的情境中产生相同或类似的感受时，就会运用先前学到的情绪标签。

第三节 | 婴儿情绪发展的评估标准

一、婴儿情绪发展评估的目的及意义

（一）婴儿情绪发展评估的目的

婴儿有什么情绪？这些情绪反映出婴儿怎样的心理状态或心理需求？这要求成人采用正确的方法观察婴儿的情绪，对婴儿的情绪做出适当的评估。对婴儿的情绪发展进行评估的目的如下：

1. 了解婴儿的情绪

婴儿有着丰富的情绪，他们的一哭、一笑、一惊、一喜、一怒、一乐都表达着他们对生活的感受，传递着他们幼小生命里的独特信息。成人通过对婴儿情绪的评估了解婴儿的情绪状况，这是成人与婴儿情绪互动的第一步。

2. 调整婴儿的情绪

婴儿的情绪是需要成人回应的。例如，他们在开始哭的时候，隐含的语汇可能是：我尿了，我饿了，我不舒服了，我需要人陪，请快快过来陪陪我，帮助我。成人了解到他们的情绪之后，应采取行动，如检查孩子的尿布，给孩子喂奶，给他们拥抱的行为，成人通过行为回应让他们的需求得到满足，从而调整婴儿的情绪。

（二）婴儿情绪发展评估的意义

1. 帮助成人正确判断婴儿的情绪

婴儿的世界与成人的世界截然不同，尤其在婴儿的情绪世界里，同一种情绪可能包含了不同的诉求。对婴儿的情绪发展进行评估的意义之一就是帮助成人正确判断婴儿的情绪。同样是哭，成人通过评估要判断出婴儿是需要拥抱而哭，还是因为身体不适而哭。只有做出了正确的判断，才能采取正确的行动，从而增强成人与婴儿情绪互动的效果。

2. 促进婴儿良好的情绪发展

婴儿的情绪有正面情绪和负面情绪之分。正面情绪如喜悦、快乐等是良好的情绪，能促进良好个性的形成。婴儿的负面情绪如生气、发怒等不利于其保持愉悦平和的心理状态。以婴儿的哭为例，开始可能是请求，如果没有得到及时回应，就会变成命令或威胁，如果婴儿发现只有很夸张地、大声地哭才能引起成人的重视的时候，他们就会以哭闹这种行为作为与成人沟通的方式，如果长期如此，婴儿就会形成易怒、暴躁等不良个性。如果对婴儿的情绪进行正确评估，就能让成人正确识别他们的情绪，根据他们的需求做出适当回应，从而促进婴儿良好个性的形成。

二、婴儿情绪发展的评估标准

婴儿情绪发展的评估对婴儿成长具有重要意义。为了准确评估婴儿的情绪，我们应掌握婴儿情绪发展的标准。通过婴儿的表情、动作可以判断出他们的情绪，以下是对婴儿情绪评估标准的解读[①]。

（一）懒洋洋表示：我吃饱了

成人最怕宝宝饿着，但过量喂食显然也不是好事。怎么才能判断婴儿已经吃饱了呢？其实也很简单。当婴儿把奶头或奶瓶推开，将头转一边，并且一副四肢松弛的模样，多半就是已经吃饱了，成人就不要再勉强婴儿吃东西了。

（二）吮吸表示：我饿了

喂食完一段时间以后，婴儿的小脸再次转向妈妈，小手抓住成人不放。当成人用手指一碰他的面颊或嘴角，他便马上把头转向手指方向，张开小嘴做出急急忙忙寻找食物的样子，嘴里还做着吸吮的动作，这就说明婴儿又饿了。

（三）喊叫表示：烦恼

不到 1 岁大的婴儿在嘈杂的环境中很容易受到干扰，但苦于口不能言，只好用尖叫、大哭大闹表达自己的烦恼。成人可以带婴儿去安静的地方散步，或是给点好吃好玩的东西让孩子安静下来。同时，成人也要做个好榜样，再怎么烦恼和生气也不要在家里大声说话或是喧哗吵闹，以免对婴儿个性的形成产生不良影响。

（四）笑表示：兴奋愉快

当婴儿感觉舒适、安全的时候，就会露出笑容，同时他还会满目发光，兴奋而卖力地向你舞动他的小手和小脚。这就表示：他很开心。这是妈妈最愿意看到的表情，也是

---

① 解密宝贝表情动作的含义. http://www.hengchu.cn/yuer/babyhood/care/news_51014.shtml.

最容易读懂的表情。这个时候，妈妈也不要吝啬自己的笑容，充满爱心的回应会让孩子更安心，笑得更灿烂。

（五）爱理不理表示：我想睡觉了

如果婴儿的眼光变得发散，不像开始那么目光灵活而有神了，对于外界的反应也不再专注，还时不时地打哈欠，头转到一边不太理睬成人，这就表示他困了。这时，就不要再逗孩子玩耍了。只要给他创造一个安静而舒适的睡眠环境就好。

（六）瘪嘴表示：不爽了

婴儿瘪起小嘴，好像受了委屈，这很可能是要开哭的先兆。当父母有经验后就会知道孩子是用这种方式来表达要求，至于孩子是肚子饿了要吃奶，或尿布湿了要人换，还是寂寞了要人逗，就得根据具体情况来判断了。

（七）小脸通红表示：大便前兆

判断出婴儿便便的时机对父母减少工作量可谓至关重要。如果看到婴儿先是眉筋突暴，然后脸部发红，而且目光发呆，这是明显的内急反应，得赶紧带他便便了。

（八）噘嘴、咧嘴表示：我要嘘嘘

在每次小便之前，婴儿通常会出现咧嘴或是上唇紧含下唇的表情。当婴儿出现这种表情的时候，为了保险起见，已经会走路的婴儿要引导其去如厕，月龄小的婴儿要检查他的纸尿裤是不是应该换了。

（九）哭得来劲表示：锻炼身体

婴儿一哭，妈妈就着慌了：是饿了、冷了、病了、还是尿布湿了？如果这些都不是婴儿哭泣的原因，也不必慌张，也许成人可以乐观地看待这个问题，哭泣对婴儿的身体有好处呢。尤其当婴儿的哭声抑扬顿挫，响亮且有节奏感时，成人更是不必担忧。因为适当的哭泣是婴儿锻炼肺活量、声带和肌肉关节以及发展智力的重要方式，而泪水所含的杀菌物质还有预防眼病的作用。所以，如果婴儿哭闹的时候没有伴随其他的不良状况，也就不必多虑。那只是婴儿在告诉你：我的身体很健康！

（十）吮手指、吐气泡表示：别理我

大多数婴儿在吃饱穿暖，尿布干净而且还没有睡意的时候，会自得其乐地玩弄自己的嘴唇、舌头，比如吮手指、吐气泡等。这时的孩子更愿意独自玩耍，不愿意别人打扰。所以，成人就不要去打扰他了。

（十一）乱塞东西表示：长牙痛苦

当婴儿处于长牙期时，跟以往不一样的动作就是把乱七八糟的东西塞进嘴巴，乱咬乱啃，不给就大闹，直到牙长齐之后才会停止。的确，长牙那种又痒又痛的感觉真的很难忍受。宝宝抓什么咬什么是逃避痛苦的一种方式。千万不要将玻璃制品之类或锋利的

东西放在婴儿的身边，以免他伤害自己。可以给婴儿吃一些饼干，这些食品可以帮助孩子长牙，而且也很安全。

（十二）眼神无光表示：可能生病了

健康的婴儿眼神总是明亮有神、转动自如的。若发现孩子眼神黯然呆滞、无光少神，那很可能是身体不适的征兆，家长一定要多注意观察婴儿。

第四节 | 婴儿情绪发展的观察与评估举样

从一个懵懂的新生儿长成为有更强互动能力的婴儿，他们会很擅长让成人知道哪些事情使他满意，哪些事情使他不高兴。比如，当成人走进他房间的时候，他的脸上会绽放出快乐的微笑；而当有人拿走他心爱的玩具时，他就会号啕大哭。成人可能还会注意到，他从笑到哭的转换速度非常快，快到都来不及把他抱起来。以下是对婴幼儿情绪发展的观察与评估举样。

案例一：脆弱易感伤——动不动就哭的宝宝

原因分析：

（1）情绪直接的表达工具：婴儿爱哭可能是因为这是他的语言表达方式。对婴儿而言，哭只是一种行为，它随着内在心理与外在环境而不断变化，婴儿在语言、认知、情感及人际社交上都还处在发展初期，没有太多其他的方式来表达自己，因此总是以哭来解决一切。

（2）婴儿生病了，有不舒服的感觉。

（3）婴儿的睡眠被打扰了。

（4）外在环境因素的影响：天气、衣物太紧、玩法太激烈等。

（5）其他原因：无聊、要求没有被满足等。

成人可以采取的行动：

（1）探讨婴儿哭的原因，用理性的方式处理，跟婴儿好好说，婴儿听不懂就重复说，可配合肢体动作，他会明白你的意思的。如果婴儿哭着来找你，一定要放下手边的事情关注他出了什么问题。

（2）及时回应他，如抱抱他或用温柔的语调询问他。

（3）带婴儿出去散散步。

（4）给他奶嘴。

（5）陪他玩玩具，或和他一起玩游戏。

（6）给他吃点小零食，例如果冻、小饼干、糖果等（如果宝宝哭得严重，注意不可强迫喂食）。

案例二：脆弱胆小的精灵——容易受惊吓的宝宝

原因分析：

（1）婴儿面对不熟悉的人和事物。

（2）婴儿过于敏感。

（3）婴儿情绪高度紧张。

成人可以采取的行动：

（1）找出原因，看看是否是婴儿发现你的注意力不在他身上。

（2）第一时间安抚他。

（3）如果婴儿因为跌倒而受到惊吓，大人不可也表现出惊吓的样子，不然会吓到婴儿。

（4）尽量降低周围环境的音量。

（5）限制来访的客人，让他习惯新面孔。

案例三：只会说NO——脾气暴躁的宝宝

原因分析：

（1）家中常有人发脾气，让婴儿有样学样。

（2）家长过于溺爱婴儿。

成人可以采取的行动：

（1）家长要以身作则，如果要发脾气，请先离开婴儿，不要在婴儿面前发脾气，这样可以减少对婴儿的影响。

（2）先缓和婴儿的情绪，告诉他："你生气没办法让我解决问题，等你不气了再来跟我说，我们再处理。"

（3）不能威胁婴儿，例如告诉他："你再发脾气我就打你！"

（4）不可变相处罚他，例如把婴儿一个人关进房间。

（5）给他一个拥抱。

（6）如果婴儿要摔东西，告诉他："你摔坏了就没有了。"

（7）照顾者每次在处理问题时要安抚婴儿，渐渐控制婴儿爱发脾气的个性。

【知识链接】

如何管理宝宝情绪[①]

1. 多抱抱宝宝

父母亲要多抱一抱宝宝，让宝宝通过与母亲肌肤的接触知道自己是被疼爱的，这对婴儿来说非常重要。因为婴儿除了营养上的需要之外，还有精神上的需要。宝宝在妈妈温暖的怀抱中，会感到妈妈的爱护和关怀，他会凝视着妈妈的脸，看着妈妈的口形，听着妈妈亲切的声音。肌肤亲情能够满足宝宝的精神需要，也是帮助宝宝发展情绪与人际的重点，爸爸妈妈的怀抱越温暖、亲密，宝宝的情绪就越稳定，越有自信，所以父母千万不能忽视。

2. 多关心宝宝的哭

宝宝生下来就会哭。哭是婴儿与外界沟通的第一种方式。通过婴儿的哭泣，

① http://roll.sohu.com/20111108/n324886765.shtml.

妈妈可以知道：宝宝是饥饿、疼痛、不舒服、大小便了，还是感到寂寞了。半岁的宝宝只会用哭来表达他的需要和请求，如果不关心宝宝的哭，他会感到很无助。时间一长就会变得悲观消极，并且不再为达到某一目的而想方设法去表达自己的想法。这势必会影响到宝宝语言的发展。所以父母要多关心宝宝的哭，努力去理解宝宝哭的含义。当宝宝哭了，爸爸妈妈可以以关心的口吻对宝宝说："是不是尿裤子了？""宝宝是不是想说话？"等，并及时解决他的困难。如果是宝宝感到寂寞了，就要哄哄他，念儿歌或唱歌给他听，或者和他做游戏，让他体验到快乐。

3. 让宝宝有安全感

有的父母为了培养宝宝的独立性，宝宝一出生就让他离开父母单独睡。一些研究人员认为：要想培养宝宝的独立性，最重要的是要让宝宝的情绪稳定，情绪一旦稳定了，自然而然就会产生独立性。如果让宝宝从小离开母亲，在他需要听到母亲的声音、嗅到母亲身上的气味、得到母亲的精心照料时，却得不到应该得到的满足，宝宝就会产生不安全感。同时还会影响他们的情绪，自然就不会增强他们的独立性。所以，在宝宝6个月之前，妈妈最好能在宝宝身边睡，适时地拍拍、哄哄、抱抱他，或者唱一首摇篮曲，让宝宝心满意足地安然入睡。

【知识链接】

如何安抚孩子的坏情绪[①]

0～1岁

这个时候的宝宝情绪比较平和稳定，偶尔会号啕大哭，可能是因为生理上得不到满足，如想睡觉、肚子饿或身体不适，所以父母的周全照顾最重要，可以令宝宝觉得安全、舒服。建立正常的作息规律，宝宝的情绪便不会有太大波动。

（1）避免出现恐惧。要避免宝宝受到惊吓，例如在他身边大叫或突如其来的巨响，这会使他觉得无助，对自己不能理解的事物感到害怕，产生恐惧的情绪。

（2）克服恐惧。如果宝宝出现恐惧的情绪，父母可以通过与宝宝身体的接触，如抚摸、紧抱等动作，令宝宝感受到别人的关注和爱护而逐渐安静下来。另外，这时期的宝宝对周围陌生的环境也有探索的意欲，不妨带他外出，认识外面的事物，切勿过分地保护他，拖延他的学习进度。

1～2岁

这时期的宝宝很容易哭闹，大发脾气，无论你怎么劝都没有用。这时可参考以下两种方法来安抚孩子。

---

① http://www.zaojiao.com/knowledge/162567/.

（1）分散注意力。宝宝用哭闹来要挟你，最佳的对策便是转移他的注意力。比方说，吃饭时你把正在学步的宝宝放进他的高脚凳里，他可能会拗在那里，并挥动双手尖叫。此时，最好先让他下来，拿些有趣好玩的东西分散他的注意力，让他忘记他不想坐在椅子里吃午餐这件事，再把他放进高脚椅里，他很可能就会乖乖合作。

无论碰到多么棘手的管教问题，可以发现最有效的一招便是分散宝宝的注意力。宝宝小的时候，注意力往往持续不久，这就是为何他们一看到有趣的东西，立刻破涕为笑的原因。

（2）自由发挥。教导这个年龄段的宝宝时，必须注意一点，就是不要期待他去做讨你欢心的事。举一个例子：宝宝大都喜欢户外活动，喜欢自由自在地跑跑跳跳，去认识新鲜有趣的事物；此时，父母应该耐心地在一旁观看，不要催促他。如果不得不打断他时，不妨在他面前来回地走，或设法吸引他的注意，他就会很快往你这边过来。可是，宝宝很可能会抗拒父母的触摸或搂抱，不愿意接受父母的管束。管教宝宝时最好先放松后收紧。

总之，安抚这个年龄段的宝宝并不容易。最好的管教方式之一是允许（但不评论）宝宝正常的情绪宣泄，这会带给宝宝莫大的支持与安慰，例如让他吸吮拇指或奶嘴，让他将心爱的毛毯带在身边，给他一种心灵上的慰藉等。

2～3 岁

宝宝到了 2 岁左右，就不需要这么多的管教技巧了。但是到了 2 岁半时，进入了教养的黑暗期，令父母伤透脑筋，但是，令人意外的是，这个时期的宝宝都非常相像，而且用简单的管教技巧就可以把他们管得服服帖帖。

（1）父母要善于利用宝宝的习惯倾向，为他规划良好的作息时间。举例来说，如果能为 2 岁半的宝宝培养良好的就寝习惯，便可以解决每天叫他上床睡觉这个难题。

诸如此类的习惯还包括帮他刷牙、脱衣服、带他进浴室洗澡、穿睡衣、上床、睡前为他讲故事、拥抱并亲吻道晚安，最后为他关上灯。这些事要花很多时间，但是一旦它们变成固定的作息后，就有可能让宝宝乖乖去睡，而非敷衍他或强硬地要他上床睡觉。

2 岁的宝宝喜欢一成不变，喜欢重复做同样的事，任何变化他都很难接受。因此，尽可能允许他将玩具或私人物品放在原来的地方，家具也要摆在他希望放置的位置。这个年龄段的孩子要求每件事物都得在适当的时间里放适当的位置，他也要求每天的作息有一定的秩序。总而言之，他喜欢凡事一成不变。

（2）命令孩子时，要尽可能为他留面子。不要硬邦邦地命令他，例如，要避免用"吃中饭之前，你必须把所有的玩具捡起来"这类的说法，而应建议性地表达"现在让我们一起把这些玩具捡起来吧"，如果他不愿意，你也不必坚持催他答应。最好的办法是改变话题或离开现场，尽量避免以强制强的情况。当他不愿意，而你又执意要他服从命令时，最后的输家往往会是你。遇到这种争执不下的情况时，不妨转移他的注意力。

举例来说，假如宝宝不喜欢穿衣服，无论他愿不愿意让你为他穿衣服，你都要避免和他发生激烈冲突。可以把他放到一个很高的地方，一边和他谈论未来将发生的事，一边很快地帮他把衣服穿好。

要转移 2 岁半的宝宝的注意力很简单，只要和他说话即可。通常和 1 岁半的宝宝交谈，可能会让他听得满头雾水。但是和 2 岁半的宝宝闲聊，即使他不完全听得懂，也能吸引他的注意，至少可以将他的注意力从先前的争执中转移开来。

第七章
婴儿社会性发展的观察与评估

【本章学习目标】

1. 能正确认识婴儿社会性及社会性发展的内涵，能从理论的角度对婴儿的社会性发展进行分析。
2. 结合实例，能正确分析婴儿典型的社会性行为发展的规律。
3. 能正确理解观察与评估婴儿社会性行为发展的方法，并能在生活实际中运用。
4. 初步具备测评婴儿社会性发展的能力。

【本章学习建议】

本章的学习方法采用了"经验学习法"，即：具体经验—反思观察—抽象思维—主动验证。通过案例呈现，学生获得有关婴儿社会性发展的具体经验，再结合理论学习对经验进行反思观察，之后提炼出普遍性的原理和规律，即抽象思维阶段，最后在实践中应用和检验，即主动验证阶段。

【案例分析】

6个月大的婴儿文文跟着妈妈去聚会，那里有很多和文文差不多大的小朋友。文文第一次和这么多小朋友在一起，显得很兴奋。他不停地左右转着小脑袋去看旁边的宝宝，偶尔也看妈妈一眼。文文突然冲着另一个宝宝微笑，像说话一样发出声音，伸手去拍旁边的宝宝，捏他的脸。

6个月时婴儿已经有了初步的同伴意识，会对周围跟自己差不多大的孩子表现出兴趣，想要与他人亲近。这说明婴儿本身具有一种友善地寻求与他人在一起的倾向，喜欢与他人、动物及事物互动。

上述案例也是婴儿社会性发展的表现。婴儿期是人社会性发展的关键时期，婴儿的社会性发展水平影响其身体和心智的发育。因此，正确观察和评估婴儿的社会性发展水平尤为重要，这将直接影响教育对策的适用性和有效性，进而影响婴儿一生的发展。

第一节 | 婴儿社会性发展概述

社会性是个体素质的核心组成部分，它是通过社会化的过程逐步形成与发展的。婴儿期是个体社会化的起始阶段和关键时期，在后天环境和教育的影响下，在与周围人的相互作用的过程中，婴儿逐渐形成和发展了最初也是最基本的对人、事、物的情感、态度，这种态度奠定了行为、性格、人格的基础。

一、社会性及社会性发展的解读

当一个人独处时，是谈不上"社会"的，但身边只要再有一个人，"社会"就构成了。一个家庭，就是一个小社会；一个单位，也是一个小社会。凡是有人群的地方，就有各种各样的"社会"，人的生存一天也离不开社会。婴儿的生活不可能离开社会，所以，婴儿的发展必然会表现出社会性发展。

（一）社会性的产生

人的需要是多种多样的。大多数学者实质上都是把人类各种不同的需要归属于两大类，即生理性需要与社会性需要。生理性需要是指保存和维持生命和延续种族的一些需要，如对饮食、运动、休息、睡眠、觉醒、排泄、避痛、配偶等的需要。社会性需要是指与人的社会生活相联系的一些需要，如劳动需要、交往需要、认知需要、审美需要和成就需要等。社会性需要是后天习得的。社会性需要也是个人生活所必需的，如果这类需要得不到满足，就会使个人产生焦虑、痛苦等情绪。我们这里所说的社会性，就是源于人类社会性需要而产生的。

首先，社会性是社会生活中人际交往的产物，人在交往中获得了社会性。人刚出生时，由于身上还没有任何人类社会的烙印，他只是一个自然的客观存在，即人们通常所说的"自然人"。但是，由于这个自然人生活在人的社会环境中，与人进行某种形式的交往，学习该社会所认可的行为方式、价值取向等，并把这种行为方式、价值取向等内化，变为自己的行为准则，使自己逐渐适应了周围的社会生活。假如一个人远离了社会生活，失去了人际交往，那他只能是个自然人，而永远不具有社会人所具有的社会性。

其次，社会性是人的社会化的内容和结果。作为从自然人向社会人转化所获得的特征，社会性几乎涉及了人自身智能以外的所有内容，即使狭义地界定社会性，它也涉及社会生活中的各种个人属性，如情感、性格、交往、社会适应等。

（二）社会性的内涵

在哲学中，社会性指由人的社会存在所获得的一切特性，其中根本的决定因素是人在生产关系中的地位，并同其他社会关系有密切关联。就个人的社会性而言，一般可分为两大类：一是由出生时所处的既定的历史条件和社会关系（如家庭出身、籍贯、居住地区、民族等）所获得的先赋社会性；另一类是通过自身活动继承、学习、创造而获得的特性，即后成社会性。在心理学中，社会性是指人的一种社会心理特性，即人在社会交往过程中建立人际关系，理解、学习和遵守社会行为规范，控制自身社会行为的心理特性。从一定意义上讲，它是人的社会化的产物，更多的是指人的后成社会性。

社会性的发展贯穿于人的一生。人从出生起，就开始了由"自然人"向"社会人"转化的过程。婴儿天生就有一种友善地寻求与他人在一起的倾向，喜欢与他人、动物及事物互动。新生儿对人脸的图案更加敏感，他们也更加喜欢母亲温暖、柔软的怀抱。这种天生的社交能力是婴儿社会性发展的基石，在此基础上，婴儿的社会性才逐步地发展起来。

（三）社会性发展的内涵

随着年龄的增长，婴儿的社会性不断发生变化与发展。婴儿社会性发生在婴儿社会化过程之中。由于这种发展，婴儿才由出生时的自然人逐渐变成适应社会生活环境、能与周围人正常交往并以自己独特的个性对社会施加影响的社会人。婴儿亲身参加的各种交往活动是推动其社会性发展的最根本的动力。在发展心理学中，性格发展、人格发展和道德发展均属于社会性发展的范畴。除此之外，广义的社会性发展还包括个体在人际交往中产生并发挥作用的其他一切心理特性。

对于婴儿社会性发展包括的内容，不同的学者有不同的看法。美国心理学家墨森认为，学前儿童的社会性发展包括学习社会性情绪、对父母和亲人的依恋、气质、道德感和道德标准、自我意识、性别角色、亲善行为、对自我和攻击性的控制、同伴关系等。澳大利亚萨恩森博士认为，学前儿童的社会性发展包括学会怎样生活、怎样工作、怎样爱别人、怎样接受别人的爱。我国学者 1994 年的一项研究表明，我国婴儿的社会性是由 7 个因素组成的，即社会技能、自我意识、意志品质、道德品质、社会认知、社会适应、社会情绪。

人的社会性发展离不开和环境的相互作用，婴儿和环境的相互作用主要通过社会性行为进行，婴儿的社会行为主要有亲子交往和同伴交往，所以，本章主要从这两个方面去探讨婴儿社会行为的观察和评估。

二、婴儿社会性发展的概况

婴儿的社会性发展受到年龄、生理、心理等方面的制约，自然表现出阶段性特征，下面将从婴儿的社会性发展的特点、婴儿的社会性教育的特点、家庭因素对婴儿社会性发展的影响等方面对婴儿的社会性发展的概况进行介绍。

（一）婴儿社会性发展的特点

婴儿的发展受到生理发展和认知、动作、情绪等方面的发展状况的影响，发展处于初级阶段。相比其他更高的年龄段，这一阶段的社会性发展体现了不稳定性、情绪性、不同步性、自我中心化的特征。

1. 不稳定性

婴儿的社会性发展不是一个稳定上升的序列。由于社会性的发展受到多种因素的影响，并且社会性发展的各个方面间也存在相互影响的关系，因此，社会性发展的各个方面在发展的各年龄段表现出不稳定的特点。如亲社会行为的发展受认知和自我意识的影响。婴儿在 2 岁之前，自我意识尚未形成，会依照成人的指令有较多的分享行为，2 岁以后所有权的意识增强，对物品的占有欲增强，分享行为反而减少。亲社会行为发展似乎出现了"倒退"现象。

2. 情绪性

1 岁前的婴儿社会性发展主要表现在与周围人的沟通上，但由于受到婴儿语言和动作发展的限制，通常是一种情绪性的沟通，沟通的手段也多是哭泣、吸吮、抓握等。

3. 不同步性

婴儿的社会性发展受到各个因素的相互影响，因此社会性发展的各个方面不是同步的。在婴儿的社会性发展中，最初是社会行为中亲子关系的发展。母亲及其他养育者对婴儿的抚育行为激发两者间的亲密关系，为婴儿社会性发展做了铺垫。随着与周围环境的接触增多及婴儿自身各个领域的发展，婴儿的交往范围逐渐扩大，开始探索陌生环境、接触陌生人，与同伴间的交往也开始发展起来。在这个过程中，伴随着各项能力的提高，亲社会行为也逐渐发展起来。

4. 自我中心化

婴儿社会性发展具有自我中心化的显著特点。婴儿期是人、物不分的混淆期。1 岁以内的婴儿社会性围绕自身的生理需要和情绪进行，之后随着自我意识的发展，2 岁儿童开始出现"反叛"。他们由于社会化的发展还不成熟，行为上有冲动、易怒的倾向，经常跟成人"唱反调"，社会行为表现出很强的自我中心。

（二）婴儿社会性教育的特点

社会性发展有着自身独特的规律和特点，那么社会性教育也应遵守相应的规律。在婴儿教育范畴内，社会性教育是一个新兴的领域。婴儿的社会性教育应具有如下特征：

1. 环境依存性

社会性教育旨在塑造婴儿的社会能力和人格品质，主要是社会认知、社会适应和人格发展。其教育过程中"学"甚至"模仿"起主要作用，婴儿的基本任务是社会学习，以此达到人格的发展。因而，环境的熏陶极为重要。社会性教育中的社会学习是隐性的，主要依赖于社会环境的内在影响。

2. 目标上的整合性

在目标定位上，社会性教育强调认知、情感和行为的整体发展，主张"知情意行"的整合性发展。在目标实现的过程中，社会性教育强调从婴儿行为和情感入手，最后落实在婴儿的认知上，并内化成其行为品质的组成部分。由于社会性教育目标的整合性，必然要求其过程具有复合性和多元化的特点。

3. 方法的自然性

在教育方法上，社会性教育强调直接经验的社会学习，主张认知与实践并重，非常强调自然、真实，或者在自然发生的真实情境中随机进行。因此，社会性教育的方法突出婴儿的主动参与、积极创造。在一定意义上讲，社会性教育只能在真实情境中实现最基本的目标。

（三）家庭因素对婴儿社会性发展的影响

婴儿的社会性发展是在一定的社会环境中由多种因素促成的，其中家庭因素起着主要的作用。弗洛姆曾说"家庭是社会的精神媒介，通过使自己适应家庭，儿童获得了后来在社会生活中适应其所必须履行的职责的性格"。婴儿基本上都在家庭中生活，因此家庭在婴儿社会性发展中有重要作用。

1. 家庭物质条件的影响

家庭物质条件是满足孩子生存的基本条件，家庭物质条件的好坏直接影响婴儿的社会性发展。实践证明，优越的物质条件可以使婴儿的各种需要得到尽可能多地满足（如玩具），并能创造更多的学习机会（如早教），因而产生积极情感的可能性就越大，这对于婴儿的自我意识、独立性的发展十分有益。而物质条件缺乏则会限制婴儿的需要得到满足，得不到婴儿喜欢的玩具或者学习机会，他们的情感发展也会受到影响。

2. 亲子关系的影响

父母和婴儿之间的亲子关系是人们最早建立的人际关系，亲子关系的好坏直接影响婴儿的社会行为。研究表明，亲子关系良好的婴儿容易受到同伴的欢迎，而亲子关系不好的婴儿常常不受同伴欢迎。家长和孩子的关系及其所营造的家庭精神环境对婴儿的社会性发展影响较大。实践证明，如果生活在宁静愉快的家庭环境中，婴儿就会有安全感，乐观、待人友善；如果生活在气氛紧张、冲突不断的家庭环境中，孩子就会缺乏安全感，焦虑。在亲子关系中，父母对孩子的关爱显得尤其重要。

在亲子关系中，母亲对婴儿的社会性发展会产生特殊的影响，可以说是影响婴儿社会性发展的关键因素。母婴关系是婴儿社会交往的基础，是婴儿接触社会的媒介。缺乏母爱的婴儿容易形成不合群、孤僻、任性、冷漠等性格特点。父亲对婴儿性别角色的形成起着重要作用。缺乏父爱的婴儿在性别的社会化方面可能会产生缺陷。

3. 家庭教养方式的影响

家庭对婴儿社会性发展的影响主要是通过家庭的教养方式实现的，不同的家庭教养方式对婴儿社会性发展的影响也不同。教养方式主要有如下 4 种类型。

第一，民主型。在民主型教养方式下，父母把婴儿当成一个独立的个体，尊重他们的意见，允许孩子表达、表现自己，给予孩子充分的交往机会。孩子与父母的关系融洽，孩子的人际交往、独立性、主动性、自尊心、自信心等都发展较好。

第二，专制型。在专制型教养方式下，父母不允许孩子违背大人的意志，不容忍孩子有自己的想法，给予孩子的温暖、同情较少。教育孩子的方法简单、粗暴。孩子害怕父母，也容易变得顺从、压抑、退缩、自卑、情绪不安，亲子关系疏远。

第三，溺爱型。在溺爱型教养方式下，父母对孩子百依百顺、宠爱娇惯、过度保护。对孩子的不当行为也不加管束，甚至袒护纵容。对孩子的要求一味地满足，无原则地迁就。孩子容易变得依赖性强，且任性蛮横、胆小怯懦。

第四，忽视型。在忽视型教养方式下，父母对孩子不关心、不热情，忽视孩子的需求，亲子关系不佳。婴儿容易产生自卑、孤独、自闭等心理倾向，自主性发展较差。

三、婴儿社会性发展的理论解释

婴儿的社会性发展的根源是什么？什么导致、促进婴儿的社会性发展？心理学家力求总结一些规律和原理解释这类问题。下面将介绍弗洛伊德的精神分析理论、皮亚杰的认知发展理论以及班杜拉的社会学习理论。

（一）弗洛伊德的精神分析理论

弗洛伊德（Sigmund Freud）是 19 世纪末 20 世纪初奥地利著名的精神病学家和精神分析学派的创始人。在与精神病人的长期接触中，他发现许多人的发病与其童年早期经验有关，因此提出重视早期经验对个人社会化和人格形成的作用。

弗洛伊德认为，人的个性由本我、自我、超我组成。本我是本能的心理能量储藏室，它是由一种先天遗传的本能冲动或内驱力所组成，代表人的生物主体，是一切驱动能量的来源。本我完全是无意识的，遵循着快乐原则，寻求满足基本的生物需求。自我由本我发展而来，儿童为了满足自我的要求，经过多次在不同情况下使用不同方式获得不同经验后，逐渐懂得用某种方式获得更快、更有效地得到满足，之后婴儿会按照经验来发展活动或抑制活动。此时儿童的行为比之生活开始的时候，变得更少盲目性。自我遵循"现实原则"，调节外界与本我的关系，使本我适应外界要求，推迟本我能量的释放，直到真正能满足需要的对象被发现或产生出来为止。超我来自自我，又超脱自我，是道德化了的自我。超我由两部分组成，即"自我理想"和"良心"。自我理想突出生活的道德标准，良心负责惩罚违反自我理想的行为。这些主要是婴儿被父母是非观和善恶标准"同化"的结果。当儿童心目中的自我与父母的道德观念相吻合，即他的行为符合父母美的概念的标准时，父母就会给予奖励，从而就会形成儿童自我理想；当儿童心目中的自我与父母所摒弃的观点相一致时，即当这些观念和行为出现时，父母就要给予惩罚，从而使儿童在心灵上受到责备，行为受到阻止。婴儿就是这样在与父母或其他成人的交往中，接受了他们的要求，作为自己的准则。这样自我就分化为自我本身和监督自我的超我两部分。

（二）皮亚杰的认知发展理论

皮亚杰（J. Piaget）是国际著名的儿童心理学家，创立了发生认识论，提出了儿童认知发展阶段论。皮亚杰的发生认识论研究知识是怎样生长的，研究获取知识的心理结构，即认知结构，是探讨知识发展过程中新事物构成的机制——认知结构的机制。皮亚杰认为儿童心理或行为是儿童的心理或行为图式在环境影响下不断通过同化、顺应而达到平衡的过程，从而使儿童心理不断由低级向高级发展。发展具有阶段性，他将儿童心理发展划分为感知运动阶段、前运算阶段、具体运算阶段和形式运算阶段。

皮亚杰作为一名著名的认知发展论者，他认为儿童的逻辑思维能力和道德判断能力是一种包含关系，儿童的道德发展是认知发展的一部分，也是认知发展的一种自然结果，他开创了儿童道德认知发展研究的先河。皮亚杰主要通过儿童道德判断，诸如儿童对行为责任的看法，儿童的公正观念和儿童心目中的惩罚等，来探讨儿童道德认知发展规律，反复论证了儿童道德发展是由他律道德逐渐向自律道德过渡的过程。皮亚杰认为儿童道德发展也和思维发展一样，在发展的连续过程中表现出自己的阶段特点。儿童道德判断的发展阶段是与儿童智慧的发展相平行的，儿童道德发展的规律不能超过儿童的思维发展和心理结构，认知发展对于道德发展具有重要意义。儿童的社会性发展依赖于认知的发展，儿童的社会认知影响着儿童的社会行为，父母、教师的约束和强制绝不能促进儿童智慧的发展和道德的成长。儿童社会性发展是儿童的主体与外部环境相互作用的结果。

（三）班杜拉的社会学习理论

班杜拉（A. Bandura）是美国著名的学习理论家。他综合了行为主义观点和认知派观点，认为儿童的个性是由行为、个人认知因素和环境三者相互作用决定的。

他以人可观察的外部行为作为研究的出发点，吸收了认知心理学所强调的内在认知因素在学习中的重要作用，吸收了人本主义心理学倡导的自我概念在人类学习中的积极意义，研究了大量儿童的社会行为，认为一个人行为的产生首先依赖于他对环境榜样的观察，同时也依赖于他自身对观察的榜样的认识，依赖于人活动的内部诱因。行为、个人认知、环境三因素在相互影响的过程中发挥作用。环境影响儿童，儿童的行为也会影响环境，儿童参与塑造了影响自身的环境。班杜拉修正、发展了米勒和多拉德（E. Miller & J. Dollard）的社会学习、模仿的理论，提出了观察学习的社会学习理论观。他认为人的个性是在观察过程中形成的，在这过程中，人们首先观察榜样的活动，观察的结果在人们的头脑中形成一种意向，正是这种意向指导人们在处于与榜样相似的情境中时，做出与榜样相似的活动。在进行观察学习过程中，人们可以不发生与榜样相同的外部反应，也可以不直接受到外部强化，只通过观察学习过程，人们就可以形成多种多样的行为，从而也就形成个性。

班杜拉十分重视榜样的作用，这对于培养婴儿个性的实际教育工作有重要意义。班杜拉还强调认知、自我调节、自我效能在学习中的重要作用。人不是消极地接受环境刺激，而是积极主动地对这种刺激做出选择、组织和转化，以调节自己的行为，这种把人看成主动的人，发挥人的主观能动性的观点对我们是有启发的。

第二节　婴儿典型的社会性行为

人的社会性发展离不开和环境的相互作用，婴儿和环境的相互作用主要通过社会性行为进行，要考察婴儿的社会性发展水平可以通过婴儿的社会性行为进行。婴儿的社会行为主要有亲子交往和同伴交往，所以，本节主要探讨婴儿的亲子交往和同伴交往的表现。

一、婴儿的亲子交往（依恋）

在婴儿的亲子交往中，最为明显的社会性表现就是依恋，依恋是婴儿与主要抚养者

（通常是母亲）之间的最初的社会性连接，也是情感社会化的重要标志。婴儿的依恋通常表现为将其多种行为，如微笑、咿呀学语、哭叫、注视、依偎、追踪、拥抱等都指向母亲；最喜欢同母亲在一起，和母亲的接近会使他们感到最大的舒适、愉快，在母亲身边能使他们得到最大的安慰，和母亲分离会感到痛苦；碰到陌生人会感觉到恐惧、焦虑，母亲的出现会得到抚慰；当他们饥饿、寒冷、疲倦、厌烦或疼痛时，首先要做的往往是寻找依恋对象。

（一）婴儿依恋的阶段

婴儿的依恋不是突然发生的，根据心理学家鲍尔比（J. Bowlby）、安斯沃斯（M. Ainsworth）等的研究，依恋是婴儿在同母亲较长时期的相互作用中逐渐建立的，其发展过程可分为以下 4 个阶段。

1. 无差别的社会反应阶段（0～3 个月）

这个时期的婴儿对人的反应的最大特点是不加区分、无差别的反映。婴儿对所有人的反应几乎都是一样的，喜欢所有的人，喜欢听到所有人的声音、注视所有人的脸，看到人的脸或听到人的声音都会微笑，手舞足蹈。同时，所有的人对婴儿的影响也是一样的，他们与婴儿的接触，如抱他、对他说话，都能够使他高兴、兴奋，都能使他感到愉快、满足。此时的婴儿还未对任何人（包括母亲）有偏爱。

2. 有差别的社会反应阶段（3～6 个月）

这时婴儿对人的反应有了区别，对人的反应有所选择，对母亲更为偏爱，对母亲和其他熟悉的人及陌生人的反应是不同的。这时的婴儿在母亲面前表现出更多的微笑、咿呀学语、依偎、接近，而在其他熟悉的人如其他家庭成员面前这些反应则要相对少一些，对陌生人这些反应就更少。但是此时依然有这些反应，婴儿还不怯生。

3. 特殊的情感联结阶段（6～24 个月）

从六七个月开始，婴儿对母亲的存在更加关注，特别愿意与母亲在一起，与她在一起时特别高兴，而当她离开时则哭喊，不让离开，别人还不能替代母亲，当母亲回来时，婴儿则马上显得十分高兴。同时，只要母亲在身边，婴儿就能安心地玩，探索周围环境，好像母亲是其安全的基地。这一切显示婴儿出现了明显的对母亲的依恋，形成了专门的对母亲的情感联结。与此同时，婴儿对陌生人的态度变化很大，见到陌生人大多不再微笑，而是紧张、恐惧，甚至哭泣、大喊大叫。

4. 伙伴关系阶段（24 个月以后）

2 岁后，婴儿能认识并理解母亲的情感、需要、愿望，知道她爱自己，不会抛弃自己，并知道交往时应该考虑她的需要和兴趣，据此调整自己的情绪和行为反应。这时，婴儿把母亲作为一个交往的伙伴，并认识到她有自己的需要和愿望，交往时双方都应考虑对方的需要，并适当调整自己的目标。这时与母亲空间上的临近性逐渐变得不那么重要。比如，当母亲也需要做其他事情，要离开一段时间时，婴儿会表现出理解，而不是大声哭闹，他可以自己较快乐地在那儿玩或通过言语、目光与母亲交谈，相信一会儿母

亲肯定会回来。

（二）婴儿依恋的类型

婴儿对母亲依恋的性质不尽相同，安斯沃斯等通过"陌生情境"研究法，根据婴儿在陌生情境中的不同反应，认为婴儿依恋存在 3 种类型。

1. 安全型依恋

这类婴儿占 65%～70%。他们与母亲在一起时，能安逸地操作玩具，并不总是依偎在母亲身旁，只是偶尔需要靠近或接近母亲，更多的是用眼睛看母亲，对母亲微笑或与母亲有距离地交谈。母亲在场使婴儿感到足够的安全，能在陌生的环境中进行积极的探索和操作，对陌生人的反应也比较积极。当母亲离开时，婴儿的操作、探索行为会受到影响，婴儿明显表现出苦恼、不安，想寻找母亲回来。当母亲回来时，婴儿会立即寻找与母亲的接触，并且很容易经抚慰平静下来，继续去做游戏。

2. 回避型依恋

这类婴儿约占 20%，他们对母亲在不在场都无所谓。母亲离开时，他们并不表示反抗，很少有紧张、不安的表现；当母亲回来时，也往往不予理会，表示忽略而不是高兴，自己玩自己的，有时也会欢迎母亲的回来，但时间非常短暂。实际上这类婴儿对母亲并未形成特别密切的感情联结，所以，有人也把这类婴儿称为无依恋婴儿。

3. 反抗型依恋

这类婴儿占 10%～15%。他们在母亲要离开前就显得很警惕，当母亲离开时表现得非常苦恼、极度反抗，任何一次短暂的分离都会引起大喊大叫。但是当母亲回来时，对母亲的态度又是矛盾的，既寻求母亲的接触，同时又反抗与母亲的接触，当母亲亲近他，比如抱他时，他会生气地拒绝、推开。而要他重新回去做游戏似乎又不太容易，他会不时地朝母亲这里看。所以这种类型又常被称为矛盾型依恋。

这 3 种类型的依恋中，安全型依恋为良好、积极的依恋，而回避型和反抗型依恋又被称为不安全型的依恋，是消极、不良的依恋。同时，研究表明，婴儿的依恋具有一定的稳定性，但当家庭环境经历较大变化，或母亲和婴儿的交往发生较大改变时，婴儿的依恋也会发生变化。

二、婴儿的同伴交往

婴儿虽然主要是与父母交往，但事实上也已经开始了同伴间的相互交往，并表现出在社交方式和社会接受性方面的差异。大量研究表明，婴儿大约半岁就开始了真正意义的同伴社交行为。婴儿早期同伴交往经历 3 个发展阶段，即"以客体为中心"的阶段、"简单交往"阶段、"互补性交往"阶段。

（一）以客体为中心的阶段

这一阶段的婴儿通常互不理睬，只有极短暂的接触，如看一看、笑一笑或抓抓同伴。刘易斯、罗森伯勒姆等发现，在出生后的第一年时间里，婴儿大部分的社交行为是单方面的发起，一个婴儿的社交行为还不能引起另一个婴儿的反应。然而，单方面的社交是社交的第一步，当一个婴儿的社交行为成功地引发另一个婴儿的反应时，就产生了婴儿之间简单的社交行为。

（二）简单交往阶段

这一阶段中，婴儿的行为有了应答的性质。研究者们对这个阶段婴儿的交往行为提出了"社交指向行为"的概念。社交指向行为是指婴儿做出指向同伴的具体行为，婴儿发出这些行为时，总是伴随着对同伴的注意，也总能得到同伴的回应。具体有微笑、大笑、发声、给或拿玩具、身体接触、玩和同伴相同或类似的玩具等。婴儿通过这些社交指向行为积极寻找自己的同伴，同时也对同伴的行为作出反应，相互影响。这样，婴儿之间就有了直接的相互影响、接触，简单的社交行为就此产生。

（三）互补性交往阶段

这一阶段中，婴儿之间相互影响的持续时间更长，其内容和形式也更复杂。出现了婴儿间的合作游戏、互补或互惠的行为。比如，你需要有伴时，我和你一起玩，你跑我追，你躲我找，两个人在一起共搭一个东西。这个时期，婴儿交往最主要的特征是同伴之间的社会性游戏的数量有了显著增加。研究表明，16～18 个月是婴儿交往能力发展的转折点，在此之后，婴儿的社会性游戏迅速增加，2 岁左右时社会性游戏超过了单独游戏，社会伙伴也经常是同伴，与母亲的交往也表现出明显的下降趋势。

另外，心理学家缪勒和范德（Mueller & Vandell）综合他人及自己对婴儿同伴交往的实验研究，从社会技能发展的角度，把婴儿早期同伴交往划分为 4 个阶段：简单社交行为、社会性相互影响、同伴游戏及早期友谊。简单社交行为阶段中，所有社交行为都已经出现，但是许多行为表现是单方的，可能得不到另一婴儿的反应；当这些行为得到另一婴儿的反应时，社会性相互影响阶段就出现；随着社会性相互影响的掌握，婴儿同伴之间的社交游戏就开始发展起来，并广泛表现在一般的社交行为之中；通过广泛的社交游戏，婴儿的社交能力发展到第 4 阶段，出现了最初的友谊。

第三节 | 婴儿社会性发展的观察与评估

在前面两节中，我们已经介绍了婴儿的社会性及社会性发展的含义，婴儿社会性发展的特征及理论解释；同时探讨了婴儿的社会性行为，亲子交往和同伴交往的表现，但是如何对婴儿的社会性表现进行观察和评估呢？本节将对此问题进行探讨。

一、不同月龄阶段婴儿社会性发展的观察评估标准

每个人从一出生就开始了由一个自然人向社会人的转化过程。当孩子开始对母亲的爱抚有了回应动作或微笑时，就开始了人际交往，他的社会性行为也就开始表现出来了。

　　随着年龄的增长，儿童生活范围逐渐扩大，社会经验日益增多。他们要学会与父母、同伴以及其他人进行交往、接触，并逐步建立起与父母、同伴之间的比较稳定的关系。可以说，婴儿期是人一生中社会性发展的关键时期，婴儿期社会性发展的好坏直接影响到以后的发展。因此，了解婴儿社会性发展的特点，对于婴儿社会认知和社会适应的发展有着至关重要的作用。不同月龄段的婴儿社会性发展特征见表 7-3-1。

表 7-3-1　婴儿社会性发展特征表

月龄段	主要特征	社会性发展的表现
0～3	对他人的注意高于对物品的注意； 社会行为以情绪沟通为主； 亲子交往由泛化的前依恋行为构成； 基于生理需求的社会适应行为； 对环境和人没有区分； 自我意识处于萌芽期	一个半月时出现真正具有社会意义的微笑； 2 个月时会注视同伴，3 个月与同伴在一起时，会互相观望和抚触； 主要以哭泣、吸吮等本能反射为手段表达自己的需求； 交往行为主要是与养育者之间的情绪交流； 0～3 个月的婴儿不能清晰地区分自我和他人
4～6	同伴意识出现； 开始区别对待熟悉的成人和陌生人； 亲子依恋正在形成； 开始认生； 核心自我开始发展； 注意到自我的存在	5 个月左右的婴儿会对同伴微笑，做出一些友好的动作； 可以清楚地辨别熟悉的人和陌生人； 6 个月的婴儿可以认出熟悉的人，有些婴儿对陌生人表现出害怕的样子； 会对自己发出的声音表示出兴趣，经常呢喃
7～9	亲子关系中交往手段增多； 真正的依恋关系正在形成； 与陌生人接触时较为怕生； 具有初步的独立意识； 自我控制能力开始发展	可以用哭、笑来表示喜欢、不喜欢； 8 个月时出现依恋情绪，不肯离开妈妈或主要照顾他的人； 与同伴在一起时，会主动对同伴微笑或伸手触摸同伴； 能够辨别陌生人和熟悉的人； 玩耍时具有了一定的偏好和主见； 能够理解父母的简单指令
10～12	同伴交往发展进入初级阶段； 亲子依恋更加鲜明； 泛化的社会模仿行为； 可借由熟悉的物品或人适应陌生环境； 自我认识开始萌芽	除了触摸和微笑，对同伴还出现了对物品的共同注意； 将妈妈看作是特殊的对象，更加依恋妈妈； 会模仿哥哥姐姐的行为； 开始热衷于照镜子，喜欢对着镜子做动作
13～18	同伴交往技能进一步发展； 依恋行为更加鲜明清晰； 亲社会行为逐渐增多； 看见陌生人产生"羞怯"； 客体自我开始发展	可以与同伴进行更多社会游戏，如藏猫猫； 可以通过微笑、哭叫、伸手接近等方式吸引母亲的注意； 与同伴玩耍时可以把玩具让给同伴； 看到陌生人时不再大哭，而是露出胆怯； 开始用手抹去镜子中看到的自己鼻尖上的红点
19～24	社会互动技能进一步发展； 出现自发的亲社会行为； 同伴交往中出现合作行为； 有了一定的自理能力； 在陌生环境中不再怕生； 性别认同开始出现	能够接近正在操作玩具的陌生成人并围绕玩具进行互动； 目睹别人的痛苦时会开始表现出一定的亲社会行为进行安慰，如拍拍对方等； 能够自己脱衣服； 知道自己所属的性别是什么

续表

月龄段	主要特征	社会性发展的表现
25～30	同伴交往中冲突行为增多； 交往技能和亲社会行为发展； 亲子依恋进一步发展； 自我服务能力提高； 性别意识发展，主动性增强	关于物品使用权和所有权的冲突逐渐增多； 可以用语言或其他替代活动表示同情或安慰； 不再成天黏着母亲，开始采纳母亲的观点； 能够自己拿筷子、自己吃饭、自己穿衣等； 能够主动用话或动作叫人拿取自己想要的东西
31～36	社会问题解决技能进一步发展； 社会技能产生分化； 逐步建立较为稳定的同伴关系； 生活适应能力发展； 出现一定的自我评价	可以通过玩具或他人帮助解决互动问题； 与同伴发生互补或互惠的游戏行为； 基本上能够完成日常起居任务； 会给自己正面的评价，能够准确说出自己的性别

二、婴儿社会性发展观察评估要点

根据上述婴儿社会性在不同月龄阶段的主要特征和表现，以下通过行为检核的方式来呈现婴儿社会性发展的观察要点（见表 7-3-2）。

表 7-3-2 婴儿社会性发展观察评估表[①]

姓名：_____ 性别：_____ 出生日期：_____ 观察时间：_____

月龄段	观察评估项目	是	否
0～3	哭闹时听到母亲的呼唤声会安静		
	逗引时出现动嘴巴、伸舌头、微笑等情绪反应		
	看到主要看护者会笑		
	当他人对着婴儿微笑时，婴儿也会微笑		
4～6	看到妈妈时会伸手期待抱抱		
	在陌生的环境里会表现出不安		
	妈妈表现生气或愤怒时会哭起来		
	拿走他正在玩的玩具会表示反对		
	会对着镜子中的影像微笑，伸手拍拍镜子		
7～9	会注视、伸手去触摸另一个儿童		
	对于陌生人表现出情绪不稳定		
	玩具被拿走会激烈反抗		
	当成人禁止做某件事时，能够立刻停下		
10～12	经常模仿大人的举动		
	听到表扬后会重复刚刚的动作		
	知道妈妈要离开会哭，寻找妈妈		
	看见生人会焦虑、害怕		

① 周念丽. 0～3岁儿童观察与评估. 上海：华东师范大学出版社，2013.

续表

月龄段	观察评估项目	是	否
13～18	与小朋友一起玩时经常为争夺玩具发生冲突		
	开始能理解并遵从成人简单的行为准则和规范		
	会依赖自我安慰的东西，如毯子等物品		
	能在镜子中辨认出自己，并叫出自己的名字		
19～24	不愿把东西给别人，知道是"我的"		
	游戏时模仿父母的动作，如假装给娃娃喂饭、穿衣		
	有一定的自理能力，可以自己脱衣服		
	可以从一堆照片中辨认出自己的照片		
25～30	能够主动帮助同伴		
	同伴交往中出现一定的合作行为，如将物品递给同伴等		
	能自己穿衣服		
	不再怕生，在新环境中能很快适应		
31～36	乐于和其他儿童一起游戏，并能够不打扰其他儿童		
	知道如何排队，并耐心等待		
	能自己收拾玩具		
	能区分自己和他人的性别		

三、婴儿社会性发展观察评估范式

婴儿进行社会性发展是因为需要应对许多陌生的、不确定的情境。因此，我们可以通过创设这种情境引发婴儿的社会性行为，进而对其进行研究。目前，关于婴儿社会性发展的研究主要采用视觉悬崖、陌生人情境和新异玩具3种研究范式。

（一）视觉悬崖

视觉悬崖最早是由吉布森和沃克设计的，是一种用于测查婴儿深度知觉的装置。J. Campos 等首先利用视觉悬崖实验装置对婴儿情绪社会性的发展进行了研究。研究发现，当婴儿爬到平地和深崖交界处时，会犹豫不决，抬头看母亲，寻求当前情景信息，再采取相应的行为反应。视觉悬崖实验的研究结果表明：面对深崖的婴儿会依照母亲不同的面部表情采取不同的行动。参照高兴表情的婴儿多爬过深崖，参照恐惧表情的婴儿全未爬过去，而参照悲哀表情的婴儿反应不一，并且参照的时间和次数较多。这表明母亲的面部表情可以有效地影响婴儿的行为。

（二）陌生人情境

陌生人情境是婴儿在生活中经常要面临的事件，其实验程序是：陌生人走进房间，母亲与陌生人进行积极或消极的交流，或不进行任何交流，然后，陌生人抱起婴儿或给婴儿玩具。Feinman 和 Lewis 发现，当母亲用积极的或中性的语调对陌生人说话时，积极的语调更易使婴儿对陌生人微笑，但当婴儿只是从旁观看母亲与陌生人的交流时，他们对情绪信号的反应性较低。然而 Boccia 和 Campos 的研究发现，即使母亲只是简单地与陌生人打招呼，而不进行情绪交流，在婴儿的反应上也会存在差别：当陌生人进入时，母亲高兴的表情和声音比焦虑害怕的情境更易引发婴儿的积极表现。可见，婴儿对陌生人情境的反应结果虽不像视崖研究那样显著，但仍与母亲的情绪表达存在较高的一致性。

（三）新异玩具

新异玩具的方法为大量社会性发展的研究所采用。它的基本程序是将出声会动的玩具呈现给婴儿，以造成一种不确定的情境。成人通过表示高兴、害怕、厌恶等情绪的表情、声音或综合运用几种方式，向婴儿传递社会性信号，观察他们是否接近或避开玩具。通过对多种不同新异玩具的实验研究发现，12 个月的婴儿会依照母亲的情绪信号调节对玩具的行为反应。当母亲利用表情和声音，或只用声音传达参照信号时，婴儿的行为调节比较明显；而如果只运用面部表情信息时，则作用不明显。另有研究证明负性表情和声音信号比积极的信号更有效，12 个月的婴儿会因此明显减少接近玩具的行为。同样，只通过负性的声音信号，如害怕的声音，也会取得预期效果，而单独的负性表情信号效果不明显。总之，利用新异玩具的实验研究取得了各种不同的结果。这些结果表明，母亲给予的不同信号，信号刺激的强弱，母亲距离的远近，不同刺激物的新异程度等因素与婴儿是否会采取与母亲情绪相一致的反应有关。

上述 3 种研究方法各有利弊。简单地说，视觉悬崖实验成功地揭示了情绪性信号在社会性发展中的有效性，但是只适用于考察运动经验和深度知觉发展相应阶段的婴儿在情绪性方面的特点。陌生人情境实验也证实了预期的假设，但有赖于对情境的控制，尤其是对婴儿的参与程度的要求。新异玩具的实验是一种专门为社会性参照研究设计的方法，可以考察情绪行为和动作表现等信息传递及其反应的相互作用，但需要控制的影响因素较多。

第四节　婴儿社会性发展观察与评估举样

案例一：1 岁半嘟嘟的一天

时间	地点	嘟嘟的活动	表现的社会性特点
上午 6 点半	家中	起床。妈妈给嘟嘟穿衣服，妈妈说小手，嘟嘟伸小手，妈妈说小脚，嘟嘟伸小脚	1. 知道自己身体部位的名称； 2. 能表现出配合他人； 3. 能在自己的能力范围内完成大人的指示
上午 9 点	小区绿地	嘟嘟遇到比他大的文文。文文做什么，嘟嘟就做什么，不过文文碰了一下嘟嘟的车，嘟嘟不乐意，去推文文，妈妈把嘟嘟抱开，还指责了嘟嘟，嘟嘟不高兴地哭了	1. 喜欢和同伴玩，而且能模仿同伴的行为； 2. 能对他人说的话和表情做出敏感的反应； 3. 被成人批评时，能表现出羞愧感
中午 11 点	家中	嘟嘟坐在餐椅上，抓起苹果条往嘴里喂，还发出咯咯咯的笑声，对妈妈说"吃吃"，意思是还要苹果条	1. 当自己成功时，表现出自信； 2. 对喜欢的食物能采取合适的方式获取

时间	地点	嘟嘟的活动	表现的社会性特点
中午 12 点	家中	午睡。嘟嘟躺在床上，妈妈微微抚摸嘟嘟的小手、背部，嘟嘟睡着了	和妈妈的关系很亲密，妈妈在时感到很安全
下午 3 点	亲子园	上早教课时，妈妈离开教室，嘟嘟不开心，不过一会儿后就被老师的铃铛声吸引了，和小朋友一起听老师的歌声	1. 可以暂时离开妈妈，参加集体活动； 2. 能和别的小朋友和平相处一段时间
下午 4 点半	回家路上	妈妈碰到同事，让嘟嘟叫"阿姨"，嘟嘟一下子把头埋进妈妈怀里，不肯叫	1. 能分辨谁是家人，谁是陌生人； 2. 对陌生人表现出羞怯、怕生，在这个年龄段是合理的
下午 5 点	小超市	在收银台付钱时，嘟嘟扯着妈妈的衣服指着棒棒糖，妈妈说："刚刚不是说好了，今天不买吗？"嘟嘟马上哇哇大哭起来，非要妈妈把他抱到棒棒糖前。妈妈最后还是给他买了	1. 有要求时知道向家长提出； 2. 不能合理表达诉求
下午 6 点	家中	爸爸下班回来。嘟嘟在门口迎接爸爸，要爸爸抱。吃饭时，爸爸请嘟嘟拿电视柜上的纸巾盒，嘟嘟够不着，就去拖他的小凳子，最后在爸爸的帮助下拿到了	1. 嘟嘟也喜欢爸爸； 2. 遇到困难知道想办法完成

从这一天中，可以看到嘟嘟能做到：

（1）已经有了初步的自我意识，比如他知道自己的小脚、小手，当他成功完成一件事时会为自己高兴。

（2）嘟嘟和爸爸妈妈建立了很亲密的联系，对经常见到的同龄人也表现出较大的兴趣。

（3）嘟嘟已经有了高兴、自豪、内疚、悲伤等多种情绪，并都能表达出来。

嘟嘟还不能做到：

（1）和同伴分享玩具。

（2）不能用合理的方式向妈妈表达要求，也不能按事先约定的规则对自己的行为加以控制。

案例二：

小明 1 岁 3 个月，现在变得越来越离不开妈妈，即使在家，也是跟在妈妈后面，妈妈走到哪儿，他就跟到哪儿，不愿自己单独玩。在外面更是怕妈妈不见了，只要妈妈抱，连爸爸也不要，要是没看见妈妈，小明就会马上紧张起来，到处找妈妈，害怕得大哭。

小明的表现属于正常的依恋现象。1～2 岁的孩子依恋母亲的心理最为明显，他们将母亲当作自身的一部分，而且与母亲有了深厚的情感联系，他们觉得母亲最温和、最可信、最安全，所以在家里和母亲形影不离，在外面也很怕看不见妈妈，妈妈不见了，他们会觉得不安全。依赖妈妈是他们唯一获得安全感的途径。随着孩子年龄的增长，这种现象会逐渐减少，他们会学会独立去玩。

案例三：

小红 1 岁 8 个月，现在不像以前那么听话了，总是一口一个"不"来回答大人。叫她穿鞋子，她说"不穿"；叫她吃饭，说"不吃"；在外面玩耍，大人说"回家了"，她马上说"不回"；大人说："宝贝，我们来背儿歌吧。"她马上说："不背，妈妈背。"

一口一个"不"，是2岁左右的儿童较普遍现象，这个阶段的儿童有了独立自主性，通过表达"不"来体现这种独立性。1岁过后，儿童慢慢产生了独立的自我意识，他们产生了自己"想干什么""想要什么"的意识，因此，他们会坚持自己的主张。孩子常常在什么时候喜欢说"不"呢？一是他们在做自己喜欢的事情被大人打断的时候；二是大人给孩子提要求，孩子习惯性地说"不"；三是大人在制止孩子不安全行为和举动时。对于不同情景的"不"，应该有不同的引导对策。

案例四：

小军现在2岁5个月了，和小朋友一起玩时很霸道，时常打小朋友，抢小朋友的东西，小朋友都不喜欢和他玩，大人也不敢离他半步，生怕他欺负别的小朋友。

小军在同伴交往中出现了一些问题，他没有掌握同伴交往的规则，把亲子交往的经验带入了同伴交往，这也反映出小军家里没有建立正确的亲子交往的形态，没有学会分享、合作、妥协等同伴交往规则。当小军出现这种行为时，教育的方式是制止，如"不许这样"，小军被制止的次数多了，就会明白他的行为是错误的，慢慢开始遵守规则，另外应让他给小朋友道歉。同时，每次出门之前提醒他不能欺负其他小朋友，如果又出现这种现象，可以考虑不让他跟小朋友玩作为惩罚。但是切忌以暴制暴，不能用武力的方式制止小军打人的行为。

第八章
婴儿语言发展的观察与评估

【本章学习目标】

1. 了解言语与语言的区别与联系，了解婴儿语言发展的特点、影响因素、促进方法以及意义。

2. 掌握婴儿语言发展的具体形式和内容，能够设计合适的观察方案，并用相应的观察方法观察婴儿语言的发展。

3. 了解婴儿语言发展的评估标准，能够正确评估婴儿语言发展的水平，并提出促进婴儿语言发展的指导策略。

【本章学习建议】

本章主要介绍了婴儿语言发展的观察方案和评估标准。学习时应关注婴儿语言发展观察方案的设计及观察方法的运用，同时以评估标准为导向，实际案例为借鉴，把理论层面的内容转化为具体的操作方案，以此来观察和促进婴儿语言的发展。

【案例分析】

"Bah-bah！"1岁的马克边挥着手边喊着再见，这时他的妈妈将汽车从祖母家驶出来。当妈妈开车驶向高速公路要回家时，马克不停地喊着"Bel！bel！"，他拉拽着安全带，看看它又看看他身边的妈妈。"安全带呢，马克？"妈妈问道，"来，把它系好，你看！"她说道，"这有一些东西，"说着递给他一块饼干。"Caa-ca，Caa-ca。"马克说道，并且高兴地吃起来。

"关住前面的门，好吗？"苏珊的父亲从楼上向他3岁的女儿喊道。"我关住了，爸爸。"苏珊关住门之后又说，"现在不会有风进来了。"

学习语言是一件十分困难和棘手的事情，但是孩子却以非常快的速度学习和掌握着语言。上述案例中，1岁的马克在命名熟悉的物体或者表达自己的愿望时，只能用单个的词。3岁的苏珊却已经掌握了语言交流的基本规则，虽然她的父亲只是用了一个问句来表达他的诉求，但苏珊知道这个问句其实是一个命令，让她去关门，并且她回复父亲时还清楚地表达了关门与阻挡风之间的关系。

孩子们的语言发展往往令人惊讶与困惑，特别是婴儿语言的发展，他们是怎样在非常短的时间内发出正确的语音、获取大量的词汇并且掌握复杂的语法体系的呢？影响他们语言发展的因素有哪些？成人促进婴儿语言发展的策略有哪些？要解决这些问题，不能单凭猜测和推断，只有成人亲自去观察婴儿语言的发展，才能解决以上问题，因此本章将详细地介绍婴儿语言发展的观察方案和评估标准，为家长和教师们提供一些有益的借鉴。

第一节 婴儿语言发展概述

语言是一种特殊的社会现象，是人类社会交际的工具，也是思维的工具和学习知识的工具，突出的语言能力可以使交往能力、思维能力和智力得到显著的发展和提高。0～3岁是婴儿语言能力发展最快、学习语言效果最好的阶段，因此了解婴儿语言发展是促进婴儿语言发展的前提和基础。

一、言语与语言

言语指人们说出的话和听到的话，又叫话语。它是说话行为的产物，又是听话行为的对象。言语总是联系着特定的说话者，有特定的场合和特定的交际目的。人类社会发生着无数次的言语交际活动，产生了无数的话语，这些话并非各不相同，其中存在着同一性，即不同时间、不同场合、不同人说的话之中反复出现了同样的音义结合体和同样的规则，这些成分和规则概括成一个完整的系统，就是语言[①]。

概括而言，言语是个体的、具体的、无限的、动态的现象，语言则是全民的、概括的、有限的、静态的系统。二者之间既有区别也有联系。

（1）言语具有个体性，语言具有全民性。言语指个体说的话，每个人说话都带有自己的特点，如地域、年龄、文化素养、社会地位等，这就是个体性，言语是个人对语言形式和规则的具体运用。而语言是存在于全体社会成员之中的相对完整的抽象符号系统，它对于社会成员来说就是全民的，无论是从语言的创造者、使用者，还是语言本身，语言都具有全民性。

（2）言语是具体的，语言是抽象的。言语能直接为人所观察，是非常具体的存在，而语言是对群体人说话的抽象，它排除了一切个体差异，是作为群体的共性存在的。语言学家只有对所搜集的大量言语素材进行抽象概括，才能发现语言的各种单位和规则。

（3）言语是无限的，语言是有限的。言语是个人根据交际需要说出的话语，每个人可以说出各种各样的话语，写出丰富多彩的句子，因此言语的内容是纷繁复杂的，无限延伸的。而就某一语言而言，能辨别的语音是有限的，词的数量和构词规则是有限的，句子结构的规则也是有限的。

（4）言语是动态的，语言是静态的。言语活动常常在说话人和听话人之间展开，从说到听是一个动态的过程。而在人们使用语言时，语言的规则都是现存的、约定的，不允许处于经常的变动之中，这是言语活动得以进行的前提和基础，否则人类就无法交际，

---

① 赵寄石，楼必生. 学前儿童语言教育. 北京：人民教育出版社，2005：37-38.

无法组织社会，因而语言在一定时期内处于静止状态。当然，随着社会的变化，语言也会出现适应性变化，所以语言的静止是相对的。

语言和言语之间虽有区别，更有紧密的联系。语言和言语是静态和动态的联系，概括和具体的联系，系统和形式的联系。具体表现为：

语言存在于言语之中。语言源于言语，语言的生命在于人们的运用，不被运用的语言没有生命力。因此，语言存在于人们的话语中，我们只有通过言语才能认识语言和学会语言。无论是研究还是学习语言，都必须以言语为对象。

言语依赖于语言。言语要被人所理解，并产生相应的效果，必须有语言，有全社会共同的语言做基础，达成语言的共识，才能进行交际。语言作用于言语，在实际交际中，表现得很明显。每个人说话可以是千差万别的，但是每个人都必须遵守共同的规则，否则人们就无法交际。语言对言语有着强制性的规范作用。

二、婴儿语言发展的特点

（一）社会性

社会发展是语言发展变化的首要原因。语言是一种社会现象，其发展变化必然要受到社会发展变化的影响。语言作为婴儿最重要的交际工具和思维工具，必须适应因社会的发展而产生的新的交际需要，与社会的发展保持一致，因此社会的任何变化都会在语言中反映出来。社会的分化、统一直接影响语言。婴儿是社会中的个体，只要社会生活还在对其产生影响，其语言发展就会继续下去。

（二）连续性和阶段性

婴儿的语言发展是一个由量变到质变的过程。量变过程即语言发展的连续性。量变到一定的阶段，引起质的变化，标志着语言发展的阶段性。前一阶段是后一阶段的基础和准备，后一阶段是前一阶段的延续和升华。以词汇为例：从出生开始，婴儿就表现出对语音的浓厚兴趣，在两三个月的时候，婴儿就可以比较清楚地感知语音、分辨语音；6个月后，婴儿能够发出重叠性的双音节"爸爸""妈妈"；10个月后，婴儿的语言显现出语言交际的主要功能；1岁半后，婴儿的语言开始从语言形式、语言内容和语言运用3个方面得到不同程度的发展。3岁后，他们已经能基本掌握本民族、本地区语言的全部语音。可见，婴儿语言的发展是一个不断积累又不断突破的过程。

（三）实践性

语言既是婴儿交际的工具，也是他们学习的对象。在不断使用语言的过程中，他们逐渐知道在不同的场合使用相应的语言表达；面对不同的人，运用不同的语音、语调和表情。通过对语言长期的、反复的练习和使用，增强语言的运用能力。可见，婴儿能在交际中获得语言知识，这个过程就是一个不断实践的过程。

三、婴儿语言发展的影响因素

语言是人类的一种高级神经活动形式，是人类相互交往的工具，也是人类表达自己内心世界、思维的工具，它在人的心理活动中起着重要的作用。人类掌握并运用语言不是一件容易的事，因为语言的发展不仅需要一个相当复杂及漫长的过程，而且还要具备一定的条件。

（一）先天遗传

1. 发音器官

语言的发音首先要有正常的发音器官，包括喉、声带、咽、舌、唇、齿、腭等结构。这些结构必须完整，具有正常的功能，否则就会出现口齿不清，甚至口吃等语言障碍。

2. 听觉功能

正常的听觉是语言发展的保证。婴儿在发出第一个有意义的词之前，已经能够听懂很多语句。语言的发育依赖于听力，只有先接受外界语言的刺激，个体才会做出相应的应激反应，逐渐产生语言。如果在语言发展期间存在语言输入障碍，如中度以上听觉障碍，就会影响婴儿对语言的理解和表达，导致语言障碍。有些婴儿对某些频率的声音存在感受障碍，如听不到高频声音，就会影响婴儿对高频声音的听觉分辨能力，导致婴儿发音不清等。

3. 大脑中枢

大脑是语言活动的中枢，人的语言经过视觉和听觉器官感知后输入中枢，经过中枢处理后，再经神经传给发音器官，从而进行口语表达。如果大脑受到损伤，婴儿就不能正确地处理接收到的语言信息，会出现偏听、误听、误解等现象，自然也就不能正确地进行语言的表达，进而影响到婴儿与他人进行语言交流，使婴儿的语言发展出现各种不同类型的语言障碍[①]。

4. 智力因素

语言的理解与认知能力有密切关系，认知能力是人类智力的一个重要组成部分，因此智力低下会影响语言能力的发展。智力低下的婴儿注意力不容易集中，模仿能力差，不能理解词的意思，也不能适当地表达自己的愿望。一般情况下，这些孩子开始说话的年龄晚，词汇量少，表达能力欠缺。年龄稍微大点的孩子表现为说话不符合主题，或者模仿一些与年龄不相符的语言以及出现重复话语。

（二）后天环境

先天遗传给孩子说话提供了基本条件，而后天环境则决定了语言潜力开发到何种程度。"狼孩"案例告诉我们即使遗传没有问题，但是孩子出生后没有生活在人类社会也会阻碍孩子的语言发展。因此在一个充满了说话声的环境里，孩子才会得到充分的语言刺激，从而在早期便开始学习语言，而且这种刺激应该伴随孩子成长的整个过程，以便不断提高其语言学习的能力。

---

① 张加蓉，卢伟. 学前儿童语言教育活动指导. 上海：复旦大学出版社，2013：8.

1. 家庭环境

父母是婴儿语言学习的启蒙者。婴儿从出生开始，父母与他的交流是他能接触到的"有声音"的环境。婴儿的语言发展是通过不断模仿、练习获得的，语言的发展与环境所提供的信息刺激量的多少有关，接受外界信息刺激多的孩子，其语言发展就快于其他婴儿。在家庭中，父母对婴儿语言发展的影响是不可低估的，父母应经常陪孩子说话、做游戏，带着他们认识周围的世界，这些活动会不断提升婴儿的语言能力，也能增进父母与婴儿之间的感情，使他们有安全感。

2. 社会环境

社会是人与人交流和联系的统一体。在这个环境中，婴儿可以接收更多的信息，可以与更多的人进行语言交流，形成最初的个体与群体的概念。在和人们广泛的接触中，婴儿开始逐渐感受到集体的力量，出现了较为丰富的情绪情感，这些都能成为婴儿语言发展的基础。

四、婴儿语言发展的促进方法

婴儿能够准确发音，与人正常交流，先天遗传因素和后天环境影响都不可或缺。在发音器官、听觉功能、大脑和智力都正常的情况下，成人应该通过各种有效的方法促进婴儿语言的发展。

（一）常常对婴儿说话

在日常生活中，成人应该把发生的每一件事情，通过清晰、生动形象的表达告诉婴儿。例如，当婴儿洗澡的时候，成人可以不停地对婴儿讲："宝贝，妈妈准备好洗澡水了，咱们要躺进澡盆里啦。""小肚子淋了水后，是不是觉得暖暖的？""你听，洗澡水溅在澡盆上，'噗……噗……'直响。""好啦，咱们该出水了，要不宝宝的皮肤都要泡皱啦。"成人将日常生活中的各种事物或者行为介绍给婴儿，教他模仿简单的话语，为之后语言的表达提供了素材。

（二）耐心倾听与鼓励

当婴儿稍微具备语言表达能力时，父母须专心倾听婴儿说话，耐心回答他的疑问，并鼓励其继续表达。父母要提供一个安全的环境，让婴儿去摸索、去操作他所看到的东西，这对语言发展很有帮助。教婴儿说话时，要以他的兴趣、喜好为中心，不可强迫他说较生涩的语句。在跟孩子说话时，应放慢语速，跟随他的步调，句子尽量简单。此外，每句话要留给婴儿轮流说话的机会，增强他说话的能力。当婴儿吐字不清楚，甚至说话有口音或者发音错误时，不要模仿他、嘲笑他，成人只需耐心地用正确的发音重复一遍，婴儿就会在耳濡目染下纠正以前的失误，学到正确的吐字发音。

（三）勤做语言游戏活动

语言游戏活动是婴儿接受和掌握语言的最佳形式，他们在这个过程中不仅感受到快乐，而且能够感知语音，熟悉并记忆游戏中的词汇和句子。当他能够说话后，配合着游戏活动，婴儿的语言能力自然就提升了。例如，当婴儿三四个月的时候，妈妈就可以让婴儿背靠在怀里，两手握住他的小手，教他把两个食指对拢，然后分开，在做动作的过程中，妈妈配合着动作，嘴里念道："虫虫——飞呀，虫虫——飞呀"；到 1 岁左右的时候，妈妈让婴儿坐在自己的腿上，一边念儿歌，一边合着儿歌的节拍轻轻摇晃着："摇啊摇，摇到外婆桥，外婆说我是个好宝宝，我就是个好宝宝。"这些我国民间常用的亲子游戏可以训练婴儿的协调能力、动作能力以及语言能力。

（四）开展亲子阅读

亲子阅读不仅能够增进父母和婴儿的感情，同时也是语言学习的有效方式之一。特别是对于平时与婴儿说话较少的父母，或者是不善表达的父母，看书阅读是跟婴儿沟通的比较好的方式。不过父母在进行亲子阅读之前，首先要挑选合适的阅读书籍，根据婴儿的接受程度和阅读兴趣来选择读物。其次，在读之前家长应该尽量熟悉阅读内容，不要边讲边看，这样会严重破坏婴儿的兴趣以及阅读所带来的价值。同时，家长还可以改编或者创编故事，然后跟婴儿一起阅读，最好能在改编和创编时让婴儿加入进来。

（五）合理利用多媒体

在科学技术快速发展的今天，多媒体给成人带来便利的同时，也不同程度地影响着婴儿语言的发展，特别是电视中的动画片内容和广告词，常常是婴儿学习语言时模仿的对象。成人不要仅仅因为孩子能够重复某个电视广告词而心花怒放，有时这对婴儿的语言发展是一种负面影响。因为电视中充满了大量的不规范语言，而且电视或者电脑不能与婴儿进行灵活的语言交流和沟通，除了让婴儿模仿里面的语言外，对他的语言表达能力影响是有限的。而且从用眼卫生角度出发，2 岁以前的婴儿是不应该看电视的，2 岁以后的婴儿每天只限于观看 40 分钟的电视，并且所看内容必须经过成人的合理筛选。

（六）参与社会活动

现代教育理念提倡"做中学"，对于婴儿语言的学习同样适用。家长对婴儿的语言影响是有限的，要想使婴儿的语言得到更大的发展和提升，最好的做法就是多带婴儿参加社会活动。动物园、海洋馆、博物馆不仅能够帮助婴儿多认识些动物、植物等，还能拓宽他们的知识面，激发他们的求知欲。在解说员语言的刺激下，婴儿能够掌握更多的、更规范的词汇。同时在这个过程中，婴儿的认知能力也会得到发展，从而促进其语言能力的发展。

五、婴儿语言发展的意义

（一）促进婴儿社会性的发展

婴儿在一定的条件下逐渐独立地掌握社会规范，与人交往，从而客观地适应社会生活。婴儿的社会性表现为他们喜欢与同伴一起玩，且游戏的关系由比较松散到比较协调、有规则的结合，社会化的程度大大提高。影响婴儿社会性发展的因素之一便是语言。因此，语言的发展帮助婴儿逐步发展对外部世界、对他人和对自己的认识，使其社会性得以正常发展。

（二）促进婴儿认知能力的发展

婴儿语言发展和认知发展相互促进、共同发展。一方面，婴儿的认知发展水平决定语言发展水平。婴儿从牙牙学语到能够掌握比较连贯和抽象的语言，这个过程都有赖于认知的发展。另一方面，语言一旦被个体所理解和掌握，就能够对认知的发展起到推动和加速作用，表现为增加认知的速度、广度和强度。没有语言这个工具，个体的认知始终会停留在个人心理层面。

（三）促进婴儿心理健康和成熟

婴儿期是人生的最初阶段，各种心理活动都在这个阶段开始发生，包括感知觉、注意、记忆、思维、语言、情感等方面，语言作为其中一个心理活动特征，在婴儿心理发展中起重要作用。同时，婴儿使用语言与周围的人交流、接触，获得情感的需要，社会的认同，获得尊重与被尊重等，从而能真正健康快乐地成长。

第二节 婴儿语言发展的观察要点

婴儿在学习语言时，学的是什么呢？事实上，语言由几个小体系组成，它们与发音、语义、整体结构及日常使用相关，即语音、词汇、语法与语言运用4部分。

一、观察婴儿语音的发展

语音是指人类通过发音器官发出的、具有一定意义的、用来进行社会交际的声音。在语言的音、形、义3个基本属性当中，语音是第一属性。人类的语言首先是以语音的形式形成的，世界上有无文字的语言，但没有无语音的语言，因此语音在语言中起决定性的支撑作用。

（一）婴儿语音的发展阶段

1. 最初发声阶段（0~3个月）

婴儿初始的喊叫是呼吸的开始，是发音器官最早的活动。2个月左右，婴儿开始发出类似元音的声音，如发出"哦哦"声。这段时间的末期，婴儿会将辅音-元音联合的词重复成一种，例如"ba-ba-ba"以及"ma-ma-ma"，这种情况一般发生在大声喊叫之后换气停顿的时候，由于气流通过喉部、口腔受到某些阻塞而引起。此外，婴儿在打嗝、咽食、吐唾沫以及笑时都可能发出类似于辅音的语音。但是需要舌、唇等较多部位参与运动才能发出的音，此阶段都没有。由于这个阶段婴儿没有牙齿，所以齿音也不会出现。

2. 咿呀学语阶段（4~8个月）

4个月开始，由于发声器官逐渐成熟，几乎所有的婴儿都在相同的年龄开始咿呀学语，并出现相似的早期发音，他们会有节奏地重复发出 a-ba-ba-ba、da-da-da等音。当孩子7个月左右，由于成人不断的刺激，婴儿的咿呀学语已经趋于成熟口语的语音，其中有些音很像 ba-ba（爸爸）、ma-ma（妈妈）、ge-ge（哥哥）等音。当他们吃饱喝足或者成人逗引的时候，他们会发出更多的音。当然如果婴儿的听力受损，这些声音会晚几个月或者晚几年出现，如果是聋哑儿童，则会完全缺失基本语音。

3. 词和句萌芽阶段（9~12个月）

八九个月后，婴儿的咿呀学语发生了变化，除了同音节的重复外，明显地增加了不同音节的连续发音，而且出现了声调的变化。例如除了一声外，其他三声也出现了，这些音被称为"小儿语"，很像对成人句子模式的模仿。成人无法辨认这种具有句子的节奏和旋律变化的非言语声音的确切意思，但从它的音调变化中能感受到似乎含有命令、陈述、问题的意思，有时好像是在发牢骚或者生气。类似于词的音也进一步增多，出现了 deng-deng（灯灯）、jie-jie（姐姐）等音，并且开始将特定的声音与具体的形象结合起来，使声音具有了一定的意义。

4. 学话阶段（13~18个月）

这一阶段的连续音节和类似于词的音节都比上一阶段多，例如 a-ia-ia-ia-ia, a-iou, a-jia-jia-jia-da等，这些有趣的发音组合常常让成人迷惑。为了弄明白这些发音的意思，有时连研究者都不得不请教婴儿的父母。不过随着词音节的增多和能说出一些单词，无意义的连续音节就减少了，这是一个由无意义的音节发展到词音的过渡阶段。当然语音发展是一个复杂的过程，这个过程依赖于婴儿注意言语的发音次序，自愿地发出声音以及将它们联合成可理解的词和短语的能力。

5. 积极言语发展阶段（19~36个月）

19个月的婴儿集中的无意义的发音现象基本消失，此时的发音已经与词和句子整合在一起。为了使发音具有一定的意义，此时的发音就要受到一定的限制，需要服从于词的需要。但是由于婴儿的发音器官还不成熟，语言错误是不可避免的。例如，婴儿在说"气球"时，可能只会发"气气""球球"；把"老公公"说成"老东东"。因此这个时期的成人往往会教婴儿叠音词，让他们能够成功模仿。

（二）婴儿语音的观察

语音是语言构成的一个重要方面，对婴儿语音的观察不仅可以使成人了解和评估婴儿语音发展的水平，更重要的是能够使成人及早发现婴儿发音中存在的问题，并探索影响孩子发音的因素，得到及时的纠正或者矫正。结合观察方法的特点，我们可以用日记法、轶事记录法、实况详录法、事件取样法、行为核对法、等级评定法等方法对婴儿语音的发展进行观察。

1. 观察重点

在婴儿发音的发展过程中，可以从以下角度进行观察：

（1）婴儿对外界声音的敏感性。

（2）婴儿发音的内容。

（3）婴儿发音的时间顺序。

（4）婴儿发音的兴趣。

（5）婴儿发音的准确性。

2. 观察案例

日记法举样：

姓名：甜甜

性别：女

年龄：2个月

第3天，甜甜闭着双眼，不停地哭闹，妈妈抱着她，哼着歌，轻轻拍着她的背，试图使她安静下来，但是毫无作用。甜甜奶奶说再喂点奶试试，虽然离上次喂奶才20分钟，妈妈照做了，甜甜安静下来。

第8天，当妈妈走到甜甜的小床边时，看见甜甜扭动着小屁股，嘴里哼哼唧唧，隔一会儿哭一声，妈妈逗她她也不理。后来妈妈把她抱起来准备喂奶时，才发现原来甜甜的尿布已经湿透了。妈妈为她换上干净的尿布后，小家伙安静下来了。

第10天，外面的汽车警报突然响起来，酣睡中的甜甜惊恐地叫起来，并伴有刺耳、急躁的哭声，妈妈赶紧把甜甜抱起来，轻声安抚，甜甜的情绪渐渐平息下来。

第34天，甜甜在午睡，妈妈在一旁看书，正看得入迷，发现小家伙睁开了双眼。妈妈对甜甜说："宝贝醒啦？妈妈再看一会儿书哦。"小家伙安静了一小会儿后，挥舞着手和腿，并且开始呜呜地哭起来，但是眼里没有泪水。妈妈立马拿着拨浪鼓到她眼前逗她，她开心地笑了。

第50天，甜甜刚洗完澡，妈妈先给她穿好衣服，准备把她放到小床上就去收拾洗漱用品。当妈妈刚把她放下时，甜甜开始哭闹，并且手脚乱动。妈妈十分纳闷，前几天洗完澡后她在小床里非常高兴，今天怎么哭闹起来了？妈妈检查了甜甜的尿布，顺便给她理了一下衣服和裤子，再轻声安慰了两句。甜甜安静下来了。

……

分析：甜甜妈妈用日记法的方式记录下甜甜用哭表达自己需求的动态。婴儿最开始的发声就是哭，不同的哭声代表了不同的意思。但是只有家长认真仔细地观察和总结才能明白婴儿想要表达的真实意思。上述例子中，甜甜妈妈总结出的特点是：闭着眼睛哭闹，是甜甜饿了的表现；哭声哼哼唧唧，偶尔伴有哭闹，是尿布湿了的表现；当发出刺耳、急躁的哭声时，是受到惊吓或者刺激的表现；当只有哭声没有眼泪，并伴有手脚乱动时，是需要别人陪伴、逗弄的表现；当哭闹并手脚乱动时，是穿着不舒服的表现。

二、观察婴儿词汇的发展

词汇，又称语汇，是一种语言里所有的词和固定短语的总和，例如汉语词汇等；还可以指某一个人或某一作品所用的词和固定短语的总和，例如"《西游记》的词汇"等。词汇是词的集合体，词汇和词的关系是集体与个体的关系。

（一）婴儿词汇的发展阶段

1. 稳定增长阶段（1～1.5岁）

1岁左右开始，婴儿说出最初的词汇，从此进入了正式学习语言的阶段。婴儿慢慢地增加他们的词汇量，以每个月1～3个词的速度增加。随着时间的推移，学到的词的数量越来越多。这一阶段婴儿在理解词方面的特点包括由近及远、固定化和词义笼统。在说出词方面的特点包括单音重叠、一词多义、以词代句、与动作紧密结合以及词性不确定性。表8-2-1以18个美国学步儿童的词汇发展为样本来说明婴儿词汇的发展。

表8-2-1 出现在婴儿50个词汇中词语的类型[①]

词语类型	描述	典型例子	词语所占百分比/%
物体词语	用来指代"物质世界"的词	苹果、球、鸟、船、书、汽车、爸爸、妈妈、小狗、小猫	66
行为词语	描述动作的词，或者表达注意，要求注意的词	再见、去、喂、看、向外、向上	13
状态词语	指代物体或事件的属性或特质的词	大、热、我的、漂亮的、外面的、红的、湿的	9
个体-社会词语	表达情绪状态或社会关系的词	不、哎哟、请、想、谢谢你	8
功能词语	执行语法功能的词	对……、是、为了……、什么、哪里	4

2. 词汇爆炸阶段（1.5～2岁）

1岁半之后，孩子说话的积极性高涨起来。在1岁半到2岁之间，词汇量得到猛然增长，许多孩子1周能增加10～20个新词，这种快速的累积发生在孩子理解词的种类增长的时候。这时孩子主要用名词、动词、形容词等实词，较少使用连词、介词等虚词，具体表现如表8-2-2所示。

表8-2-2 1～3岁婴儿学习词汇的表现

月龄	具体表现
16～18	理解简单的语句
	理解的词语多于能说出的词语
	理解并且喜欢听歌曲、儿童、故事等
	理解并能执行成人的简单指令

① 劳拉·E. 贝克. 儿童发展. 吴颖，吴荣先，等译. 南京：江苏教育出版社，2007：515.

续表

月龄	具体表现
16~18	能说的词有 10~20 个
	喜欢拿着图画书指指点点并伴有声音
	能够对看到的事物进行命名但指代不具体
19~21	常用的词语达 100 个左右
	能说出由两个单词组成的句子
	能理解并执行两个动作要求的命令
	喜欢听成人重复讲同一个故事且能进行简单复述
	能够理解并说出一些常用的动词和形容词
	总用名字指代自己
	语句中出现"重叠音"或者词语"接尾"现象
22~24	出现"词语爆炸"现象
	能理解并正确回答成人提出的一些问题
	理解的词语达到 300 个左右
	能说出 200~300 个词语
	可以模仿着说出 3 个词组成的句子
	能够主要靠语言与人交往
	能够理解一些方位介词、时间介词和表示颜色的形容词

3. 逐渐积累阶段（2~3 岁）

2~3 岁孩子的名词、动词迅速增长的同时，也开始积累代词、形容词、副词、量词、连词、介词。这些词汇通常要结合具体情境和句子，以帮助孩子理解和掌握。以代词为例，具体做法：成人结合具体情境用代词提问，让婴儿用代词回答，或指导婴儿用代词提问。如成人问"这是什么"，指导婴儿回答"这是××"。

（二）婴儿词汇的观察

词是最小的能够独立运用的语言单位。1~3 岁是婴儿快速掌握词汇的时期，甚至会出现"词汇爆炸"的现象。他们以非常快的速度在学习词汇，掌握语言，但是这个过程并不是一帆风顺的，常常会遇到词语错用的时候，例如会把"关门"说成"盖门"，把"种菜"说成"养菜"，把"牵牛花"说成"拉牛花"等。因此，成人只有在孩子学习词汇的过程中认真观察，把握孩子用词的特点，才能促进孩子词汇的发展。结合观察方法的特点，我们可以用轶事记录法、实况详录法、行为核对法、等级评定法等方法对婴儿词汇的发展进行观察。

1. 观察重点

在婴儿词汇的发展过程中，我们可以从以下角度进行观察。

（1）是否对学习词汇感兴趣。

（2）是否能说出准确的词汇。

（3）是否能说出身边事物的名称。

2. 观察案例

轶事记录法举样[①]：

姓名：小文

性别：女

年龄：2 岁

婴儿背景：小文的父母均从事文字工作，因平时工作忙，所以大部分时间小文都是和姥姥在一起。小文来幼儿园的时候未满 2 岁，语言发展正处在单音字的阶段，还不能说比较连贯的词。如说"老师"这个词汇时，她只能分别说"老""师"两个音。所以教师对小文的语言发展比较重视，常常记录下来。

（不愿讲话的小文）

今天是孩子正式入园的第一天，我们进行了 3 天的家长陪伴日，让家长陪同孩子一起上幼儿园，使孩子更快地渡过入园分离焦虑。孩子有了家长的陪伴，情绪比较稳定。这时一个面带笑容，很可爱的小女孩在爸爸妈妈的陪同下走进了幼儿园。她非常兴奋，一进教室就立即挣脱妈妈的怀抱，一个人来到了教室的一角高兴地玩起了雪花片。这时，一个小朋友看见她手里的玩具，很快抢了过去，小女孩一看玩具没了，拉着妈妈的衣服连忙哭闹了起来，用不清楚的话语说着："玩……玩……具。"这时妈妈便对小女孩说："没关系，我们去玩别的玩具吧。"可是小女孩仍然哭闹不已。

我看见小女孩不停地哭闹，连忙走到她旁边指着柜子上放的电动小火车，很神秘地跟她说："快看，那上面是什么呀？"小姑娘随着我的声音连忙往上看，一边抽泣一边似乎很费劲地对我说："车……"我问她："你想要吗？"她不说话，只是向我点了点头。于是我拿下小火车给她玩，她终于露出了笑容。当我问她叫什么名字时，她只顾着玩小火车，不搭理我了。后来在跟她妈妈的交谈中得知，她叫小文，现在 1 岁零 10 个月。

（对挂饰感兴趣的小文）

小文入园已经 1 个月了，初步适应了幼儿园的生活，情绪开始稳定下来，只是每天入园会哭闹一会儿。今天也是一样，晨间入园时，爸爸妈妈抱着小文走进了活动室，并让她跟老师说早安，和小朋友打招呼。小文用不清楚的话对我说："老……师……"，然后跟小朋友招了招手。当老师刚一抱过她，她突然哭了起来，小手使劲抓住妈妈的衣角，不要妈妈离开。

我示意家长赶快离开，抱着小文走到教室中间，看挂着的各种小动物，并指认上面的汉字。我做出很惊讶的表情说："哎呀呀，这个长耳朵的是什么呀？"小文听到我的声音一下就转移了视线，看着我所指的地方，略带哭腔地说："兔兔。"于是我又接着指其他的动物，她都能很快回答，同时止住了哭声，跟着我用手指的地方说小动物的名称，如"狗狗""猫猫""鸟鸟"，一边说还一边"咯咯咯"地笑。

（喜欢看图书的小文）

午睡后，老师给小文穿好了衣服，她便一个人走到图书角拿起一本书，坐在地上看了起来。一只手指着图书，嘴里一边不停地念叨着什么，当看见小朋友来了的时候，她

---

① http://y.3edu.net/gafx/16243.html.

就拿一本书给小朋友，说："你……看书书。"

老师走到小文身边，问小文："小文，你在看什么书？"小文回答说："嘟嘟熊，"并拉起老师的手，"老……师……讲。"于是老师便坐在了她身边把她抱了起来，一边指一边给她讲，她听得很认真，还不时发出："打针针、搭积木"等与书里内容相同的短语。

（处在语言爆炸期的小文）

今天早上小文在卫生间解便时，看见正在拖地的李老师不小心摔了一跤，还听到李老师说了一句"好痛"。到了中午睡觉的时候，我看见小文还没有躺好，就过去对她说："小文，不躺好会生病哦。"小文突然做出一副很难受的表情说："李老师绊倒了，好痛哦。"我问她："李老师在哪儿摔的呀。"小文回答："在厕所。"然后我便对她说："那下次我们就让李老师小心一点，好不好？"她点了点头说"好"，然后躺到了床上。

（能创编歌曲的小文）

今天老师请小朋友们到卫生间洗手，准备吃饭。当请到小文的时候，小文来到保育老师的身边，一边洗手，嘴里不停地唱着："洗手手，洗手手，洗手手洗手手洗手手。"刚开始，保育老师不知道她在唱什么歌，便问她："小文，你唱的是什么歌呀，老师怎么没有听过？"小文笑眯眯地做出一副得意的样子说："是我洗手手的歌。"老师又问："是小文自己编的吗？真能干。"小文用劲地点了点头。

分析评价：小文在短短1年时间里语言有了很大提高，从只能说单音字到说一句较完整的单句，这跟她的家庭环境和活泼的性格有较大关系。她的父母都从事文字工作，给她创造了一个比较优良的语言环境，身边又有姥姥经常陪伴说话，因此小文的语言发展速度比较快。

孩子到了一定时期都有一个语言发展爆炸期，因此教师应该注意与孩子沟通，多给孩子提供交流的机会，给予丰富的信息刺激，如引导孩子看图片、图书等，让孩子积累更多的经验。

三、观察婴儿语法的发展

语法是语言学的一个分支，它包含词的构成、构形的规则和组词成句的规则。语法有两个含义，一指语法结构规律本身，另一个指语法学，是探索并描写语法结构的科学，是语法学者对客观存在的语法体系的认识和说明。

（一）婴儿语法的发展

1. 双词句（1.5～2岁）

婴儿使用一个词汇的同时，语法便出现了。婴儿在1.5～2岁时，更多的动词被加入单个词的词汇量中，出现了初始的句子。婴儿用电报式言语把两个词连接起来，例如"妈妈的鞋""汽车走了"等，婴儿集中用多内容的词而省略了一些不太重要的词，例如"能""这个""那些"等。对孩子来说，学习强调词语顺序的语言还没有出现。

尽管两个词语的表达形式是有限的，但是婴儿可以灵活地使用它来表达各种意思（见表 8-2-3）。在这个过程中，婴儿使用了一致的语法，至少没有严重违背语言的结构规则。

表 8-2-3　婴儿的双词句所表达的一般意思①

意思	例子
行为者-行为	Tom 打
行为-物体	给饼干
行为者-物体	妈妈卡车（意指妈妈推卡车）
行为-位置	放桌子上（意指把××放桌子上）
实体-位置	爸爸在外面
所有者-所有物	我的卡车
属性-实体	大球
指代-实体	那条小狗
注意-被注意的物体	嗨，妈妈
重现	更多的牛奶
不存在-不存在的或消失的物体	没有衬衫，没有更多的牛奶

2. 复杂句（2～3 岁）

在 2～3 岁之间，出现了三词句子，例如说英语的婴儿，他们遵循主语—谓语—宾语的顺序。有研究认为到 2 岁半时，婴儿创造了句子，其中形容词、冠词、名词、名词短语、介词及介词短语都以成人一样的结构形式出现（见表 8-2-4）。

表 8-2-4　2～3 岁婴儿口语发展的特点

年龄/岁	具体表现
2～2.5	基本上能理解成人所用的句子并能执行成人一次发出的两个相关指令
	语言逐渐稳定和规范，会用语言与成人进行简单的交谈
	喜欢提问，且会使用某些动词、形容词、介词、量词、副词等
	能够运用语言进行请求、拒绝、肯定、提问、求助等
	能运用多种简单句句型，能模仿成人说出一些复杂句，但"重叠音"和"接尾"现象较多
2.5～3	能抽象句子规则，能表现出系统整合的语言
	能说出完整的句子，出现了多词句和复合句
	说话不流畅，表达方面常有"破句现象"
	语言功能呈现出越来越丰富、准确的趋势

（二）婴儿语法的观察

婴儿是积极的、注重规则的学习者，他们最早的词语组合开始反映他们本国语言的

---

① 劳拉·E. 贝克. 儿童发展. 吴颖，吴荣先，等译. 南京：江苏教育出版社，2007：525.

词语顺序。当婴儿超过了两词表达时，他们的言语就反映了语言的语法类别，他们也以规则次序增加合乎语法的词素，这个次序受所学形式的语义和结构复杂性的影响。成人对婴儿语法的观察和引导，可以为婴儿获取和使用语言打下扎实的基础。结合观察方法的特点，我们可以用日记法、轶事记录法、实况详录法、事件取样法、行为核对法、等级评定法等方法对婴儿语法的发展进行观察。

1. 观察重点

在婴儿语法的发展过程中，我们可以从以下角度进行观察。

（1）是否能够说出较完整的句子。

（2）是否能够运用较正确的语法规则。

（3）是否对说出句子感兴趣。

2. 观察案例

轶事记录法举样：

小宇 2 岁时开始使用"什么"问句，她对什么都感到好奇。在一周内家长搜集到以下 7 个"什么"问句：

（问氢气球）爸爸，这是什么啊？

（指着妈妈的五官问）这是什么呀？

（指着自己裤子上的绣花问）爸爸，这腿上是什么呀？

（着急地问她不认识的柜子上的拉手）那是什么呀？

妈妈，吃什么呀？

妈妈，要干什么呀？

（别人在她身边玩小汽车）在我地下搞什么呀？

分析评价：2 岁多的婴儿好奇心很强，使用疑问句的频率很高。这个时期"什么""为什么"等成为他们的口头语。这是因为婴儿对与人交流有浓厚的兴趣，并且喜欢探索他们周围的新事物。成人应该耐心倾听婴儿的各种问题，并且用正确的知识回答他们提出的问题，这将极大地提高婴儿的语言发展水平。

四、观察婴儿语言运用的发展

语言运用又被语言学家称为"语用技能"，是指运用语言进行得体交际的能力。婴儿除了掌握语音、词汇和语法外，还必须学会在社会环境中有效地使用语言。为了使谈话进行得更好，参与者须轮流发言，保持相同的主题，明确地陈述他们的信息并和文化规则相一致，这些规则控制着个体应该如何交流。

（一）婴儿语言运用的发展阶段

1. 获得交流技巧

在婴儿能够说话后，他们已经是比较熟练的交流者了，在和同伴面对面的交流中，婴儿会轮流说话、用眼睛接触、对同伴的话做出适当的回应，并且在一段时间内保持一个话题。

婴儿在非常小的年龄就出现了令人惊奇的会话能力，成人与婴儿交流的方式也起到了鼓励和促进的作用。如当成人及时地对婴儿的话做出回应并且继续他的谈话主题时，2 岁的婴儿更可能会做出回复。成人可以用扩张的策略帮助婴儿学会与别人有效交谈。当他说"卡车"时，成人应该回应"这是一辆大卡车"，在这个过程中，婴儿就可以通过模仿来习得成人帮他们扩张的话。

婴儿无论在何时何地，与成人的交流总是会使其语言得到发展。特别是父母通过亲子阅读，能大大增加婴儿运用语言的技巧。通过这些交流，他们会学到一种清晰连贯的方式用来进行语言交流。

2. 学会清晰地交流

进行有效交流的前提是获得清晰的口头信息，或者当我们接收到的信息不清楚时，有获取更多信息的要求，这些方面被称为是参照性交流技巧。给 3～10 岁的儿童出示 8 类物体，这 8 类物体在尺寸、形状和颜色上都很相似，要求他们指出他们最喜欢的物体作为生日礼物送给自己的好朋友，大部分 3 岁的婴儿给出的描述都比较模糊。当被要求解释清楚时，他们主要依靠手势，例如用"指"的方式来表达。

不过当给孩子比较简单的交流任务，或者他们面对的是熟悉的人时，他们就能适当地改变自己的语言，从而使交流对象明白他们的表达。下面是一个 4 岁的孩子跟爷爷打电话时的交流。

爷爷问："你几岁了？"

孩子："这么多岁。"（伸出 4 个手指）

爷爷："什么？"

孩子："这么多。"（又伸出 4 个手指）

爷爷："那是多少呢？"

孩子："四。我想替换一下耳朵，可以吗？"

爷爷："好的，你的一只耳朵累了吗？"

孩子："是的，是这个。"（指着他刚才接电话的左耳）

（二）婴儿语言运用的观察

从婴儿时期开始，婴儿便获取了多种语用技巧，这些技巧使他们与他人进行更加合适和有效的交流。成人特别是婴儿的父母应该都能意识到恰当的交流在社会上的重要性，因此应尽早观察婴儿语言语用的能力并教导他们社会规范。

1. 观察重点

在婴儿语言运用的发展过程中，我们可以从以下角度进行观察。

（1）是否对与人交流感兴趣。

（2）是否能使用连贯的语言。

（3）是否能够准确回答别人的问题。

2. 观察案例

轶事记录法举样：

观察对象：×××幼儿园小思

观察时间：2010 年 8 月 19 日

观察内容：

（午睡起床）

小思一个人坐在床上，我走过去问她。我问，小思回答。

我：宝贝儿，你一个人坐在床上，怎么不起床呢？

答：因为我没有裤子穿。

我：那你叫什么名字呀？

答：我不知道。

我：那别的小朋友叫你什么名字呢？

答：别人都叫我小思。

我：呵呵，那你有几岁啦？

答：一岁半。

我：哦，下午谁来接你回家呀？

答：我奶奶。

我把小思的裤子拿给她，并帮她穿好后下了床。

我：宝贝儿，我们去吃东西好不好呀？

答（略带哭腔）：我不想去吃东西，我想回家。

我：宝贝儿，不用担心，等下课了奶奶就会来接你了。

（午点）

我把小思带到吃午点的地方，让她坐下来。但她还是不肯吃东西。

我：宝贝儿，怎么不吃东西呀？

答（略带哭腔的）：我不想吃东西，我想回家。

我：那你吃点蛋糕好不好呀，不然没力气回家了。

她尝试性地吃了一点点蛋糕，觉得很好吃就继续吃了。

我：宝贝儿，来，再喝点豆浆吧，不然噎到就很难受了。

我把豆浆拿来给她喝，她很渴的样子，慢慢地把豆浆喝完了。在其他小朋友都吃完午点，而且把凳子搬去上课之后，小思还在一个人慢慢地吃蛋糕。

我：宝贝儿，我们把凳子搬去和同学一起上课好不好呀？

答：我不想上课，我想回家。

我：那我们看他们上课好不好，等下奶奶就来接宝贝儿了。

答：嗯，好的。

我把凳子搬到其他小朋友身边，但小思不肯坐下，我只有把凳子搬到小朋友们后面。我看见小萱趴在地上，就去把她抱起来并让她坐在凳子上，然后小思搬来一个凳子给我，我说谢谢后，就抱着她坐下了。

（上课）

我：宝贝儿，我们和老师一起做，好不好呀？

她点点头，于是我就抓着她的小手一起做老师要求的动作，小思也很高兴。前排的小瑞转过头向我做了一个鬼脸，小思很快朝小瑞也做了个鬼脸。我看见小萱又趴在地上，我只好一遍遍叫她起来坐好。而小思也学着我的语气叫小萱起来坐好。小思的模仿能力较强，老师教的动作她都会跟着做好。

（玩玩具）

我：宝贝儿，你想玩什么玩具呢？

答：我不知道。

于是我就拿了一个娃娃给她玩。之后，我就和另外一桌的小朋友玩玩具。小思看我没有凳子，就把凳子给我坐，自己再去搬了个凳子在我旁边坐下。大约玩了半小时后，小思的奶奶就来把她接走了，她看到奶奶来的时候，非常高兴。

分析评价：小思是托班的小朋友，她的语言能力还有待发展，她很难将连贯的语句串联起来表达自己的想法。她内心希望别人和她交流和互动，她对教师还比较依赖。

教育策略：教师应该创造一个安全的语言交流环境，促进小朋友、教师以及小朋友之间的交流和互动，以此提高小朋友们的语言能力。

第三节　婴儿语言发展的评估标准

一、婴儿语言发展评估的概念与意义

婴儿语言发展评估是指评估者系统地收集 0～2 岁婴儿语言发展的各方面信息，通过对语言发展各要素的具体评价，依据一定的客观标准，对其语言发展水平进行客观的衡量和科学的判定，并进一步对婴儿语言发展水平作出整体的评价。

对婴儿语言发展的评估兼具重要的现时性意义和发展性意义。其一，对婴儿语言发展的评估可以及时获得反馈信息，了解婴儿语言发展的状态和水平。将婴儿语言发展的信息直观地传递给养育者，激发养育者有针对性地调整改进教养方式、方法，进一步判断进行语言教育活动中每一个环节的有效性，使养育者的观念得到不断更新和发展，有助于优化早期儿童语言教育活动，从而促进婴幼儿语言的健康发展。其二，通过对婴儿的语言发展进行检测与评价，可以及早发现听力障碍、语言发展迟缓、口吃等显性或隐性存在的语言障碍，利于及时介入医学治疗。

二、婴儿语言发展评估指标与标准

目前婴儿语言发展评估指标体系的构建基本上是以人的语言能力为维度，即语言理解、构音能力、语言表达和语言交流[1]4 个方面，或者语言理解能力、语言表达能力和语

---

① 梁卫兰. 儿童语言发展与评估. 实用儿科临床杂志，2010（6）.

言运用能力 3 个方面，并基于这些维度来确定评估标准。对于婴儿语言发展评估指标和标准的界定基本还是以月龄为分段标志。

（一）婴儿语言发展评估指标[①]

1. 0~1 岁婴儿语言发展评估指标（见表 8-3-1～表 8-3-4）

表 8-3-1　0～3 个月婴儿语言发展评估指标

项目	序号	观察内容
语言理解能力	1	对说话声很敏感，尤其对高音敏感
	2	听到新异的声音会停下正在做的动作
	3	开始将声音和形象联系起来，试图找出声音的来源
语言表达能力	1	对养育者的逗引有反应，会发出"咕咕"声
	2	会简单的元音，会发"a、o、e"音
	3	听到养育者的声音时做出反应——露出笑脸
	4	能辨别声音发出的方向
语言运用能力	1	有时会改变音调和音高，节奏像唱歌一样
	2	用表情、动作、自发声音等表示自己身体、情绪方面的状态
	3	不同类型的哭声代表不同的意思

表 8-3-2　4～6 个月婴儿语言发展评估指标

项目	序号	观察内容
语言理解能力	1	养育者跟孩子说话时，能停止哭泣
	2	能够持续注意，并且能找寻声音的来源
	3	能区别养育者不同语调、语气、音色变化并做出相应的反应
	4	叫名字会转头看
语言表达能力	1	口中经常发出成串的语音，如"ba-ba-ba、da-da-da"等
	2	发出长音，会尖叫
	3	咿呀作语，开始发辅音，如"d、n、m"
语言运用能力	1	看见熟人、玩具能发出愉悦的声音，游戏中会大声笑
	2	开始注意图书，常抓起书试着放进嘴里
	3	用语音来吸引养育者的注意

表 8-3-3　7～9 个月婴儿语言发展评估指标

项目	序号	观察内容
语言理解能力	1	听得懂自己的名字，听到叫时扭头看叫的人
	2	对养育者的"不"或"别碰它"等要求，能做出正确的反应
	3	能够辨别家人的名字和一些熟悉的物体名称
	4	会试着翻书，喜欢以前听过的故事

① 袁萍，祝泽舟. 0～3 岁婴幼儿语言发展与教育. 上海：复旦大学出版社，2011：164-170.

续表

项目	序号	观察内容
语言表达能力	1	会用舌头、嘴唇发出一些声音
	2	能反复发出"ma-ma、ba-ba"等元音和辅音，但无所指
	3	发出连续音，出现特定的语音
语言运用能力	1	能够和养育者玩一些语言游戏
	2	努力模仿别人发出的语音
	3	开始用动作进行交流，如挥手表示再见等

表 8-3-4　10～12 个月婴儿语言发展评估指标

项目	序号	观察内容
语言理解能力	1	理解一些简单的命令性语言，如"到这儿来""坐下"等
	2	能听懂一些有关吃、玩、家里人的名字以及最常用的物品名称等
	3	能按要求指向自己的耳朵、眼睛和鼻子
语言表达能力	1	高兴时发出一些"啊""噢"之声
	2	生气或发怒时用摇头或哭表示不满
	3	会说出最常用词汇，如"爸爸""妈妈"
	4	用动作表示同意或不同意（点头、摇头）
语言运用能力	1	听简单的指令做动作
	2	可以模仿一些非语言声音，如咳嗽声或用舌头打出声音
	3	出现难懂的话，自创一些词语来指称事物

2. 1～2 岁婴儿语言发展评估指标（见表 8-3-5～表 8-3-7）

表 8-3-5　13～16 个月婴儿语言发展评估指标

项目	序号	观察内容
语言理解能力	1	开始知道书的概念，喜欢模仿翻书页
	2	可以按照养育者的要求指出生活中熟悉的人和物品
	3	可以听懂一些比较熟悉的句子
	4	可以理解简短的语句，能够听懂日常生活中简单的话
语言表达能力	1	喜欢重复别人说过的话
	2	用省略音、替代音、重叠音表达自己的需求
	3	会摇头表示不同意和拒绝
	4	经常挂在嘴边的单词有 8 个左右
语言运用能力	1	喜欢模仿发音，模仿常见动物的叫声
	2	用伴随表情和字词、动作进行交流
	3	会说一些养育者不大懂的"小儿语"
	4	能用一个单词表达多种意思，如说"抱"表示要大人抱

表 8-3-6 17～20 个月婴儿语言发展评估指标

项目	序号	观察内容
语言理解能力	1	能够理解并执行养育者的简单命令，如"把杯子给我"
	2	喜欢翻阅画册、图画书，喜欢听养育者反复讲同一个故事
	3	能够理解一些描述性形容词以及日常生活常用的动词
	4	能听懂一些常见的最基本的日常用品名称
语言表达能力	1	日常说话已经能够用 100 多个词语，经常讲的单词有 20 个左右
	2	能说出由 2 个单词组成的句子，即双词句
	3	能够听懂并指出自己的身体的各个主要部位
	4	会用"你好"与人打招呼，用"再见"道别
语言运用能力	1	说到自己时总是用名字代替
	2	会说"不"表示不同意或拒绝
	3	喜欢给周围的事物命名，总爱问"那是什么"
	4	试着模仿养育者的话语，但往往只是重复养育者话语的一两个单词，会用手指图片

表 8-3-7 21～24 个月婴儿语言发展评估指标

项目	序号	观察内容
语言理解能力	1	喜欢听重复的声音，如一遍又一遍地听一首歌、读一本书等
	2	开始辨认书中角色的名字，会看图讲简单的话
	3	理解并按指示做二三件连续的事情，如把球捡起来给妈妈
	4	理解一些表示方位的介词、形容词，如"在……下面"等
语言表达能力	1	能说几个字的简单句，如"囡囡要糖"等
	2	了解并能够正确回答"宝宝在哪里"和"那是什么"等问题
	3	出现名词、形容词、动词代替简单词
	4	能够说出 20～200 个单词
语言运用能力	1	开始出现动宾结构的句子，如"妈妈抱""要去"等
	2	说话像打电报一样，主要是双词句
	3	如果别人提问，能够正面回答出自己的名字
	4	可以模仿着说出双词句和三词句（即由 3 个词组成的句子）

3. 2～3 岁婴儿语言发展评估指标（见表 8-3-8 和表 8-3-9）

表 8-3-8 25～30 个月婴儿语言发展评估指标

项目	序号	观察内容
语言理解能力	1	理解养育者说出的绝大多数话语
	2	理解并执行养育者一次发出的两个指令
	3	听完故事能说出讲的是什么人、什么事
	4	会背诵简单的儿歌，且发音基本正确

续表

项目	序号	观察内容
语言表达能力	1	有时会用词语或其他语言请求养育者的帮助
	2	对养育者提出的要求会经常提出"为什么"等问题
	3	能说出常见物品、动物的名称和用途
	4	能够用三词句或四词句与人交谈，说出有几个词的复杂句子
	5	知道自己的名字、性别和年龄
语言运用能力	1	能够使用否定句
	2	能够说出 300 个以上的单词
	3	会用连词"和""跟"，会使用副词"很""最"等
	4	会用几个形容词、介词、数量词，如"好""为了""个"等
	5	会使用一些代词和介词，如"你""我""他""在下面""在旁边"等

表 8-3-9　31～36 个月婴儿语言发展评估指标

项目	序号	观察内容
语言理解能力	1	理解并完成不相关的两个简单指令
	2	理解部分代词、表达时间的词语，如"待会儿""马上""明天"等
	3	理解并正确回答"谁""为什么"等问题
	4	在养育者引导下，理解故事主要情节
语言表达能力	1	会问一些关于"是什么""为什么"的问题
	2	知道家里人的名字和简单的情况，会回答简单的问题
	3	知道并使用礼貌用语，如"谢谢"和"请"等
	4	会用连词"和""跟"，会使用副词"很""最"等
	5	开始使用人称代词，如"你""我""你们""他们"等词
语言运用能力	1	词汇量 1000 个左右
	2	会使用否定句、疑问句
	3	主谓、主谓宾等结构的简单句多
	4	喜欢自己看图画书，进行简单地叙述
	5	学会用语言简单描述所见所闻

（二）婴儿语言发展评估标准

关于婴儿语言发展的评估标准，目前国内大多是采用经验性标准表达。如林吟玲编著的《婴儿教养指导手册》[①]中对婴儿语言能力的发展目标总结出如下评估标准：

1 个月：自发细小喉音。

2 个月：发 a、ai、ei、e、ou 等元音，会微笑或发出喉音，听到声音有寻找反应。

① 林吟玲. 婴儿教养指导手册. 厦门：厦门大学出版社，2008：184-185.

3个月：见人会笑，会发出声音，能辨别不同人说话的声音及同一个人的不同语调。

4个月：咿呀作语，开始发辅音，会大声发笑。

5个月：看见熟人、玩具能发愉悦的声音，会拉长音调发音逗人注意，能辨认熟人的声音。

6个月：会发爸、妈等单音节，能确认自己的名字。

7个月：能模仿成人发音，开始懂词义，能重复发出某些元音和辅音，如发 da-da、ma-ma 音，无所指。

8个月：能将语言与动作联系起来，按成人的要求做简单的动作，模仿成人的声音。

9个月：知道常见物的名称，懂得稍复杂的词义，会用动作表达意愿。

10个月：能懂得一些词语的意义，向他要东西知道给，能说出"爸爸""妈妈"。

11个月：能发单字音，会说简单事物名称，能模仿听到的声音，懂得表扬和批评。

12个月：能逐渐与周围的成人用语言交流，用动作表示同意（点头）或不同意（摇头）。

13～15个月：会用单词表达要求，开始重复别人说过的话，会主动叫"爸爸""妈妈"。

16～18个月：会说出自己的名字及亲近人的称呼，能理解有方向性的命令式语言，会使用常见的动词，模仿常见的声音。

19～24个月：喜欢学说话、学唱歌、说歌谣、重复结尾词句，会说3～5个字的句子。会问"这是什么？"开始用名字称呼自己，开始会用"我"，掌握词汇200个左右。

25～30个月：会用几个形容词，会用"你""他""你们""他们"等代词。会用连词"和""跟"。知道常见物品的名称，会以较完整的句子简单介绍自己，叙述经历过的事。会背儿歌8～10首。

31～36个月：理解故事的主要情节，能回答成人的问话，讲述自己的印象，语句较完整，能运用大约500个单词，能说出有5～6个字的复杂句子。开始运用"如果"和"但是"等词，知道家人的名字和简单的情况，知道小伙伴的名字，知道常见事物的用途。

三、婴儿语言发展评估方式与手段

教育学意义上，传统婴儿语言发展评估的方法包括观察法、比较法[①]。观察法是研究者在自然情境中对婴幼儿的语言活动进行有目的、有计划的系统观察和记录，然后对所做记录进行分析，发现心理活动和发展规律的方法。强调尽量在孩子自愿、自发的前提下进行检测与评价。比较法是研究者通过观察、分析，找出研究对象的异同点。它是认识事物的一种基本方法。在实践过程中常常运用比较的方法了解婴幼儿语音、语法、词汇发展的程度，评价语言发展的情况，从中找出问题及其原因和解决方法，以帮助养育者进一步借鉴与改进。强调比较对象的同质性和可比性。

随着语言学和心理学不断发展，以及人们对儿童语言发展重视程度和研究水平的提

---

① 袁萍，祝泽舟. 0～3岁婴幼儿语言发展与教育. 上海：复旦大学出版社，2011：158-161.

高，有关婴儿语言发展评估的方式和手段也日益丰富。目前测试语言的方法大致分为三类，分别为自然语言分析法、父母报告法和实验测试法①。

自然语言分析法事实上包含了前述观察法和比较法。是指由实验者、父母或抚养人通过与儿童交谈收集与孩子交往中的语言样本，然后对收集、记录到的语言样本进行分析，并与其他同龄儿童的语言资料进行比较，根据比较结果做出评估判断。这种方法在研究语言发展方面，在世界范围内运用的比较广泛，其局限性在于语言样本采集和样本分析花费的时间都比较大，并且需要专门的语言专家进行分析。此外，语言样本采集和记录的准确性过于依赖于采集者的态度和能力，也是自然语言分析法的缺点之一。

父母报告法是指父母或者抚养人参照一定的语言发展评估量表，根据孩子当前表现状况对量表中列出的词汇、动作手势、语法等内容进行确认。当前使用较为广泛、认可度较高的儿童语言发展量表是 1993 年由美国语言学者芬森（Fenson L）等编制的 MacArthur-Bates Communication Development Inventory（简称 CDI），用于美国说英语儿童的早期语言发展与沟通能力的测量和评估。迄今，这个量表已经衍生出 20 多种语言的版本。其中，中文版也已经进行了标准化，包括普通话和粤语版的《汉语沟通发展量表》及台湾版的《华语婴幼儿沟通发展量表（台湾版）》（MCDI-T，台湾学者刘惠美、曹峰铭参照 MacArthur-Bates Communication Development Inventory 的内容框架修订）。同 CDI 一样，中文版本量表也分为两个量表。《汉语沟通发展量表》分别用于 8～16 个月的婴幼儿和 16～30 个月的婴幼儿；《华语婴幼儿沟通发展量表（台湾版）》（MCDI-T）中婴儿版评估 8～16 个月婴儿的词汇理解、词汇表达及沟通手势；幼儿版评估 16～36 个月幼儿的词汇表达与语法复杂度。

实验测试法，也称"仪器测量法"，是指借助各种测量仪器、量具等在实验室或实验场所来测取各种数据资料的一种方法。可以用于测量和评估儿童语言发展的实验测试方法包括一些智力测试方法，如韦氏智力检查量表、丹佛发育筛查测试（DDST）、Gesell 发展诊断量表等一些可以从某些方面测试儿童的语言能力的工具，还包括专门的语言能力测试工具和方法，如发音测试、词汇理解测试（PPVT）、语法发展测试、S-S 语言发展迟缓检查法等。

【知识链接】

发音测试①

发音测试通常是设计出一系列包括各种语音在内的图片，如按照汉语拼音的辅音如 b（杯子）、p（苹果）、m（门）、f（飞机）、d（电话）等选择不同的词汇，根据词汇内容做成图片，让儿童看图说出图片中事物的名称。对于儿童在测试中的发音与正确语音作详细对比，可揭示出儿童常见的取代错误模式。如儿童将哥哥说为"dede"，将姑姑说为"dudu"，就是用[d]音取代[g]音。很多实验证明，即使一些

---

① 梁卫兰. 儿童语言发展与评估. 实用儿科临床杂志，2010（6）.

儿童有严重的发音障碍，这种测试也能协助找出取代模式。

词汇理解测试（PPVT）

PPVT 是评价儿童词汇理解的一个工具，适用年龄为 2.5～18 岁。全套测验共有 150 张黑白图片，每张图片有 4 个图，有 150 个词分别与每张图片内的一个图所示的词义相对应。测试者拿出一张图片，并说出一个词，要求被试者指出与图片上哪一个图所示的词义相符。由于 PPVT 仅能测试儿童的词汇理解，对儿童语言发展的水平不能作出全面系统的评价，所以较 S-S 语言发展迟缓检查法适用范围小，但 PPVT 操作简单易行，经常在筛选时应用。

语法发展测试

语法发展的测试方法很多，常用的方法有以下 3 种：

一是考察儿童对句子的理解。按照句子结构的难易程度设计一系列句子，根据句子表达的内容设计不同的图片，每张图片有 4 个图，其中一个图与句子的内容相符。测试者拿出一张图片并说出一个句子，让儿童指出与之相对应的图画，以测试儿童对句子的理解力。还可通过孩子完成语言指令，来观察孩子的语言理解力。例如：（A）去冰箱拿一个苹果出来，放在桌上的盘子里（2～3 岁）；（B）去冰箱拿一个苹果、一个橘子出来，放在桌上的盘子里，端给妈妈（3～4 岁）。如果孩子能够完成指令，说明孩子能够理解相应的句型。

二是考察句子表达。给儿童一个或连续几张图片，让儿童根据图画中的内容描述。根据儿童表达的完整性、连续性、准确性及逻辑关系等判断儿童的句法使用能力。

三是考察句子长度和句子类型。根据现场测试或家长提供的语言资料，可分别计算儿童能够表达的句子长度，分析儿童会表达的句子类型。比如是否开始表达疑问句、祈使句，其句子类型是以简单句为主，还是开始使用复合句等。

S-S 语言发展迟缓检查法

S-S 语言发展迟缓检查法由日本国立康复中心制订。中国康复研究中心修订了中国版 S-S 检查法。该检查主要从健康儿童语言发展的特征出发，将健康儿童语言发展分为若干个阶段，每个阶段都对应着儿童的实际年龄水平。根据健康儿童的语言发展特征和各阶段语言能力的不同选择测试内容，内容包括理解、表达、交流和操作能力。通过测试得出被测试儿童的语言发育水平。

第四节 婴儿语言发展观察与评估举样

案例一：婴儿语言能力发展水平测评表（见表 8-4-1）

这一测评表包含测评项目、测评方法和通过标准，易于操作，实用性强。测试对象为 0～3 岁婴幼儿。

表 8-4-1　婴儿语言能力发展水平测评表[①]

月龄	测评项目	测评方法	通过标准
1	细小喉音	在婴儿清醒、仰卧时观察	会自发细小柔和的声音
	听声音有反应	宝宝仰卧，成人在宝宝的一侧耳朵上方9cm处轻摇铜铃，观察其反应	宝宝皱眉或改变活动，如动作减少、增加或停止
2	发a、u、e、o等元音	面对宝宝，用丰富的表情和亲切的语言逗引他	会发a、u、e、o等元音
	逗引有反应	成人面对宝宝，用点头微笑或说话逗引他	宝宝有微笑、发声或手足乱动等反应
3	笑出声	成人逗引，但不接触宝宝身体	会发出咯咯的笑声
	会回声应答	面对宝宝，用丰富的表情和亲切的语言逗引发音	能"一问一答"地发出声音
4	咿呀作语	婴儿独自一人安静时，观察其发声	咿咿呀呀自言自语
	找到声源	抱坐，在距离宝宝耳侧水平方向15cm处摇铃	能回头找到声源，找到一侧即算通过
5	对人或物发声	观察婴儿对熟悉的人或玩具发声	看见熟悉的人或玩具会发声，像是"说话"
	叫名字会注视和笑	成人在宝宝面前呼唤其名字	宝宝注视成人并笑
6	会发爸爸、妈妈的音	观察婴儿发音	能够发出b、m的音
7	发ba-ba、ma-ma的音无所指	宝宝愉快时，观察其发出的音	能发出爸爸、妈妈这两个词的音
8	模仿声音	家长发出声音，让婴儿模仿	能发出与一分钟内听到的声音相仿的音
	模仿动作	与宝宝做游戏时鼓励他模仿成人的动作，如"点点头""拍拍手"等	会模仿简单的动作
9	招手"再见"，拍手"欢迎"	成人说"再见"时招手，让婴儿模仿；成人说"欢迎"时拍手，让婴儿模仿	会用招手表示"再见"，用拍手表示"欢迎"
	理解	问"妈妈在哪里？爸爸在哪里？"	会转头找
10	对"不"有反应	当婴儿摸不该摸的东西时，家长说"不"	能停止动作
	叫"爸爸"	观察宝宝叫"爸爸"是否特指自己的爸爸	叫"爸爸"特指自己的爸爸
	模仿发音	面对婴儿发出"爸爸、妈妈、拿、走"等语音，鼓励宝宝模仿	会模仿发出1~2个字音
11	能发单字音	观察宝宝能否有意地发出表示一个特定意思的字音，如"要、走、拿"等	能发单字音，表示特定的意思或动作，但发音不一定准确
	叫"妈妈"	观察宝宝叫"妈妈"是否特指自己的妈妈	叫"妈妈"特指自己的妈妈
	说些难懂的话	婴儿安静、愉快时，观察他是否会自言自语	开始说成人听不懂的由2~3个字组成的话
12	向他要东西知道给	先将一玩具放入宝宝手中，然后用语言说"某某东西给我"，向宝宝要	能根据要求主动放松手，将玩具放到成人手中
13~15	会指眼、耳、鼻、口、手	成人分别问宝宝眼、耳、鼻、口、手在哪儿	宝宝能用手指指正确3个以上身体部位即通过

① 林吟玲. 婴儿教养指导手册. 厦门：厦门大学出版社，2008：193-196.

月龄	测评项目	测评方法	通过标准
16～18	说出 10 个单字音，2～3 个词	观察婴儿有意识地说话的情景，记录其会说的全部单字	能说出 10 个或以上的单字(除了爸、妈之外)和"不要、谢谢、再见"等
	阅读	给婴儿一本儿童读物	能有选择地看书中的画
	表达	是否会用表情、动作代替不会说的词	会用表情、动作代替
19～24	说 3～5 字的句子	观察婴儿运用词表达某一事物	能说出由两个或多个词表达的事，如喝水、要吃奶等
	开口表示个人需要	观察婴儿用语言表达自己的需要	会说出三种以上的需要，如吃饭、上街、玩汽车等
	执行简单的语言指令	给婴儿一个东西，让他分别放在桌子上、椅子上、床上	能按指令放对位置
	会说出图的名称	成人分别出示几种不同的图片，问婴儿"这是什么"等	婴儿能答对其中一张图片
	说儿歌	鼓励婴儿说儿歌	不提示能说出两句或两句以上的儿歌
	阅读	给婴儿一张图画	能说 1～2 个人物
25～30	重复 6 个字的句子	成人说出一句话，包含 6 个字，让婴儿重复	将 6 个字照样说出
	说出自己的姓名	问婴儿："你叫什么名字？"	能正确回答自己的正式姓名
	理解	向婴儿提问	会回答问题
	人称代词的应用	观察婴儿说话时是否使用代词	能正确使用你、我、他
	说出图案名称	出示 18 幅图片，让婴儿说出名称	婴儿能说对其中的 10 张图片
31～36	唱简单的儿童歌曲	婴儿愉快时，让他唱简单的儿歌	会唱 2～3 首歌，节拍、旋律、吐词较准
	问与答简单的生活问题	根据情景	会提出问题或正确回答别人提出的简单生活问题
	说出性别	把正确答案放前面，问婴儿："你是男孩还是女孩？"	能正确说出自己的性别
	懂得冷了、累了、饿了	依次问婴儿："冷了怎么办？""累了怎么办？""饿了怎么办？"	能分别根据所提问题正确回答
	连词的使用	创设情境，倾听婴儿说话	会在所说的话中使用"和"、"但是"等连词
	讲故事	创设情境，引导婴儿讲故事	会讲简单的故事

案例二：特殊儿童语言发展评估

特殊儿童语言发展的评估，目的通常在于发现和诊断儿童语言发展存在的障碍及类型，以寻求治疗方案。特殊儿童语言发展评估工具有许多，下面简单介绍几种。

皮博迪图片词汇测验（PPTV-R）：由美国心理学家邓恩（L. M. Dunn）于 1959 年编制，1959 年、1981 年修订，主要用于测量发声有困难的人及聋人使用词汇的能力，共有 150 张黑白图片，现已广泛地用于研究正常、智力障碍、情绪失调或生理上有障碍的儿童的智力。

学前儿童语言障碍评估表：由林宝贵、林美秀 1993 年编制，用于测量学前儿童的口语理解能力、表达能力及构音、声音、语言流畅性等情况，可用来筛选沟通障碍或语言障碍儿童。

伊利诺伊心理语言能力测验（ITPA）：由柯克和麦卡锡（S.A.Kirk，J.McCarthy & W.Kirk）编制。测量儿童在理解、加工和产生言语和非言语性语言的能力。

儿童语言发展迟缓检查法：1990 年由中国康复研究中心根据日本发育迟缓委员会编制的"语言发育迟缓检查法"修订而成，用于评估受测者建立符号与指示内容关系（sign-significant relation）的能力，简称 S-S 法。适用于因各种原因而导致语言发育水平处于婴幼儿阶段的儿童。

【案例链接】

实 施 案 例[①]

1. 个案基本信息

王××，2000 年 4 月出生，现就读于重庆师范大学儿童实验中心学校。早期诊断为智力障碍，自理能力很好，会吹泡泡和哨子，无主动语言表达，仅能说出少量简单的字词，如"爸爸""好""再见"等，能够模仿发出汉语拼音，语音不清晰，有沟通障碍；目光交流差，注意力短暂，活泼好动，刻板行为较少，喜欢拍手、开门、锁门以及跑来跑去；通过尖叫和拉人表达自己的需要，需要不被满足时，会表现出气愤和伤心流泪；理解能力还可以，能够听懂并完成一个指令的动作，对肯定的指令反应迅速，对否定的指令反应缓慢，偶尔反应错误。

2. 工具与方法

（1）工具：林宝贵的"语言障碍儿童诊断测验"题册、记录纸、铅笔、纸、QQ糖、被试喜欢的玩具等。

（2）方法：测验过程严格按照"语言障碍儿童诊断测验"的要求和标准，测验地点选择了个案较熟悉的个训室，环境整洁、安静、光线适中，座椅的摆放靠近窗子，主试与被试面对面，主试朝向窗子，被试背向窗子，方便主试了解外面发生的情况，同时方便被试看清主试的脸。

3. 评估结果

测验结果表明王××有构音障碍、语言发展迟缓、声音异常等特点。测验一是语言理解能力，王××的态度表现为"会"，但是不回答，答错了一个题目，即第二题"闹钟"；测验二是耳语听解能力，态度表现为"会"，但是不注意听，错了一个题目，即第一题"梳妆台"，后来在与家长交流的时候，家长说王××没有见过这种梳妆台，所以他不会；测验三是 37 个韵母、声母，王××完全读正确的有：

① 王辉. 特殊儿童教育诊断与评估. 南京：南京大学出版社，2007：217-220.

"b、p、m、d、n、g、x、a、e、ao、i、u"，稍正确的是"j、q、s、ie、ai、an、en、er、ü"，剩下的一些韵母声母没有读出；测验4是自由表达能力，有语言发展迟缓、声音异常、智能不足，没有口吃、腭裂等；最后整理的结果是王××存在的语言障碍问题是语言发展迟缓、声音异常、语言理解能力稍差，耳语听解能力稍差（见表8-4-2）。

表8-4-2　王××语言障碍诊断测验记录表

姓名：<u>王××</u>　性别：<u>男</u>　　　出生年月日：<u>2000.4.30</u>　　　智商：<u>35</u>　<u>（韦氏儿童智力测验）</u>

障碍类型：<u>弱智/智力障碍</u>　障碍程度：<u>重度</u>　　　　检查者：<u>李××</u>　　　检查日期：<u>2005.8.21</u>

测验1（语言理解能力）
A 态度（会）
（1）<u>不回答</u>　　　　　　（2）没有反应
（3）好像听不懂
B 答错 1 <u>2 3 4 5 6</u>
答错题数（1）（3题以上不及格）<u>（及）</u>（不）

测验2（耳语听理解能力）
A 态度（会）
（1）<u>不注意听</u>　　　　　（2）没有反应
（3）好像听不出来
B 答错 <u>1 2 3 4 5 6</u>
答错题数（1）（3题以上不及格）<u>（及）</u>（不）

测验3（构音的能力）
A 态度（会）
（1）不回答　　　　　　（2）<u>不能说</u>
（3）（以下各音符请按学生构音程度打"√"）

测验4（自由表达能力）
A 态度（不会）
（1）<u>不回答</u>　　　　　　（2）<u>不能说</u>
B 口吃的症状
（1）结结巴巴　　　　　（2）延长
（3）重复　　　　　　　（4）难发
（5）中断 <u>（无）</u>（有）　（6）口吃
C 声音异常
（1）沙哑声　　　　　　（2）鼻声
（3）声音过大或过小　　（4）痛苦（无）<u>（有）</u>
D 语言发展迟缓
（1）<u>几乎不会说话</u>　　　（2）<u>语词少</u>
（3）<u>语不连贯</u>　　　　　（4）娃娃语（无）<u>（有）</u>
（5）<u>语言幼稚</u>　　　　　（6）说话令人费解
（7）只能用手语或身体表达
测验5（测验以外的症状）
A 颚裂 <u>（无）</u>（有）　　　B 脑性麻痹 <u>（无）</u>（有）
C 重听 <u>（无）</u>（有）　　　D 智能不足（无）<u>（有）</u>
E 其他 <u>（无）</u>（有）

音符	正确	稍正确	不正确	音符	正确	稍正确	不正确
b	√			l			
p	√			g	√		
m	√			k			√
f				h			
d	√			j		√	
t				q		√	
n	√			x		√	

<u>整理栏</u>
障碍类型
0—1. 不懂（测验1不会或不及格）

0—2. 不说（测验3或4不会）

1. 构音异常（3-B 有）

2. 口吃（测验4-B <u>无</u>）

3. 声音异常（测验4-C <u>有</u>）

4. 语言发展迟缓（测验4-D <u>有</u>）

5. 腭裂（5-A <u>无</u>，又有障碍类型1或3者）

6. 脑性麻痹（5-B <u>无</u>，又有障碍类型1、2、3、4中之任一项时）

续表

音符	正确	稍正确	不正确	音符	正确	稍正确	不正确
zh				ei			
ch				ao	√		
sh		√		ou			
r				an		√	
z				en		√	
c				ang			
s		√		eng			
a	√			er		√	
o				i	√		
e	√			u	√		
ie		√		ü		√	
ai		√					

7. 重听（5-C 无，测验 1 及，测验 2 不，又有障碍类型 1、3 或 4 项时）

8. 智能不足（5-D 有，又有障碍类型任一种时）

9. 其他（有轻度哮喘）

4. 结论与建议

通过对个案王××的语言诊断测验发现，个案有明显的构音障碍、声音异常、口语表达障碍等，针对这个结论，建议家长、特教老师、语言训练老师互相交流，探讨个案的语言障碍情况以及制定长期训练计划和短期训练。

参 考 文 献

北京师范大学出版社组编，2010. 心理学专业基础 [M]. 北京：北京师范大学出版社.

北京市科学教育研究所，1983. 陈鹤琴教育文集（上卷）[M]. 北京：北京出版社.

陈帼眉，1994. 学前儿童发展与教育评价手册 [M]. 北京：北京师范大学出版社.

陈帼眉，2003. 学前心理学 [M]. 北京：人民教育出版社.

陈向明，2000. 质的研究方法与社会科学研究 [M]. 北京：教育科学出版社.

陈玉琨，赵永年，1989. 教育学文集·教育评价 [M]. 北京：人民教育出版社.

冯忠良，2010. 教育心理学 [M]. 北京：人民教育出版社.

高振敏，张家健，曾英，1994. 婴幼儿智能的家庭自测与培养 [M]. 北京：中国书籍出版社.

顾荣芳，2001. 学前卫生学 [M]. 南京：凤凰出版传媒集团.

郭力平，2002. 学前儿童心理发展研究方法 [M]. 上海：上海教育出版社.

华国栋，2005. 教育科研方法 [M]. 南京：南京大学出版社.

黄人颂，2009. 学前教育学 [M]. 北京：人民教育出版社.

霍华德·加德纳，1999. 多元智能理论 [M]. 沈致隆，译. 北京：新华出版社.

霍力岩，等，2003. 多元智力理论和多元智力课程研究 [M]. 北京：教育科学出版社.

贾馥茗，2000. 教育大辞书 [M]. 台北：文景书局.

梁卫兰，2010. 儿童语言发展与评估 [J]. 中华实用儿科临床杂志，025（011）：785-786.

林崇德，1999. 中国独生子女教育百科 [M]. 杭州：浙江人民出版社.

林崇德，2009. 发展心理学 [M]. 北京：人民教育出版社.

林吟玲，2008. 婴儿教养指导手册 [M]. 厦门：厦门大学出版社.

刘云艳，2001. 幼儿园教学艺术 [M]. 重庆：西南师范大学出版社.

卢伟，2013. 学前儿童语言教育活动指导 [M]. 上海：复旦大学出版社.

佩恩，耿培新，梁国立，2008. 人类动作发展概论 [M]. 北京：人民教育出版社.

乔建中，2003. 情绪研究理论与方法 [M]. 南京：南京师范大学出版社.

桑标，2003. 当代儿童发展心理学 [M]. 上海：上海教育出版社.

施燕，韩春红，2011. 学前儿童行为观察 [M]. 上海：华东师范大学出版社.

史忠植，2008. 认知科学 [M]. 北京：中国科学技术大学出版社.

王辉，2007. 特殊儿童教育诊断与评估 [M]. 南京：南京大学出版社.

王坚红，1999. 学前儿童发展与教育科学研究方法 [M]. 北京：人民教育出版社.

王振宇，2004. 儿童心理发展理论 [M]. 上海：华东师范大学出版社.

文颐，2013. 婴儿心理与教育 [M]. 北京：北京师范大学出版社.

夏靖，2003. 轶事记录法在幼儿评价中的应用 [J]. 学前教育研究，7（8）：50-52.

许远理，熊承清，2011. 情绪心理学的理论与应用 [M]. 北京：中国科学技术出版社.

袁萍，祝泽舟，2011. 0～3岁婴幼儿语言发展与教育 [M]. 上海：复旦大学出版社.

张继玺，2007. 真实性评价：理论与实践 [J]. 教育发展研究，（1B）.

张永红，2011. 学前儿童发展心理学 [M]. 北京：高等教育出版社.

赵寄石，楼必生，2005. 学前儿童语言教育 [M]. 北京：人民教育出版社.

周兢，王坚红，1990. 幼儿教育观察方法 [M]. 南京：南京大学出版社.

周念丽，2013. 0～3岁儿童观察与评估 [M]. 上海：华东师范大学出版社.

朱志贤，2003. 儿童心理学 [M]. 北京：人民教育出版社.

[美]杰尼斯·贝媞（Janice J. Beaty），2011. 幼儿发展的观察与评价 [M]. 郑福明，费广洪，译. 北京：高等教育出版社.

[美]劳拉·E. 贝克，2002. 儿童发展 [M]. 吴颖，等译。5版. 南京：江苏教育出版社.

[美]詹姆斯·格罗斯，2011. 情绪调节手册 [M]. 上海：上海人民出版社.

[日]桥本重治，1979. 新教育评价法要说 [M]. 东京：金子书房.

LINDA C，BRUCE C，2001. 多元智能教与学的策略 [M]. 王成全，译. 北京：中国轻工业出版社.

SANTROCK J W，2008. A topical approach to life-span development [M]. New York：McGraw-Hill.

WILLIAM W. HAY，Jr 等，1999. 现代儿科疾病诊断与治疗 [M]. 魏克伦，主译. 北京：人民卫生出版社.